中国科学院科学出版基金资助出版

气体物理力学

赵伊君　姜宗福　华卫红　许中杰　编著

科学出版社

北京

内 容 简 介

本书对求解气体动力学(包括辐射流体力学、化学流体力学) Navier-Stokes方程组时所需的状态方程、输运系数和不透明度的计算法，在以统计物理为主的基础上进行系统介绍. 第 1、2 章分别从宏观连续介质力学和微观气体动力论角度讨论 Navier- Stokes 方程组，第 3~5 章对有化学反应气体的平衡性质、输运性质和辐射性质进行论述.

本书可供从事物理力学、高温气体动力学、核爆炸、飞行器再入、气流激光等工作的科技工作者和研究生参考，也可供将理论物理应用于近代力学和对国防高技术感兴趣的读者参考.

图书在版编目(CIP)数据

气体物理力学/赵伊君等编著. —北京：科学出版社，2016.2

ISBN 978-7-03-047217-5

Ⅰ. ①气…　Ⅱ. ①赵…　Ⅲ. ①气体动力学—物理力学　Ⅳ. ①O354

中国版本图书馆 CIP 数据核字 (2016) 第 018075 号

责任编辑：刘凤娟／责任校对：邹慧卿
责任印制：张　倩／封面设计：陈　敬

科学出版社 出版
北京东黄城根北街 16 号
邮政编码：100717
http://www.sciencep.com

北京凌奇印刷有限责任公司 印刷

科学出版社发行　各地新华书店经销

*

2015 年 12 月第　一　版　开本: 720 × 1000 1/16
2015 年 12 月第一次印刷　印张: 13
字数: 249 000

POD定价：　78.00元
（如有印装质量问题，我社负责调换）

前　　言

解决工程技术问题时, 经常需要用到介质或材料在不同条件下的宏观性质, 这些数据, 如气体的热力学性质等, 通常是用实验测出的. 但近代技术往往面临着高温度、高压力等极端条件下的物质性质问题. 例如, 弹道导弹和卫星等高速飞行器在进入大气时, 遇到的温度可达数千摄氏度, 核反应时温度可高达近亿摄氏度; 核武器爆炸时, 压力高达数百万甚至上千万大气压. 在实验室内模拟这类高温、高压条件很困难, 当前还无法实现, 因而需要设法通过理论计算或灵活地结合某些易于进行的实验, 间接得出这些数据.

不论什么物质, 都是由大量的原子、分子组成的. 组成物质的各种原子、分子的结构及它们之间的相互作用, 是物质在高温、高压等外因条件下性质发生变化的内因, 因而可以根据物质在原子、分子层次的微观结构及其运动规律, 利用近代物理学和近代化学的成就, 通过分析研究和数值计算得出物质的宏观性质, 并对其宏观现象和运动规律作出微观解释. 这种从物质微观规律确定其宏观力学性质的学科称为物理力学.

物理力学作为力学的一个分支, 出现于 20 世纪 50 年代末, 首先提出这一名称并对此学科做了开创性工作的是钱学森先生.

物理力学是针对近代工程技术的迫切需要, 特别是导弹、核爆炸、激光武器等国防技术的迫切需要, 沿着近代力学的发展方向而开拓的新边缘学科. 当前物理力学虽然还处于萌芽阶段, 还相当不成熟, 但在钱学森、苟清泉等著名学者的带领、推动和组织下, 已取得不少成就, 为进一步继续发展奠定了基础.

物理力学的研究工作, 目前主要侧重于高温气体、稠密流体、固体材料等几个方面, 由于对气体的理论处理远比对凝聚态物质简单得多, 所以相对而言, 气体物理力学是物理力学中最为成熟的部分.

作者所在的国防科技大学光子对抗研究中心及其前身, 从 20 世纪 70 年代初期起, 在从事核爆炸效应、强激光破坏机理和高能激光器模拟计算等方面研究中, 根据需要开展了物理力学领域中的多方面研究工作. 为了教师进修和研究生教学的需要, 赵伊君教授在 1973 年和 1983 ~ 1985 年, 曾编写出有关物理力学的内部教材多部, 并根据新的科研成果和对十余届研究生的教学实践, 逐年加以补充修订, 现抽取其中较为成熟的气体物理力学部分, 由姜宗福教授、华卫红教授和许中杰讲师整理补充, 编成本书, 可供对此领域感兴趣的同行参考, 也可供有关专业的研究生参考.

我们深知此书尚不完善, 可能有疏漏和不妥之处, 但考虑到读者的需要, 还是大胆地将它出版, 请读者不吝指正.

作　者

2014 年 11 月

目　　录

第 1 章　连续介质力学基础

1.1　作用在连续介质上的力

1. 连续介质

在空间连续分布的物质称为连续介质. 为说明此概念, 现讨论物质的质量密度 (常简称为密度) ρ. 假定物质充满空间 τ_0, 考虑其中一点 P 以及收敛于 P 的子空间序列 $\tau_1, \tau_2, \cdots, \tau_n$, 如图 1.1 所示.

$$\tau_n \subset \tau_{n-1}, \quad P \in \tau_n \quad (n = 1, 2, \cdots)$$

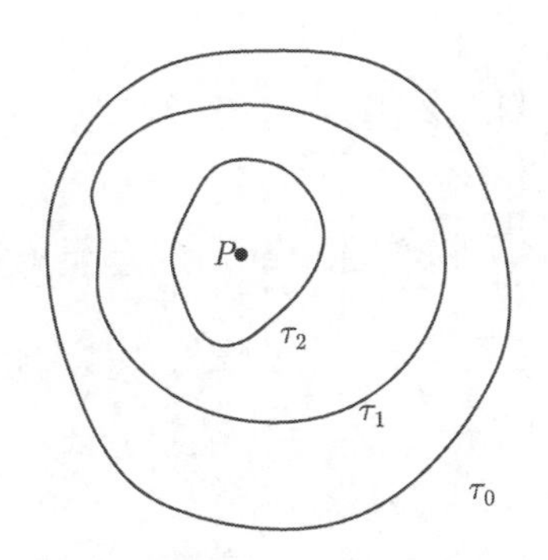

图 1.1　收敛于 P 的子空间序列

设 τ_n 的体积为 V_n, τ_n 中所含物质的质量为 m_n, 如果 $n \to \infty$, $V_n \to 0$ 时, m_n/V_n 的极限存在, 则将此极限称为 P 处物质的密度 $\rho(P)$, 即

$$\rho(P) = \lim_{\substack{n \to \infty \\ V_n \to 0}} \frac{m_n}{V_n} \tag{1.1}$$

如果 τ_0 内处处均可如此定义 ρ, 就称此物质的质量是连续分布的.

可用类似方法定义动量密度、能量密度. 如果物质的质量、动量、能量都是连续分布的, 就称此物质为连续介质.

研究连续介质运动以及引起运动的力的学科, 称为连续介质力学. 连续介质力学又可区分成流体力学与固体力学. 我们主要关心的是流体力学.

真实物质由原子、分子构成, 原子、分子又由原子核与电子构成, 它们在空间并不是连续分布的, 因而连续介质仅是一种数学的抽象概念. 但当考虑真实物质的宏观运动时, 通常可以不深究其微观结构, 也不深究其中原子、分子的运动. 这时考察 m_n/V_n, 令 τ_n 越来越小, 然而总保持 τ_n 中包含有大量的原子、分子, 即 τ_n 是微观大、宏观小的空间范围. 在此限制条件下, 如 m_n/V_n 趋于某一确定值 $\rho(P)$, 即称 $\rho(P)$ 是物质在 P 点处的密度, 并常将此微观大、宏观小的 τ_n 中物质称为质点, P 的空间坐标就是该质点的位置. 这样, 可对真实物质构成一个连续介质的数学模型. 为了简单, 以后常用 τ_n 表示 V_n, 即 τ_n 与 V_n 不再加以区别.

2. 体力与面力

先考虑一个质点系, 其中含 N 个相互作用的质点, 作用在第 i 个质点上的力为

$$\boldsymbol{F}_i = \boldsymbol{F}_i^e + \sum_{\substack{j=1\\ j\neq i}}^{N} \boldsymbol{F}_{ij}$$

其中, $\boldsymbol{F}_i^e$ 为外力, 如重力、电磁力等; $\boldsymbol{F}_{ij}$ 为相互作用力; $j \neq i$ 表示质点自己不对自己作用.

作用在质点系上的力为

$$\boldsymbol{F} = \sum_{i=1}^{N} \boldsymbol{F}_i = \sum_{i=1}^{N} \boldsymbol{F}_i^e + \sum_{i=1}^{N} \sum_{\substack{j=1\\ j\neq i}}^{N} \boldsymbol{F}_{ij}$$

式中, 双重求和中有 $\boldsymbol{F}_{ij} + \boldsymbol{F}_{ji}$, 由牛顿 (Newton) 第三定律, $\boldsymbol{F}_{ij} = -\boldsymbol{F}_{ji}$, 所以双重求和结果为零. 于是

$$\boldsymbol{F} = \sum_{i=1}^{N} \boldsymbol{F}_i = \sum_{i=1}^{N} \boldsymbol{F}_i^e$$

以上方法可应用于连续介质.

为了便于进行讨论, 可在连续介质中分离出一部分 τ, 研究周围部分通过分界面 S 对该部分的作用力, 如图 1.2 所示. 通常取以 S 面为边界的区域为凸区域, S 由有限个部分组成, 每一部分的外法线方向上单位矢量 $\boldsymbol{n}$ 形成一连续矢量场, 这种区域称为正则 (canonical) 区域.

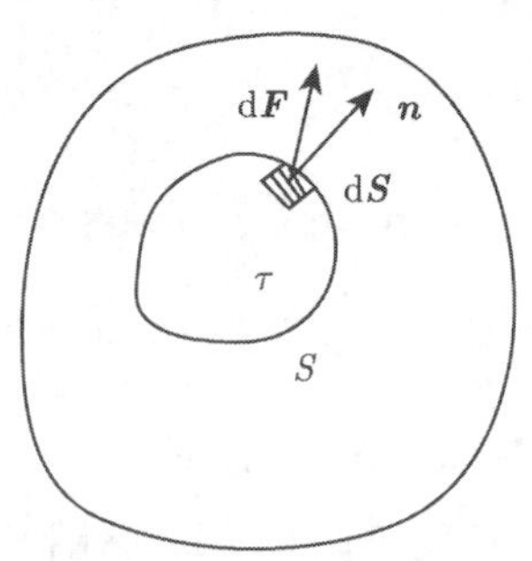

图 1.2　连续介质正则区域

取微元面积 $\mathrm{d}S$, 其外法线方向上单位矢量为 $\boldsymbol{n}$, S 以外介质对 S 以内介质的相互作用力可分为两类:

(1) 体力 (相当于质点系中的外力)—— 重力、电磁力等非接触力, 隔一段距离的力, 可表示为

$$\boldsymbol{F}=\iiint\limits_{\tau}\boldsymbol{X}\mathrm{d}\tau \tag{1.2}$$

式中, $\boldsymbol{X}$ 为单位体积介质所受的力; $\mathrm{d}\tau$ 为微元体积.

(2) 面力 (相当于质点系中的相互作用力)—— 经过 S 而作用的力, 可表示为

$$\boldsymbol{F}=\oiint\limits_{S}\boldsymbol{T}^{(\boldsymbol{n})}\cdot\boldsymbol{n}\mathrm{d}S \tag{1.3}$$

式中, $\boldsymbol{T}^{(\boldsymbol{n})}$ 为单位面积所受的力, 也称为应力张量, 上标 $\boldsymbol{n}$ 表示 $\mathrm{d}S$ 的方向.

欧拉–柯西 (Euler-Cauchy) 应力原理: 在连续介质内部任一想象的闭合曲面 S 上, 有一个确定的应力矢量场, 它对 S 内部介质的作用与 S 外部介质通过 S 对内部介质的作用等价.

此原理认为: $\mathrm{d}S$ 两边物质的作用是无力矩的, 这并不符合更普遍的简化想法, 即 $\mathrm{d}S$ 外部对内部物质的作用应等价于一个力和一个力偶. 但实际表明, Euler-Cauchy 应力原理在绝大多数情况下是正确的. 它满足一般连续介质力学的所有要求. 由此可见, S 内部空间域 τ 中物质所受外力 $\boldsymbol{F}$ 与绕坐标原点的力矩 $\boldsymbol{L}$ 为

$$\boldsymbol{F}=\iiint\limits_{\tau}\boldsymbol{X}\mathrm{d}\tau+\oiint\limits_{S}\boldsymbol{T}^{(\boldsymbol{n})}\cdot\boldsymbol{n}\mathrm{d}S \tag{1.4}$$

$$\boldsymbol{L}=\iiint\limits_{\tau}\boldsymbol{r}\times\boldsymbol{X}\mathrm{d}\tau+\oiint\limits_{S}\boldsymbol{r}\times\boldsymbol{T}^{(\boldsymbol{n})}\cdot\boldsymbol{n}\mathrm{d}S \tag{1.5}$$

式中, $\boldsymbol{r}$ 是空间域 τ 的位矢.

3. 应力分量

取一微元六面体. 令 $\mathrm{d}S_k\,(k=1,2,3)$ 的外法线沿 x_k 轴的正方向, 用 $\boldsymbol{T}^{(k)}$ 表示作用在 $\mathrm{d}S_k$ 上的应力张量, 如图 1.3 所示, 它沿 x_1,x_2,x_3 轴方向有三个分量: $T_1^{(k)}$, $T_2^{(k)},T_3^{(k)}$, 并分别记作: $\sigma_{k1},\sigma_{k2},\sigma_{k3}(k=1,2,3)$. 于是, 应力张量的 9 个分量为

$$\begin{matrix}\sigma_{11} & \sigma_{12} & \sigma_{13}\\ \sigma_{21} & \sigma_{22} & \sigma_{23}\\ \sigma_{31} & \sigma_{32} & \sigma_{33}\end{matrix}$$

这 9 个量确定了面元外侧 (外法线正方向一侧) 部分对内侧部分的作用力.

另外, 3 个面的外法线方向与 x_1, x_2, x_3 轴的方向相反, 作用在它们上面的应力分量正方向也反向, 如图 1.4 所示.

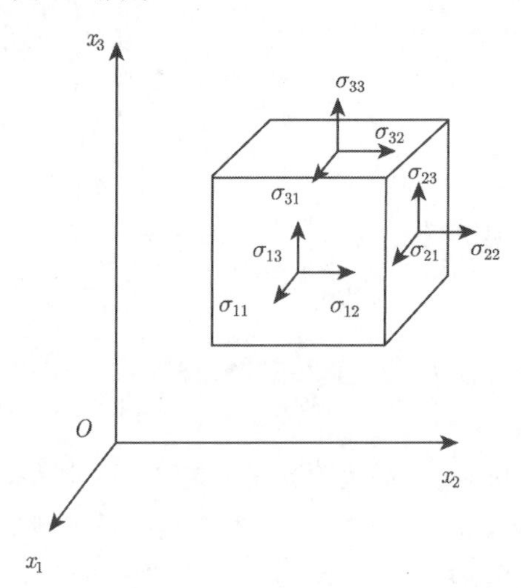

图 1.3　微元六面体应力张量的 9 个分量

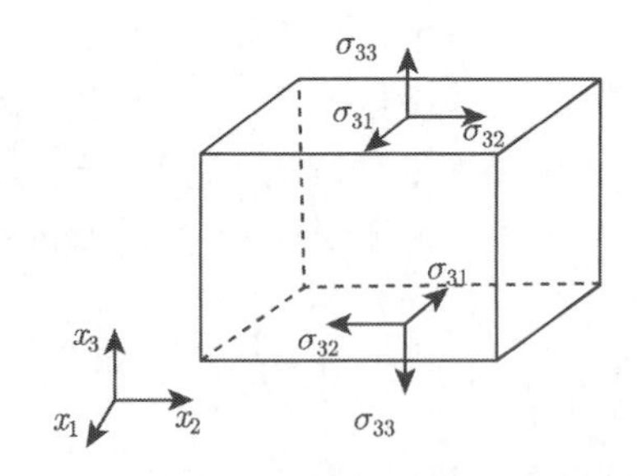

图 1.4　外法线方向与坐标轴方向相反的应力张量

由图 1.4 可见, σ_{33} 是 x_3 轴方向上的拉伸, σ_{31} 是绕 x_2 轴的剪切, σ_{32} 是绕 x_1 轴的剪切. 因此 $\sigma_{11}, \sigma_{22}, \sigma_{33}$ 称为正应力, $\sigma_{12}, \sigma_{13}, \sigma_{23}, \sigma_{21}, \sigma_{31}, \sigma_{32}$ 称为剪应力, 它们的量纲均为 $\mathrm{M/LT^2}$, 以 $\mathrm{N/m^2}$ 为单位.

有时把应力分量改用 p_{ij} 表示

$$p_{ij} = -\sigma_{ij} \quad (i, j = 1, 2, 3) \tag{1.6}$$

当用 p_{ij} 表示时, p_{11}, p_{22}, p_{33} 分别表示 x_1, x_2, x_3 轴方向上的压缩.

4. 柯西 (Cauchy) 公式

假定 P 点处 9 个应力分量 $\sigma_{11}, \sigma_{12}, \sigma_{13}, \sigma_{21}, \sigma_{22}, \sigma_{23}, \sigma_{31}, \sigma_{32}, \sigma_{33}$ 为已知, 现在计算紧靠 P 点的微元面积 $\mathrm{d}S$ 上所受的应力张量 $\boldsymbol{T}^{(\boldsymbol{n})}$, 如图 1.5 所示, 其中 $\boldsymbol{n}$ 是 $\mathrm{d}S$ 外法线方向上的单位矢量, 它的 3 个分量为 n_1, n_2, n_3.

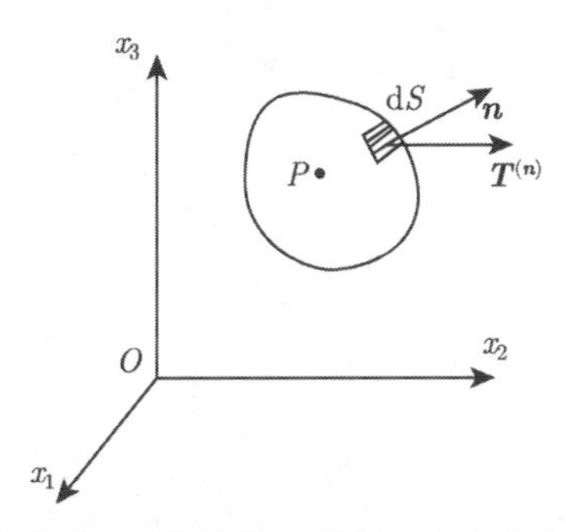

图 1.5 紧靠 P 点的微元面积 dS 上的应力张量

作四面体, 如图 1.6 所示, P 点为三个相互垂直的平面 S_1, S_2, S_3 的交点, S 为紧靠 P 点且与三个相互垂直平面均相交的任意平面.

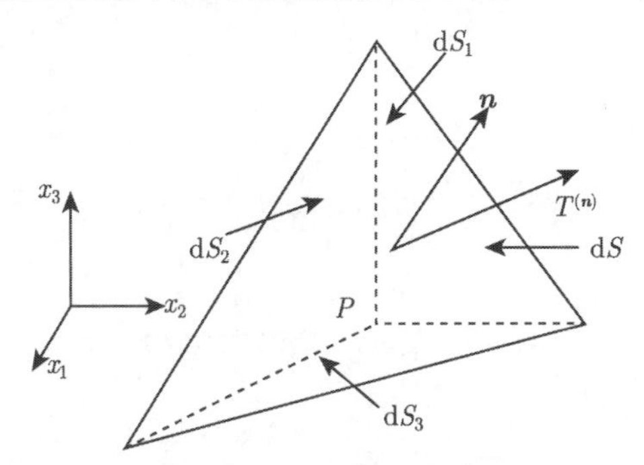

图 1.6 包含 P 点的四面体

由图 1.6 有

$$\mathrm{d}S_i = n_i \mathrm{d}S \quad (i = 1, 2, 3) \tag{1.7}$$

四面体的体积为

$$\mathrm{d}\tau = \frac{1}{3} h \mathrm{d}S \tag{1.8}$$

其中, h 是 P 点到 dS 的距离, 即四面体的高度.

如图 1.7 所示, 作用在 $\mathrm{d}S_1, \mathrm{d}S_2, \mathrm{d}S_3$ 上的沿 x_1 方向的面力为

$$\begin{aligned}(-\sigma_{11} + \varepsilon_1)\,\mathrm{d}S_1 &= (-\sigma_{11} + \varepsilon_1)\,n_1\mathrm{d}S \\ (-\sigma_{21} + \varepsilon_2)\,\mathrm{d}S_2 &= (-\sigma_{21} + \varepsilon_2)\,n_2\mathrm{d}S \\ (-\sigma_{31} + \varepsilon_3)\,\mathrm{d}S_3 &= (-\sigma_{31} + \varepsilon_3)\,n_3\mathrm{d}S\end{aligned} \tag{1.9}$$

式中, $\varepsilon_i\,(i = 1, 2, 3)$ 表示面力作用点与 P 的位置稍有差别而引起的应力偏差. 作用在 $\boldsymbol{n}$ 方向 dS 上的面力, 沿 x_1 方向的分量为 $\left(T_1^{(\boldsymbol{n})} + \varepsilon\right)\mathrm{d}S$; 作用在 d$\tau$ 上的体力, 沿 x_1 方向的分量为 $(X_1 + \varepsilon')\,\mathrm{d}\tau$. ε 和 ε' 分别为面力和体力的作用点与 P 点的位

置不同而引起的偏差. 在 x_1 方向, 由牛顿第二定律得

$$\begin{aligned}&(-\sigma_{11}+\varepsilon_1)\,n_1\mathrm{d}S+(-\sigma_{21}+\varepsilon_2)\,n_2\mathrm{d}S+(-\sigma_{31}+\varepsilon_3)\,n_3\mathrm{d}S\\&+\left(T_1^{(\boldsymbol{n})}+\varepsilon\right)\mathrm{d}S+(X_1+\varepsilon')\,\frac{1}{3}h\mathrm{d}S=\frac{1}{3}\rho\dot{u}_1h\mathrm{d}S\end{aligned}\tag{1.10}$$

即

$$\begin{aligned}&(-\sigma_{11}+\varepsilon_1)\,n_1+(-\sigma_{21}+\varepsilon_2)\,n_2+(-\sigma_{31}+\varepsilon_3)\,n_3\\&+\left(T_1^{(\boldsymbol{n})}+\varepsilon\right)+(X_1+\varepsilon')\frac{h}{3}=\rho\dot{u}_1\frac{h}{3}\end{aligned}\tag{1.11}$$

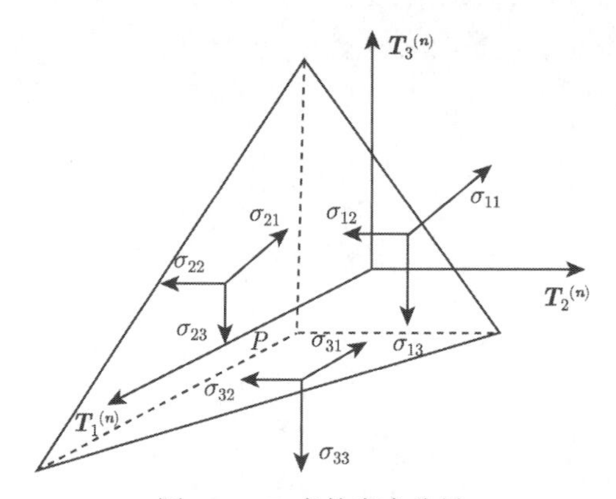

图 1.7 P 点的应力分量

当 $h\to 0$ 时, $\varepsilon_1,\varepsilon_2,\varepsilon_3,\varepsilon,\varepsilon'\to 0$, 得: $T_1^{(\boldsymbol{n})}=n_1\sigma_{11}+n_2\sigma_{21}+n_3\sigma_{31}$. x_2,x_3 方向可以此类推. 于是可得 Cauchy 公式

$$\begin{aligned}T_1^{(\boldsymbol{n})}&=n_1\sigma_{11}+n_2\sigma_{21}+n_3\sigma_{31}\\T_2^{(\boldsymbol{n})}&=n_1\sigma_{12}+n_2\sigma_{22}+n_3\sigma_{32}\\T_3^{(\boldsymbol{n})}&=n_1\sigma_{13}+n_2\sigma_{23}+n_3\sigma_{33}\end{aligned}\tag{1.12}$$

由上式可知, 当 P 点处应力 $\sigma_{ij}\,(i,j=1,2,3)$ 已知后, 任意作该点处一个面, 面上的应力矢量 $\boldsymbol{T}^{(\boldsymbol{n})}$ 也为已知.

5. 连续介质的运动

考察被封闭曲面 S 包围的空间 τ, 内含许多质点, 如图 1.8 所示, P 是其中的一个质点, 它在 t 时刻的空间坐标为 (x_1,x_2,x_3), 速度为 $\boldsymbol{u}(u_1,u_2,u_3)$, 可用 $P(t,x_1,x_2,x_3)$ 描述它的运动情况. 如果 τ 中所有质点的运动均已知, 则 τ 中介质的运动即为已知.

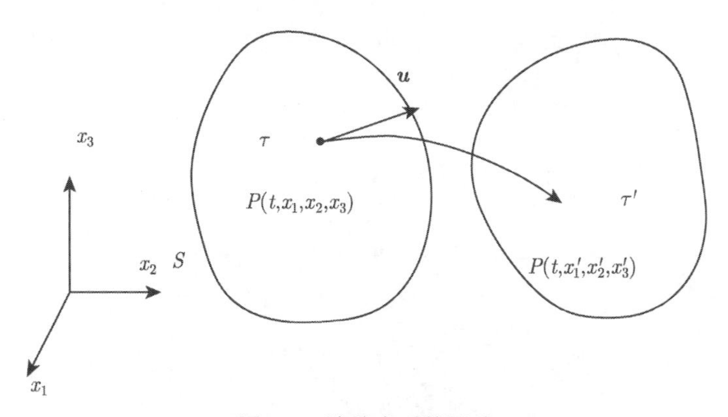

图 1.8 连续介质的运动

当 $t' = t + \Delta t$ 时, τ 变为 τ', 其中质点 $P(t, x_1, x_2, x_3)$ 变为 $P(t+\Delta t, x_1 + u_1\Delta t, x_2 + u_2\Delta t, x_3 + u_3\Delta t)$.

与质点 P 有关的物理量用 $\varPhi(t, x_1, x_2, x_3)$ 表示. $\varPhi$ 可以是温度 T, 速度 $\boldsymbol{u}$ 等. $\varPhi$ 的变化率 $\dot{\varPhi}$ 可表示为

$$\begin{aligned}\dot{\varPhi}(t, x_1, x_2, x_3) = \lim_{\Delta t \to 0} \frac{1}{\Delta t}[&\varPhi(t + \Delta t, x_1 + u_1\Delta t, x_2 + u_2\Delta t, x_3 + u_3\Delta t) \\ &- \varPhi(t, x_1, x_2, x_3)]\end{aligned} \tag{1.13}$$

将 $\varPhi$ 在 (t, x_1, x_2, x_3) 处作 Taylor 展开

$$\begin{aligned}&\varPhi(t + \Delta t, x_1 + u_1\Delta t, x_2 + u_2\Delta t, x_3 + u_3\Delta t) \\ =&\varPhi(t, x_1, x_2, x_3) + \frac{\partial \varPhi}{\partial t}\Delta t + \frac{\partial \varPhi}{\partial x_1}u_1\Delta t + \frac{\partial \varPhi}{\partial x_2}u_2\Delta t + \frac{\partial \varPhi}{\partial x_3}u_3\Delta t + o\left(\Delta t^2\right)\end{aligned} \tag{1.14}$$

将式 (1.14) 代入式 (1.13) 得

$$\dot{\varPhi} = \frac{\partial \varPhi}{\partial t} + u_1\frac{\partial \varPhi}{\partial x_1} + u_2\frac{\partial \varPhi}{\partial x_2} + u_3\frac{\partial \varPhi}{\partial x_3} = \frac{\partial \varPhi}{\partial t} + \boldsymbol{u} \cdot \nabla\varPhi \tag{1.15}$$

上式右边第一项是 $\dot{\varPhi}$ 的局部部分, 是由 $\varPhi$ 的时间相关性引起的, 表示空间固定点上物理量随时间的变化; 第二项是 $\dot{\varPhi}$ 的迁移部分, 是由速度 $\boldsymbol{u}$ 引起的, 表示质点位置移动对物理量随时间变化的贡献. ∇ 算符在直角坐标系中的定义为: $\nabla = \boldsymbol{e}_1\frac{\partial}{\partial x_1} + \boldsymbol{e}_2\frac{\partial}{\partial x_2} + \boldsymbol{e}_3\frac{\partial}{\partial x_3}$, $\boldsymbol{e}_i\,(i = 1, 2, 3)$ 是直角坐标系的三个单位矢量.

定义物质导数

$$\frac{\mathrm{D}}{\mathrm{D}t} = \frac{\partial}{\partial t} + \boldsymbol{u} \cdot \nabla \tag{1.16}$$

用于表示一组给定物质质点的物理量随时间的变化率, 则式 (1.15) 可写为

$$\frac{\mathrm{D}}{\mathrm{D}t}\Phi = \frac{\partial \Phi}{\partial t} + \boldsymbol{u}\cdot\nabla\Phi \tag{1.17}$$

空间 $\tau(t)$ 中物质的动量和绕原点 O 的角动量分别为

$$\boldsymbol{P} = \iiint\limits_{\tau(t)} \boldsymbol{u}\rho\mathrm{d}\tau \tag{1.18}$$

$$\boldsymbol{K} = \iiint\limits_{\tau(t)} \boldsymbol{r}\times\boldsymbol{u}\rho\mathrm{d}\tau \tag{1.19}$$

用 $\dot{\boldsymbol{P}}$ 和 $\dot{\boldsymbol{K}}$ 表示 $\boldsymbol{P}$ 和 $\boldsymbol{K}$ 的变化率, 则由牛顿第二定律有

$$\dot{\boldsymbol{P}} = \boldsymbol{F} \tag{1.20}$$

$$\dot{\boldsymbol{K}} = \boldsymbol{L} \tag{1.21}$$

以上两式分别为动量守恒方程和角动量守恒方程. 其中, $\boldsymbol{F}$ 是作用在此空间域 τ 中物质上的力; $\boldsymbol{L}$ 是作用在此空间域 τ 中物质上绕原点 O 的力矩, 其具体表达式分别见式 (1.4) 和式 (1.5).

将式 (1.4) 和式 (1.18)、式 (1.5) 和式 (1.19) 分别代入式 (1.20) 和式 (1.21), 可得

$$\frac{\mathrm{D}}{\mathrm{D}t}\iiint\limits_{\tau} \boldsymbol{u}\rho\mathrm{d}\tau = \iiint\limits_{\tau} \boldsymbol{X}\mathrm{d}\tau + \oiint\limits_{S} \boldsymbol{T}^{(\boldsymbol{n})}\mathrm{d}S \tag{1.22}$$

$$\frac{\mathrm{D}}{\mathrm{D}t}\iiint\limits_{\tau} \boldsymbol{r}\times\boldsymbol{u}\rho\mathrm{d}\tau = \iiint\limits_{\tau} \boldsymbol{r}\times\boldsymbol{X}\mathrm{d}\tau + \oiint\limits_{S} \boldsymbol{r}\times\boldsymbol{T}^{(\boldsymbol{n})}\mathrm{d}S \tag{1.23}$$

下面讨论 $\frac{\mathrm{D}}{\mathrm{D}t}\iiint\limits_{\tau}$ 的计算, 注意 $\frac{\mathrm{D}}{\mathrm{D}t}\iiint\limits_{\tau} \neq \iiint\limits_{\tau}\frac{\mathrm{D}}{\mathrm{D}t}$.

假定一组给定的质点占据的空间域为 $\tau(t)$, $\Phi(\boldsymbol{r},t)$ 是在该域上定义的连续可微函数, 令

$$I(t) = \iiint\limits_{\tau(t)} \Phi(\boldsymbol{r},t)\mathrm{d}\tau \tag{1.24}$$

现在计算 $I(t)$ 的变化率 $\frac{\mathrm{D}}{\mathrm{D}t}I$.

如图 1.9 所示, 设 t 时刻, τ 的边界为 S, $t+\Delta t$ 时刻 τ 成为 τ', 其边界为 S', 则

$$\frac{\mathrm{D}}{\mathrm{D}t}I = \lim_{\Delta t\to 0}\frac{1}{\Delta t}\left[\iiint\limits_{\tau'} \Phi(\boldsymbol{r},t+\Delta t)\,\mathrm{d}\tau - \iiint\limits_{\tau} \Phi(\boldsymbol{r},t)\,\mathrm{d}\tau\right] \tag{1.25}$$

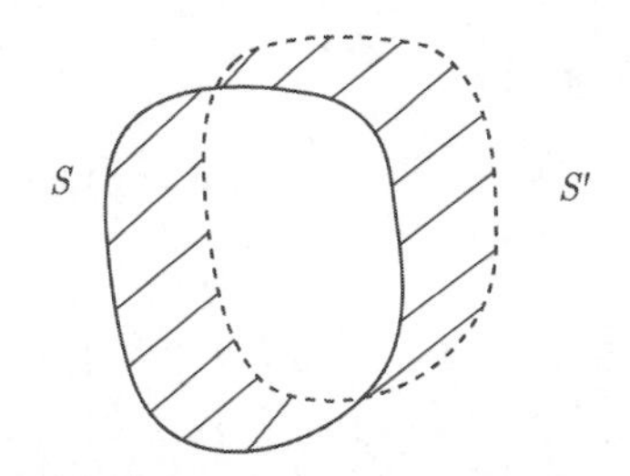

图 1.9 空间域的边界随时间的变化

令 $\Delta\tau = \tau' - \tau$, 则

$$\frac{\mathrm{D}}{\mathrm{D}t}I = \lim_{\Delta t\to 0}\frac{1}{\Delta t}\left[\iiint\limits_{\tau}\Phi(\boldsymbol{r},t+\Delta t)\,\mathrm{d}\tau + \iiint\limits_{\Delta\tau}\Phi(\boldsymbol{r},t+\Delta t)\,\mathrm{d}\tau - \iiint\limits_{\tau}\Phi(\boldsymbol{r},t)\,\mathrm{d}\tau\right]$$

$$= \lim_{\Delta t\to 0}\frac{1}{\Delta t}\iiint\limits_{\tau}\left[\Phi(\boldsymbol{r},t+\Delta t) - \Phi(\boldsymbol{r},t)\right]\mathrm{d}\tau + \lim_{\Delta t\to 0}\frac{1}{\Delta t}\iiint\limits_{\Delta\tau}\Phi(\boldsymbol{r},t+\Delta t)\,\mathrm{d}\tau \quad (1.26)$$

由于 $\Phi(\boldsymbol{r},t)$ 在 τ 上连续可微, 则有

$$\lim_{\Delta t\to 0}\frac{1}{\Delta t}\iiint\limits_{\tau}\left[\Phi(\boldsymbol{r},t+\Delta t) - \Phi(\boldsymbol{r},t)\right]\mathrm{d}\tau = \iiint\limits_{\tau}\frac{\partial\Phi(\boldsymbol{r},t)}{\partial t}\mathrm{d}\tau \quad (1.27)$$

而 $\Delta\tau$ 是由边界 S 在 Δt 期间移动扫出的空间域, 如图 1.10 所示, $\mathrm{d}S$ 对其体积的贡献为

$$\mathrm{d}\tau = \boldsymbol{u}\cdot\boldsymbol{n}\mathrm{d}S\mathrm{d}t \quad (1.28)$$

所以有

$$\lim_{\Delta t\to 0}\frac{1}{\Delta t}\iiint\limits_{\Delta\tau}\Phi(\boldsymbol{r},t+\Delta t)\,\mathrm{d}\tau = \oiint\limits_{S}\Phi(\boldsymbol{r},t)\,\boldsymbol{u}\cdot\boldsymbol{n}\mathrm{d}S \quad (1.29)$$

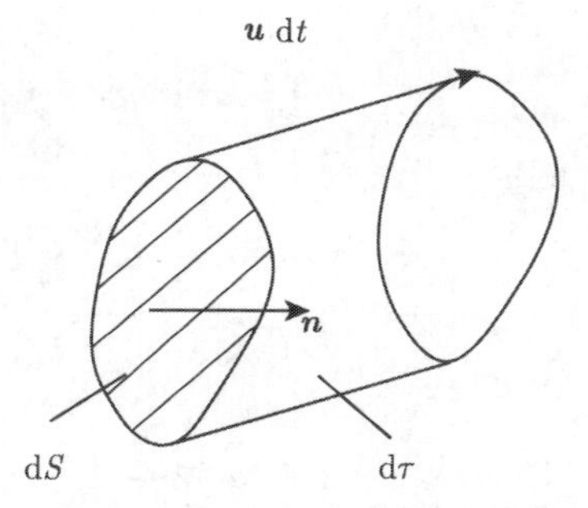

图 1.10 面元 $\mathrm{d}S$ 在 Δt 期间移动扫出的空间域

将式 (1.27) 和式 (1.29) 代入式 (1.26), 得

$$\frac{\mathrm{D}}{\mathrm{D}t}\iiint\limits_{\tau}\Phi\mathrm{d}\tau=\iiint\limits_{\tau}\frac{\partial\Phi}{\partial t}\mathrm{d}\tau+\oiint\limits_{S}\boldsymbol{\Phi u}\cdot\boldsymbol{n}\mathrm{d}S \tag{1.30}$$

利用上式, 连续介质的运动方程 (1.22) 和 (1.23) 为

$$\iiint\limits_{\tau}\frac{\partial\rho\boldsymbol{u}}{\partial t}\mathrm{d}\tau+\oiint\limits_{S}\rho\boldsymbol{u}(\boldsymbol{u}\cdot\boldsymbol{n})\mathrm{d}S=\iiint\limits_{\tau}\boldsymbol{X}\mathrm{d}\tau+\oiint\limits_{S}\boldsymbol{T}^{(\boldsymbol{n})}\mathrm{d}S \tag{1.31}$$

$$\iiint\limits_{\tau}\frac{\partial\rho\boldsymbol{r}\times\boldsymbol{u}}{\partial t}\mathrm{d}\tau+\oiint\limits_{S}\rho\boldsymbol{r}\times\boldsymbol{u}(\boldsymbol{u}\cdot\boldsymbol{n})\mathrm{d}s=\iiint\limits_{\tau}\boldsymbol{r}\times\boldsymbol{X}\mathrm{d}\tau+\oiint\limits_{S}\boldsymbol{r}\times\boldsymbol{T}^{(\boldsymbol{n})}\mathrm{d}S \tag{1.32}$$

1.2 Descartes 张量

1. 矢量

位移 $\boldsymbol{r}(x_1,x_2,x_3)$ 可以用 $x_i\,(i=1,2,3)$ 表示, x_i 就称为矢量. 根据求和约定, 对公式中的重复下标求和, 即

$$f_ig_i=\sum_{i=1}^{3}f_ig_i \tag{1.33}$$

于是矢量的点乘可以直接记为

$$\boldsymbol{f}\cdot\boldsymbol{g}=f_ig_i \tag{1.34}$$

引入 Kronecker 符号

$$\delta_{ij}=\begin{cases}1, & i=j\\ 0, & i\neq j\end{cases} \tag{1.35}$$

矢量的点乘又可记为

$$\boldsymbol{f}\cdot\boldsymbol{g}=\delta_{ij}f_ig_j \tag{1.36}$$

引入置换符号

$$e_{ijk}=\begin{cases}+1, & \text{当}i,j,k\text{为}1,2,3\text{的偶置换时}\\ 0, & \text{当}i,j,k\text{中有2个或以上相等时}\\ -1, & \text{当}i,j,k\text{为}1,2,3\text{的奇置换时}\end{cases} \tag{1.37}$$

矢量的叉乘可以直接记为

$$\boldsymbol{f}\times\boldsymbol{g}=e_{ijk}f_jg_k \tag{1.38}$$

利用式 (1.35) 和式 (1.37) 的定义, 可以验证有以下恒等式成立

$$e_{ijk}e_{ist}=\delta_{js}\delta_{kt}-\delta_{jt}\delta_{ks} \tag{1.39}$$

$$\begin{vmatrix} a_{11} & a_{12} & a_{13} \\ a_{21} & a_{22} & a_{23} \\ a_{31} & a_{32} & a_{33} \end{vmatrix} = e_{ijk}a_{i1}a_{j2}a_{k3} \tag{1.40}$$

$$e_{prm}e_{qsn} = \begin{vmatrix} \delta_{pq} & \delta_{rq} & \delta_{mq} \\ \delta_{ps} & \delta_{rs} & \delta_{ms} \\ \delta_{pn} & \delta_{rn} & \delta_{mn} \end{vmatrix} \tag{1.41}$$

2. 张量

两组直角坐标系 (x_1, x_2, x_3) 和 $(\overline{x}_1, \overline{x}_2, \overline{x}_3)$, 如图 1.11 所示, 通过旋转变换关系(包括空间反演与真旋转) 相联系

$$\overline{x}_i = \beta_{ij}x_j \tag{1.42}$$

其中, β_{ij} 是 $\overline{x}_i$ 轴与 x_j 轴之间夹角的余弦, 即有

$$\beta_{ij} = \cos(\overline{x}_i, x_j) \quad (i, j = 1, 2, 3) \tag{1.43}$$

显然

$$\beta_{ik}\beta_{jk} = \delta_{ij} \tag{1.44}$$

且

$$\det|\beta_{ij}| = \begin{cases} +1, & \text{真旋转} \\ -1, & \text{反演} \end{cases} \tag{1.45}$$

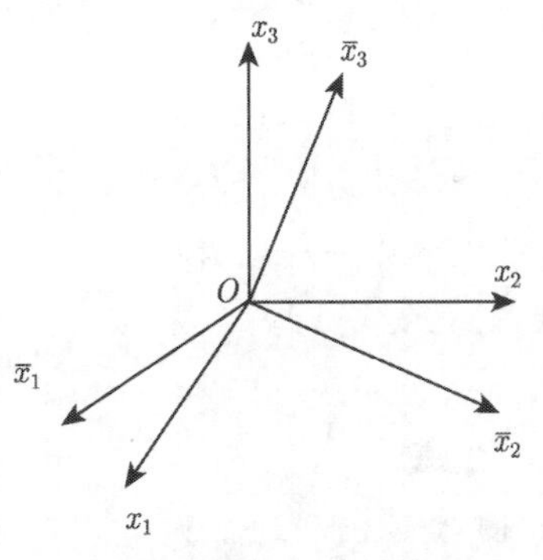

图 1.11 旋转变换得到的两组直角坐标系

1) 标量

若变量系 $\varPhi$ 仅有一个分量, 且

$$\overline{\varPhi}(\overline{x}_1, \overline{x}_2, \overline{x}_3) = \varPhi(x_1, x_2, x_3) \tag{1.46}$$

则称该变量系为标量场, $\varPhi$ 称为标量.

2) 矢量

若变量系有 3 个分量 $\varPhi_1, \varPhi_2, \varPhi_3$, 且

$$\overline{\varPhi}_i\left(\overline{x}_1, \overline{x}_2, \overline{x}_3\right) = \beta_{ik}\varPhi_k\left(x_1, x_2, x_3\right) \tag{1.47}$$

则称该变量系为矢量场或 1 阶张量场, $\varPhi_i$ 称为矢量或 1 阶张量, 它也可以表示为 $\boldsymbol{\varPhi}$、$\begin{pmatrix} \varPhi_1 \\ \varPhi_2 \\ \varPhi_3 \end{pmatrix}$、$(\varPhi_1, \varPhi_2, \varPhi_3)$ 或 $\varPhi_1\boldsymbol{e}_1 + \varPhi_2\boldsymbol{e}_2 + \varPhi_3\boldsymbol{e}_3$.

式 (1.47) 的逆变换为

$$\varPhi_i = \overline{\varPhi}_k\beta_{ki} \tag{1.48}$$

3) 2 阶张量

若变量系有 9 个分量 $\varPhi_{ij}$, 且

$$\overline{\varPhi}_{ij}\left(\overline{x}_1, \overline{x}_2, \overline{x}_3\right) = \beta_{im}\beta_{jn}\varPhi_{mn}\left(x_1, x_2, x_3\right) \tag{1.49}$$

则称该变量系为 2 阶张量场, $\varPhi_{ij}$ 称为 2 阶张量, 它可以表示为 $\overrightarrow{\overrightarrow{\varPhi}}$、一个 3×3 方阵 $\begin{pmatrix} \varPhi_{11} & \varPhi_{12} & \varPhi_{13} \\ \varPhi_{21} & \varPhi_{22} & \varPhi_{23} \\ \varPhi_{31} & \varPhi_{32} & \varPhi_{33} \end{pmatrix}$ 或 $\varPhi_{11}\boldsymbol{e}_1\boldsymbol{e}_1 + \varPhi_{12}\boldsymbol{e}_1\boldsymbol{e}_2 + \varPhi_{13}\boldsymbol{e}_1\boldsymbol{e}_3 + \varPhi_{21}\boldsymbol{e}_2\boldsymbol{e}_1 + \varPhi_{22}\boldsymbol{e}_2\boldsymbol{e}_2 + \varPhi_{23}\boldsymbol{e}_2\boldsymbol{e}_3 + \varPhi_{31}\boldsymbol{e}_3\boldsymbol{e}_1 + \varPhi_{32}\boldsymbol{e}_3\boldsymbol{e}_2 + \varPhi_{33}\boldsymbol{e}_3\boldsymbol{e}_3$, 更高阶的张量可以此类推.

3. 商法则

2 阶张量可以表示为一个 3×3 方阵, 但任意一个 3×3 方阵不一定是 2 阶张量. 假设有一组变量 A_{ijk}, 共 27 个, 用任意矢量 $\varPhi_i$ 与 A_{ijk} 相乘, 如果得出的是 2 阶张量 T_{jk}, 那么 A_{ijk} 就是 3 阶张量. 即若

$$\varPhi_iA_{ijk} = T_{jk} \tag{1.50}$$

且 $\varPhi_i$ 为任意矢量, T_{jk} 为 2 阶张量, 则 A_{ijk} 为 3 阶张量, 这种判断张量的方法称为商法则.

下面予以证明.

对式 (1.50) 进行坐标变换

$$\overline{\varPhi}_i\overline{A}_{ijk} = \overline{T}_{jk} \tag{1.51}$$

由于 T_{jk} 是 2 阶张量, 由式 (1.49) 得

$$\overline{T}_{jk} = \beta_{jr}\beta_{ks}T_{rs} \tag{1.52}$$

而由式 (1.50), 有

$$T_{rs} = \varPhi_m A_{mrs} \tag{1.53}$$

将式 (1.53) 和式 (1.51) 代入式 (1.52), 得

$$\overline{\varPhi}_i\overline{A}_{ijk} = \beta_{jr}\beta_{ks}\varPhi_m A_{mrs} \tag{1.54}$$

由于已知 $\varPhi_m$ 为矢量, 得 $\varPhi_m = \overline{\varPhi}_i\beta_{im}$, 代入式 (1.54), 得

$$\overline{\varPhi}_i\overline{A}_{ijk} = \beta_{im}\beta_{jr}\beta_{ks}\overline{\varPhi}_i A_{mrs} \tag{1.55}$$

β_{im} 是 i, m 夹角余弦, 是一个数可以置换, 移项后得

$$\overline{\varPhi}_i(\overline{A}_{ijk} - \beta_{im}\beta_{jr}\beta_{ks}A_{mrs}) = 0 \tag{1.56}$$

因 $\overline{\varPhi}_i$ 是任意矢量, 所以由上式可得

$$\overline{A}_{ijk} = \beta_{im}\beta_{jr}\beta_{ks}A_{mrs} \tag{1.57}$$

上式正是 3 阶张量的变换性质, 所以 A_{ijk} 是 3 阶张量. 其余阶张量可以此类推.

4. 应力张量

σ_{ij} 共有 9 个分量, 运用商法则可以证明它们是 2 阶张量. 由 Cauchy 公式 (1.12) 可得

$$T_j^{(\boldsymbol{n})} = n_i\sigma_{ij} \tag{1.58}$$

而 n_i 和 $T_j^{(\boldsymbol{n})}$ 都是矢量, 由商法则可知 σ_{ij} 是张量, 称之为应力张量, 它又可以表示为

$$\vec{\vec{\sigma}} = \begin{pmatrix} \sigma_{11} & \sigma_{12} & \sigma_{13} \\ \sigma_{21} & \sigma_{22} & \sigma_{23} \\ \sigma_{31} & \sigma_{32} & \sigma_{33} \end{pmatrix} \tag{1.59}$$

如以压缩为正, 则应力张量为 p_{ij}, 它又可以表示为

$$\vec{\vec{p}} = \begin{pmatrix} p_{11} & p_{12} & p_{13} \\ p_{21} & p_{22} & p_{23} \\ p_{31} & p_{32} & p_{33} \end{pmatrix} \tag{1.60}$$

利用本节定义的矢量和张量表示方法, 可将连续介质运动方程 (1.31) 和 (1.32) 改写为

$$\iiint_{\tau} \frac{\partial \rho u_i}{\partial t} \mathrm{d}\tau + \oiint_S \rho u_i u_j n_j \mathrm{d}S = \iiint_{\tau} X_i \mathrm{d}\tau + \oiint_S \sigma_{ji} n_j \mathrm{d}S \tag{1.61}$$

$$\begin{aligned} &\iiint_{\tau} \frac{\partial}{\partial t} e_{ijk} \rho x_j u_k \mathrm{d}\tau + \oiint_S e_{ijk} \rho x_j u_k u_l n_l \mathrm{d}S \\ &= \iiint_{\tau} e_{ijk} x_j X_k \mathrm{d}\tau + \oiint_S e_{ijk} x_j \sigma_{lk} n_l \mathrm{d}S \end{aligned} \tag{1.62}$$

5. **偏导数**

张量函数对其自变量求偏导数 (如果存在), 偏导数仍为一个张量函数.

(1) 标量场 $\varPhi(x_1, x_2, x_3)$.

$$\mathrm{d}\varPhi = \frac{\partial \varPhi}{\partial x_1}\mathrm{d}x_1 + \frac{\partial \varPhi}{\partial x_2}\mathrm{d}x_2 + \frac{\partial \varPhi}{\partial x_3}\mathrm{d}x_3 = \frac{\partial \varPhi}{\partial x_i}\mathrm{d}x_i = \nabla \varPhi \cdot \mathrm{d}\boldsymbol{r} \tag{1.63}$$

标量场的偏导数 $\nabla\varPhi$ 为矢量.

(2) 矢量场 $\boldsymbol{\varPhi}(x_1, x_2, x_3)$.

矢量 $\varPhi_i$ 的坐标变换关系式为

$$\overline{\varPhi}_i(\overline{x}_1, \overline{x}_2, \overline{x}_3) = \beta_{ik} \varPhi_k(x_1, x_2, x_3) \tag{1.64}$$

对式 (1.64) 进行微分, 有

$$\frac{\partial \overline{\varPhi}_i}{\partial \overline{x}_j} = \beta_{ik} \frac{\partial \varPhi_k}{\partial \overline{x}_j} = \beta_{ik} \frac{\partial \varPhi_k}{\partial x_m} \frac{\partial x_m}{\partial \overline{x}_j} \tag{1.65}$$

利用坐标矢量 x_i 的正变换和逆变换关系式: $\overline{x}_i = \beta_{ij} x_j$ 和 $x_i = \beta_{ji} \overline{x}_j$, 可得 $x_m = \beta_{jm} \overline{x}_j$, 即 $\dfrac{\partial x_m}{\partial \overline{x}_j} = \beta_{jm}$, 代入式 (1.65) 有

$$\frac{\partial \overline{\varPhi}_i}{\partial \overline{x}_j} = \beta_{ik} \frac{\partial \varPhi_k}{\partial x_m} \frac{\partial x_m}{\partial \overline{x}_j} = \beta_{ik} \beta_{jm} \frac{\partial \varPhi_k}{\partial x_m} \tag{1.66}$$

由式 (1.66), 根据张量定义可知 $\dfrac{\partial \varPhi_i}{\partial x_j}$ 是 2 阶张量, 可以记为 $\dfrac{\partial \boldsymbol{\varPhi}}{\partial \boldsymbol{r}}$.

矢量场的偏导数 $\dfrac{\partial \varPhi_i}{\partial x_j}$ 为 2 阶张量.

(3) 普遍说来, 任意张量场的偏导数均有张量分量的性质.

引入新的偏导数的记法

$$\frac{\partial \varPhi}{\partial x_i} = \varPhi_{,i}, \quad \frac{\partial \varPhi_i}{\partial x_j} = \varPhi_{i,j}, \quad \frac{\partial \sigma_{ij}}{\partial x_k} = \sigma_{ij,k}, \quad \frac{\partial^2 \sigma_{ij}}{\partial x_k \partial x_l} = \sigma_{ij,kl}$$

应用此种记法, 有

$$\nabla \cdot \boldsymbol{u} = \operatorname{div}\boldsymbol{u} = \frac{\partial}{\partial \boldsymbol{r}} \cdot \boldsymbol{u} = \frac{\partial u_i}{\partial x_i} = u_{i,i} \tag{1.67}$$

$$\nabla \times \boldsymbol{u} = \operatorname{rot}\boldsymbol{u} = \frac{\partial}{\partial \boldsymbol{r}} \times \boldsymbol{u} = \frac{\partial}{\partial \boldsymbol{r}} \times \boldsymbol{u} = e_{ijk}\frac{\partial u_k}{\partial x_j} = e_{ijk}u_{k,j} \tag{1.68}$$

$$\nabla^2 \boldsymbol{u} = \nabla \cdot \nabla \boldsymbol{u} = \left(\frac{\partial}{\partial \boldsymbol{r}}\right)^2 \boldsymbol{u} = \frac{\partial^2 u_i}{\partial x_j \partial x_j} = u_{i,jj} \tag{1.69}$$

6. 张量的运算

1) 张量表示法

矢量可以表示为

$$\varPhi_i = \boldsymbol{\varPhi} = \varPhi_1 \boldsymbol{e}_1 + \varPhi_2 \boldsymbol{e}_2 + \varPhi_3 \boldsymbol{e}_3 = \begin{pmatrix} \varPhi_1 \\ \varPhi_2 \\ \varPhi_3 \end{pmatrix} \quad \text{或} \quad (\varPhi_1 \quad \varPhi_2 \quad \varPhi_3) \quad (i = 1, 2, 3) \tag{1.70}$$

2 阶张量可以表示为

$$\begin{aligned} T_{ij} = \overrightarrow{\overrightarrow{\boldsymbol{T}}} &= T_{11}\boldsymbol{e}_1\boldsymbol{e}_1 + T_{12}\boldsymbol{e}_1\boldsymbol{e}_2 + T_{13}\boldsymbol{e}_1\boldsymbol{e}_3 + T_{21}\boldsymbol{e}_2\boldsymbol{e}_1 + T_{22}\boldsymbol{e}_2\boldsymbol{e}_2 + T_{23}\boldsymbol{e}_2\boldsymbol{e}_3 \\ &\quad + T_{31}\boldsymbol{e}_3\boldsymbol{e}_1 + T_{32}\boldsymbol{e}_3\boldsymbol{e}_2 + T_{33}\boldsymbol{e}_3\boldsymbol{e}_3 \\ &= \begin{pmatrix} T_{11} & T_{12} & T_{13} \\ T_{21} & T_{22} & T_{23} \\ T_{31} & T_{32} & T_{33} \end{pmatrix} \quad (i, j = 1, 2, 3) \end{aligned} \tag{1.71}$$

2) 矢量与张量的点乘

规则: 靠近点乘符号的先乘. 例如

$$\begin{aligned} \boldsymbol{\varPhi} \cdot (\boldsymbol{e}_1\boldsymbol{e}_1) &= (\boldsymbol{\varPhi} \cdot \boldsymbol{e}_1)\boldsymbol{e}_1 = \varPhi_1\boldsymbol{e}_1 \\ (\boldsymbol{e}_1\boldsymbol{e}_1) \cdot \boldsymbol{\varPhi} &= \boldsymbol{e}_1(\boldsymbol{e}_1 \cdot \boldsymbol{\varPhi}) = \varPhi_1\boldsymbol{e}_1 \\ \boldsymbol{\varPhi} \cdot (\boldsymbol{e}_1\boldsymbol{e}_2) &= (\boldsymbol{\varPhi} \cdot \boldsymbol{e}_1)\boldsymbol{e}_2 = \varPhi_1\boldsymbol{e}_2 \\ (\boldsymbol{e}_1\boldsymbol{e}_2) \cdot \boldsymbol{\varPhi} &= \boldsymbol{e}_1(\boldsymbol{e}_2 \cdot \boldsymbol{\varPhi}) = \varPhi_2\boldsymbol{e}_1 \\ &\cdots\cdots \end{aligned}$$

一般地有

$$\boldsymbol{\Phi}\cdot(\boldsymbol{e}_i\boldsymbol{e}_j)=(\boldsymbol{\Phi}\cdot\boldsymbol{e}_i)\,\boldsymbol{e}_j=\Phi_i\boldsymbol{e}_j\quad(i,j=1,2,3)\tag{1.72}$$

$$(\boldsymbol{e}_i\boldsymbol{e}_j)\cdot\boldsymbol{\Phi}=\boldsymbol{e}_i\,(\boldsymbol{e}_j\cdot\boldsymbol{\Phi})=\Phi_j\boldsymbol{e}_i\quad(i,j=1,2,3)\tag{1.73}$$

应用式 (1.72) 和式 (1.73), 有

$$\begin{aligned}
\boldsymbol{\Phi}\cdot\overrightarrow{\overrightarrow{T}}=&T_{11}\boldsymbol{\Phi}\cdot(\boldsymbol{e}_1\boldsymbol{e}_1)+T_{12}\boldsymbol{\Phi}\cdot(\boldsymbol{e}_1\boldsymbol{e}_2)+T_{13}\boldsymbol{\Phi}\cdot(\boldsymbol{e}_1\boldsymbol{e}_3)\\
&+T_{21}\boldsymbol{\Phi}\cdot(\boldsymbol{e}_2\boldsymbol{e}_1)+T_{22}\boldsymbol{\Phi}\cdot(\boldsymbol{e}_2\boldsymbol{e}_2)+T_{23}\boldsymbol{\Phi}\cdot(\boldsymbol{e}_2\boldsymbol{e}_3)\\
&+T_{31}\boldsymbol{\Phi}\cdot(\boldsymbol{e}_3\boldsymbol{e}_1)+T_{32}\boldsymbol{\Phi}\cdot(\boldsymbol{e}_3\boldsymbol{e}_2)+T_{33}\boldsymbol{\Phi}\cdot(\boldsymbol{e}_3\boldsymbol{e}_3)\\
=&\Phi_1T_{11}\boldsymbol{e}_1+\Phi_1T_{12}\boldsymbol{e}_2+\Phi_1T_{13}\boldsymbol{e}_3\\
&+\Phi_2T_{21}\boldsymbol{e}_1+\Phi_2T_{22}\boldsymbol{e}_2+\Phi_2T_{23}\boldsymbol{e}_3\\
&+\Phi_3T_{31}\boldsymbol{e}_1+\Phi_3T_{32}\boldsymbol{e}_2+\Phi_3T_{33}\boldsymbol{e}_3\\
=&(\Phi_1T_{11}+\Phi_2T_{21}+\Phi_3T_{31})\,\boldsymbol{e}_1\\
&+(\Phi_1T_{12}+\Phi_2T_{22}+\Phi_3T_{32})\,\boldsymbol{e}_2\\
&+(\Phi_1T_{13}+\Phi_2T_{23}+\Phi_3T_{33})\,\boldsymbol{e}_3\\
=&(\Phi_1\,\Phi_2\,\Phi_3)\begin{pmatrix}T_{11}&T_{12}&T_{13}\\T_{21}&T_{22}&T_{23}\\T_{31}&T_{32}&T_{33}\end{pmatrix}=\Phi_iT_{ij}\quad(i,j=1,2,3)
\end{aligned}$$

同理有

$$\overrightarrow{\overrightarrow{T}}\cdot\boldsymbol{\Phi}=\begin{pmatrix}T_{11}&T_{12}&T_{13}\\T_{21}&T_{22}&T_{23}\\T_{31}&T_{32}&T_{33}\end{pmatrix}\begin{pmatrix}\Phi_1\\\Phi_2\\\Phi_3\end{pmatrix}=T_{ij}\Phi_j\quad(i,j=1,2,3)$$

矢量左乘为行矩阵, 右乘为列矩阵, 一般情况下 $\boldsymbol{\Phi}\cdot\overrightarrow{\overrightarrow{T}}\neq\overrightarrow{\overrightarrow{T}}\cdot\boldsymbol{\Phi}$.

3) 张量与张量的点乘

规则: 靠近点乘符号的先乘. 例如

$$\begin{aligned}
(\boldsymbol{e}_1\boldsymbol{e}_1)\cdot(\boldsymbol{e}_1\boldsymbol{e}_1)&=\boldsymbol{e}_1\,(\boldsymbol{e}_1\cdot\boldsymbol{e}_1)\,\boldsymbol{e}_1=\boldsymbol{e}_1\boldsymbol{e}_1\\
(\boldsymbol{e}_1\boldsymbol{e}_1)\cdot(\boldsymbol{e}_1\boldsymbol{e}_2)&=\boldsymbol{e}_1\,(\boldsymbol{e}_1\cdot\boldsymbol{e}_1)\,\boldsymbol{e}_2=\boldsymbol{e}_1\boldsymbol{e}_2\\
(\boldsymbol{e}_1\boldsymbol{e}_2)\cdot(\boldsymbol{e}_1\boldsymbol{e}_1)&=\boldsymbol{e}_1\,(\boldsymbol{e}_2\cdot\boldsymbol{e}_1)\,\boldsymbol{e}_1=0\\
(\boldsymbol{e}_1\boldsymbol{e}_2)\cdot(\boldsymbol{e}_1\boldsymbol{e}_2)&=\boldsymbol{e}_1\,(\boldsymbol{e}_2\cdot\boldsymbol{e}_1)\,\boldsymbol{e}_2=0\\
&\cdots\cdots
\end{aligned}$$

一般地有

$$(\boldsymbol{e}_i\boldsymbol{e}_j)\cdot(\boldsymbol{e}_k\boldsymbol{e}_l)=\boldsymbol{e}_i\,(\boldsymbol{e}_j\cdot\boldsymbol{e}_k)\,\boldsymbol{e}_l=\delta_{jk}\boldsymbol{e}_i\boldsymbol{e}_l\quad(i,j,k,l=1,2,3)\tag{1.74}$$

应用式 (1.74) 可得

$$\begin{aligned}\overrightarrow{\overrightarrow{T}}\cdot\overrightarrow{\overrightarrow{T}}&=(T_{11}\boldsymbol{e}_1\boldsymbol{e}_1+T_{12}\boldsymbol{e}_1\boldsymbol{e}_2+\cdots)\cdot(\varPhi_{11}\boldsymbol{e}_1\boldsymbol{e}_1+\varPhi_{12}\boldsymbol{e}_1\boldsymbol{e}_2+\cdots)\\&=T_{11}\varPhi_{11}\,(\boldsymbol{e}_1\boldsymbol{e}_1)\cdot(\boldsymbol{e}_1\boldsymbol{e}_1)+T_{11}\varPhi_{12}\,(\boldsymbol{e}_1\boldsymbol{e}_1)\cdot(\boldsymbol{e}_1\boldsymbol{e}_2)+\cdots\\&\quad+T_{12}\varPhi_{11}\,(\boldsymbol{e}_1\boldsymbol{e}_2)\cdot(\boldsymbol{e}_1\boldsymbol{e}_1)+T_{12}\varPhi_{12}\,(\boldsymbol{e}_1\boldsymbol{e}_2)\cdot(\boldsymbol{e}_1\boldsymbol{e}_2)+\cdots\\&=(T_{11}\varPhi_{11}+T_{12}\varPhi_{21}+T_{13}\varPhi_{31})\,\boldsymbol{e}_1\boldsymbol{e}_1+\cdots\\&\quad+(T_{11}\varPhi_{12}+T_{12}\varPhi_{22}+T_{13}\varPhi_{32})\,\boldsymbol{e}_1\boldsymbol{e}_2+\cdots\\&=\begin{pmatrix}T_{11}&T_{12}&T_{13}\\T_{21}&T_{22}&T_{23}\\T_{31}&T_{32}&T_{33}\end{pmatrix}\begin{pmatrix}\varPhi_{11}&\varPhi_{12}&\varPhi_{13}\\\varPhi_{21}&\varPhi_{22}&\varPhi_{23}\\\varPhi_{31}&\varPhi_{32}&\varPhi_{33}\end{pmatrix}=T_{ij}\varPhi_{jk}\quad(i,j,k,l=1,2,3)\end{aligned}$$

点乘后仍为 2 阶张量.

4) 张量与张量的二点乘

规则: 靠近点乘符号的先乘, 再点乘剩下的两个.

$$\begin{gathered}(\boldsymbol{e}_1\boldsymbol{e}_1):(\boldsymbol{e}_1\boldsymbol{e}_1)=(\boldsymbol{e}_1\cdot\boldsymbol{e}_1)\,(\boldsymbol{e}_1\cdot\boldsymbol{e}_1)=1\\(\boldsymbol{e}_1\boldsymbol{e}_1):(\boldsymbol{e}_1\boldsymbol{e}_2)=(\boldsymbol{e}_1\cdot\boldsymbol{e}_1)\,(\boldsymbol{e}_1\cdot\boldsymbol{e}_2)=0\\(\boldsymbol{e}_1\boldsymbol{e}_2):(\boldsymbol{e}_3\boldsymbol{e}_2)=(\boldsymbol{e}_2\cdot\boldsymbol{e}_3)\,(\boldsymbol{e}_1\cdot\boldsymbol{e}_2)=0\\\cdots\cdots\end{gathered}$$

一般地有

$$(\boldsymbol{e}_i\boldsymbol{e}_k):(\boldsymbol{e}_l\boldsymbol{e}_j)=(\boldsymbol{e}_k\cdot\boldsymbol{e}_l)\,(\boldsymbol{e}_i\cdot\boldsymbol{e}_j)=\delta_{kl}\delta_{ij}\quad(i,j,k,l=1,2,3)\tag{1.75}$$

利用上式可得

$$\begin{aligned}\overrightarrow{\overrightarrow{T}}:\overrightarrow{\overrightarrow{\varPhi}}&=(T_{11}\boldsymbol{e}_1\boldsymbol{e}_1+T_{12}\boldsymbol{e}_1\boldsymbol{e}_2+\cdots):(\varPhi_{11}\boldsymbol{e}_1\boldsymbol{e}_1+\varPhi_{12}\boldsymbol{e}_1\boldsymbol{e}_2+\cdots)\\&=T_{11}\varPhi_{11}\,(\boldsymbol{e}_1\boldsymbol{e}_1):(\boldsymbol{e}_1\boldsymbol{e}_1)+T_{11}\varPhi_{12}\,(\boldsymbol{e}_1\boldsymbol{e}_1):(\boldsymbol{e}_1\boldsymbol{e}_2)+\cdots\\&\quad+T_{12}\varPhi_{11}\,(\boldsymbol{e}_1\boldsymbol{e}_2):(\boldsymbol{e}_1\boldsymbol{e}_1)+T_{12}\varPhi_{12}\,(\boldsymbol{e}_1\boldsymbol{e}_2):(\boldsymbol{e}_1\boldsymbol{e}_2)+\cdots\\&=T_{11}\varPhi_{11}+T_{12}\varPhi_{21}+T_{13}\varPhi_{31}\end{aligned}$$

$$
\begin{aligned}
&+T_{21}\Phi_{12}+T_{22}\Phi_{22}+T_{23}\Phi_{32}\\
&+T_{31}\Phi_{13}+T_{32}\Phi_{23}+T_{33}\Phi_{33}\\
=&\operatorname{tr}\left[\begin{pmatrix} T_{11} & T_{12} & T_{13}\\ T_{21} & T_{22} & T_{23}\\ T_{31} & T_{32} & T_{33}\end{pmatrix}\begin{pmatrix} \Phi_{11} & \Phi_{12} & \Phi_{13}\\ \Phi_{21} & \Phi_{22} & \Phi_{23}\\ \Phi_{31} & \Phi_{32} & \Phi_{33}\end{pmatrix}\right]\\
=&T_{ij}\Phi_{ji}\quad (i,j,k,l=1,2,3)
\end{aligned}
$$

式中, tr 表示矩阵的迹. 一般情况下 $\overset{\rightarrow\rightarrow}{T}:\overset{\rightarrow\rightarrow}{\Phi}=\overset{\rightarrow\rightarrow}{\Phi}:\overset{\rightarrow\rightarrow}{T}$.

5) 矢量与矢量的外乘

$$
\begin{aligned}
\boldsymbol{T}\boldsymbol{\Phi}=&(T_1\boldsymbol{e}_1+T_2\boldsymbol{e}_2+T_3\boldsymbol{e}_3)(\Phi_1\boldsymbol{e}_1+\Phi_2\boldsymbol{e}_2+\Phi_3\boldsymbol{e}_3)\\
=&T_1\Phi_1\boldsymbol{e}_1\boldsymbol{e}_1+T_1\Phi_2\boldsymbol{e}_1\boldsymbol{e}_2+T_1\Phi_3\boldsymbol{e}_1\boldsymbol{e}_3\\
&+T_2\Phi_1\boldsymbol{e}_2\boldsymbol{e}_1+T_2\Phi_2\boldsymbol{e}_2\boldsymbol{e}_2+T_2\Phi_3\boldsymbol{e}_2\boldsymbol{e}_3\\
&+T_3\Phi_1\boldsymbol{e}_3\boldsymbol{e}_1+T_3\Phi_2\boldsymbol{e}_3\boldsymbol{e}_2+T_3\Phi_3\boldsymbol{e}_3\boldsymbol{e}_3\\
=&\begin{pmatrix} T_1\Phi_1 & T_1\Phi_2 & T_1\Phi_3\\ T_2\Phi_1 & T_2\Phi_2 & T_2\Phi_3\\ T_3\Phi_1 & T_3\Phi_2 & T_3\Phi_3\end{pmatrix}=T_j\Phi_i\quad (i,j=1,2,3)
\end{aligned}
$$

同理可得

$$
\boldsymbol{\Phi}\boldsymbol{T}=\Phi_jT_i
$$

矢量与矢量外乘后为 2 阶张量, 一般情况下 $\boldsymbol{T}\boldsymbol{\Phi}\neq\boldsymbol{\Phi}\boldsymbol{T}$.

根据以上张量运算法则, 不难写出

$$
\begin{aligned}
\nabla\boldsymbol{u}=&\left(\frac{\partial}{\partial x_1}\boldsymbol{e}_1+\frac{\partial}{\partial x_2}\boldsymbol{e}_2+\frac{\partial}{\partial x_3}\boldsymbol{e}_3\right)(u_1\boldsymbol{e}_1+u_2\boldsymbol{e}_2+u_3\boldsymbol{e}_3)\\
=&\frac{\partial u_1}{\partial x_1}\boldsymbol{e}_1\boldsymbol{e}_1+\frac{\partial u_2}{\partial x_1}\boldsymbol{e}_1\boldsymbol{e}_2+\frac{\partial u_3}{\partial x_1}\boldsymbol{e}_1\boldsymbol{e}_3\\
&+\frac{\partial u_1}{\partial x_2}\boldsymbol{e}_2\boldsymbol{e}_1+\frac{\partial u_2}{\partial x_2}\boldsymbol{e}_2\boldsymbol{e}_2+\frac{\partial u_3}{\partial x_2}\boldsymbol{e}_2\boldsymbol{e}_3\\
&+\frac{\partial u_1}{\partial x_3}\boldsymbol{e}_3\boldsymbol{e}_1+\frac{\partial u_2}{\partial x_3}\boldsymbol{e}_3\boldsymbol{e}_2+\frac{\partial u_3}{\partial x_3}\boldsymbol{e}_3\boldsymbol{e}_3
\end{aligned}
$$

$$=\begin{pmatrix} \dfrac{\partial u_1}{\partial x_1} & \dfrac{\partial u_2}{\partial x_1} & \dfrac{\partial u_3}{\partial x_1} \\ \dfrac{\partial u_1}{\partial x_2} & \dfrac{\partial u_2}{\partial x_2} & \dfrac{\partial u_3}{\partial x_2} \\ \dfrac{\partial u_1}{\partial x_3} & \dfrac{\partial u_2}{\partial x_3} & \dfrac{\partial u_3}{\partial x_3} \end{pmatrix} = \frac{\partial u_i}{\partial x_j} = u_{i,j} \tag{1.76}$$

$$(\nabla \boldsymbol{u})^+ = \begin{pmatrix} \dfrac{\partial u_1}{\partial x_1} & \dfrac{\partial u_1}{\partial x_2} & \dfrac{\partial u_1}{\partial x_3} \\ \dfrac{\partial u_2}{\partial x_1} & \dfrac{\partial u_2}{\partial x_2} & \dfrac{\partial u_2}{\partial x_3} \\ \dfrac{\partial u_3}{\partial x_1} & \dfrac{\partial u_3}{\partial x_2} & \dfrac{\partial u_3}{\partial x_3} \end{pmatrix} = \frac{\partial u_j}{\partial x_i} = u_{j,i} \tag{1.77}$$

$(\nabla \boldsymbol{u})^+$ 为 $\nabla \boldsymbol{u}$ 的转置.

$$\begin{aligned} \overrightarrow{\overrightarrow{p}} : \nabla \boldsymbol{u} = & p_{11}\frac{\partial u_1}{\partial x_1} + p_{12}\frac{\partial u_1}{\partial x_2} + p_{13}\frac{\partial u_1}{\partial x_3} \\ & + p_{21}\frac{\partial u_2}{\partial x_1} + p_{22}\frac{\partial u_2}{\partial x_2} + p_{23}\frac{\partial u_2}{\partial x_3} \\ & + p_{31}\frac{\partial u_3}{\partial x_1} + p_{32}\frac{\partial u_3}{\partial x_2} + p_{33}\frac{\partial u_3}{\partial x_3} = p_{ij}\frac{\partial u_i}{\partial x_j} \end{aligned} \tag{1.78}$$

$$\begin{aligned} \nabla \boldsymbol{u} : \nabla \boldsymbol{u} = & \left(\frac{\partial u_1}{\partial x_1}\right)^2 + \frac{\partial u_2}{\partial x_1}\frac{\partial u_1}{\partial x_2} + \frac{\partial u_3}{\partial x_1}\frac{\partial u_1}{\partial x_3} \\ & + \frac{\partial u_1}{\partial x_2}\frac{\partial u_2}{\partial x_1} + \left(\frac{\partial u_2}{\partial x_2}\right)^2 + \frac{\partial u_3}{\partial x_2}\frac{\partial u_2}{\partial x_3} \\ & + \frac{\partial u_1}{\partial x_3}\frac{\partial u_3}{\partial x_1} + \frac{\partial u_2}{\partial x_3}\frac{\partial u_3}{\partial x_2} + \left(\frac{\partial u_3}{\partial x_3}\right)^2 = \frac{\partial u_i}{\partial x_j}\frac{\partial u_j}{\partial x_i} \end{aligned} \tag{1.79}$$

$$\begin{aligned} \nabla \boldsymbol{u} : (\nabla \boldsymbol{u})^+ = & \left(\frac{\partial u_1}{\partial x_1}\right)^2 + \left(\frac{\partial u_2}{\partial x_1}\right)^2 + \left(\frac{\partial u_3}{\partial x_1}\right)^2 \\ & + \left(\frac{\partial u_1}{\partial x_2}\right)^2 + \left(\frac{\partial u_2}{\partial x_2}\right)^2 + \left(\frac{\partial u_3}{\partial x_2}\right)^2 \\ & + \left(\frac{\partial u_1}{\partial x_3}\right)^2 + \left(\frac{\partial u_2}{\partial x_3}\right)^2 + \left(\frac{\partial u_3}{\partial x_3}\right)^2 = \frac{\partial u_i}{\partial x_j}\frac{\partial u_i}{\partial x_j} \end{aligned} \tag{1.80}$$

7. Gauss 定理及其应用

1) Gauss 定理

如图 1.12 所示, 正则区域 τ 的边界面为 S.

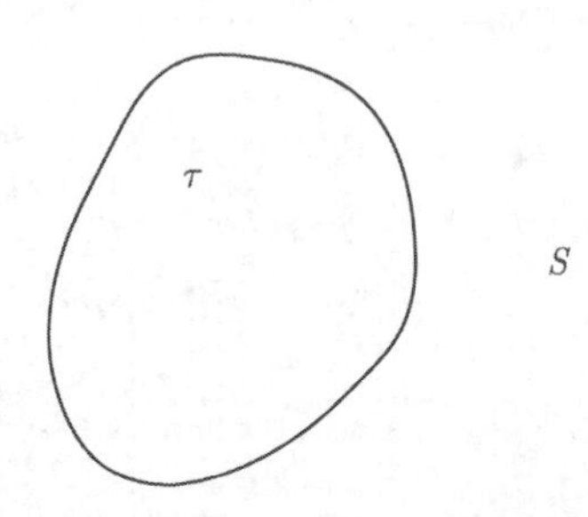

图 1.12　正则区域 τ 及其边界面 S

根据 Gauss 定理, 对于标量 Φ, 有

$$\iiint_{\tau} \mathrm{d}\tau \nabla \Phi = \oiint_{S} \mathrm{d}S \boldsymbol{n} \Phi \tag{1.81}$$

对于矢量 $\boldsymbol{\Phi}$, 有

$$\iiint_{\tau} \mathrm{d}\tau \nabla \cdot \boldsymbol{\Phi} = \oiint_{S} \mathrm{d}S \boldsymbol{n} \cdot \boldsymbol{\Phi} \tag{1.82}$$

$$\iiint_{\tau} \mathrm{d}\tau \nabla \times \boldsymbol{\Phi} = \oiint_{S} \mathrm{d}S \boldsymbol{n} \times \boldsymbol{\Phi} \tag{1.83}$$

一般地有

$$\iiint_{\tau} \mathrm{d}\tau \nabla = \oiint_{s} \mathrm{d}S \boldsymbol{n} \tag{1.84}$$

即

$$\iiint_{\tau} \mathrm{d}\tau \frac{\partial}{\partial x_i} = \oiint_{S} \mathrm{d}S n_i \tag{1.85}$$

推广到张量场, Gauss 定理为

$$\iiint_{\tau} \frac{\partial}{\partial x_i} \Phi_{jkl\cdots} \mathrm{d}\tau = \oiint_{S} \Phi_{jkl\cdots} n_i \mathrm{d}S \tag{1.86}$$

或

$$\iiint_{\tau} \Phi_{jkl\cdots,i} \mathrm{d}\tau = \oiint_{S} \Phi_{jkl} \cdots n_i \mathrm{d}S \tag{1.87}$$

2) Gauss 定理的应用

利用 Gauss 定理, 可得

$$\oiint_S \rho u_i u_j n_j \mathrm{d}S = \iiint_\tau \frac{\partial}{\partial x_j}\rho u_i u_j \mathrm{d}\tau \tag{1.88}$$

$$\oiint_S \sigma_{ji} n_j \mathrm{d}S = \iiint_\tau \frac{\partial}{\partial x_j}\sigma_{ji}\mathrm{d}\tau = \iiint_\tau \sigma_{ji,j}\mathrm{d}\tau \tag{1.89}$$

于是动量守恒关系式 (1.61) 可写为

$$\iiint_\tau \frac{\partial \rho u_i}{\partial t}\mathrm{d}\tau + \iiint_\tau \frac{\partial}{\partial x_j}\rho u_i u_j \mathrm{d}\tau = \iiint_\tau X_i \mathrm{d}\tau + \iiint_\tau \sigma_{ji,j}\mathrm{d}\tau \tag{1.90}$$

移项后为

$$\iiint_\tau \left[\frac{\partial \rho u_i}{\partial t} + \frac{\partial}{\partial x_j}(\rho u_i u_j) - X_i - \sigma_{ji,j}\right]\mathrm{d}\tau = 0 \tag{1.91}$$

得到动量守恒的微分形式

$$\frac{\partial \rho u_i}{\partial t} + \frac{\partial}{\partial x_j}(\rho u_i u_j) - \sigma_{ji,j} = X_i \tag{1.92}$$

同理, 可得

$$\oiint_S e_{ijk}\rho x_j u_k u_l n_l \mathrm{d}S = \iiint_\tau \frac{\partial}{\partial x_l} e_{ijk}\rho x_j u_k u_l \mathrm{d}\tau \tag{1.93}$$

$$\oiint_S e_{ijk} x_j \sigma_{lk} n_l \mathrm{d}S = \iiint_\tau \frac{\partial}{\partial x_l} e_{ijk} x_j \sigma_{lk}\mathrm{d}\tau \tag{1.94}$$

于是角动量守恒关系式 (1.62) 可写为

$$\begin{aligned}&\iiint_\tau \frac{\partial}{\partial t} e_{ijk}\rho x_j u_k \mathrm{d}\tau + \iiint_\tau \frac{\partial}{\partial x_l} e_{ijk}\rho x_j u_k u_l \mathrm{d}\tau \\ =&\iiint_\tau e_{ijk} x_j X_k \mathrm{d}\tau + \iiint_\tau \frac{\partial}{\partial x_l} e_{ijk} x_j \sigma_{lk}\mathrm{d}\tau\end{aligned} \tag{1.95}$$

上式左边第一项可以进一步化简

$$\begin{aligned}\iiint_\tau \frac{\partial}{\partial t} e_{ijk}\rho x_j u_k \mathrm{d}\tau &= \iiint_\tau e_{ijk}\frac{\partial}{\partial t}\rho x_j u_k \mathrm{d}\tau = \iiint_\tau \left(e_{ijk} x_j \frac{\partial}{\partial t}\rho u_k + e_{ijk}\rho u_k \frac{\partial}{\partial t} x_j\right)\mathrm{d}\tau \\ &= \iiint_\tau \left(e_{ijk} x_j \frac{\partial}{\partial t}\rho u_k + e_{ijk}\rho u_k u_j\right)\mathrm{d}\tau\end{aligned} \tag{1.96}$$

将式 (1.96) 代入式 (1.95), 得

$$\iiint_\tau \left(e_{ijk}x_j\frac{\partial \rho u_k}{\partial t}+e_{ijk}\rho u_k u_j\right)\mathrm{d}\tau+\iiint_\tau \frac{\partial}{\partial x_l}e_{ijk}\rho x_j u_k u_l \mathrm{d}\tau$$

$$=\iiint_\tau e_{ijk}x_j X_k \mathrm{d}\tau+\iiint_\tau \frac{\partial}{\partial x_l}e_{ijk}x_j\sigma_{lk}\mathrm{d}\tau \tag{1.97}$$

式中, $e_{ijk}u_k u_j=0$. 对 j,k 而言, e_{ijk} 是反对称的, $u_k u_j$ 是对称的, 二者缩并的结果为 0. 下面给予证明.

假设 ε_{ij} 为对称张量, ω_{ij} 为反对称张量, 则

$$\varepsilon_{ij}=\varepsilon_{ji}=\begin{pmatrix}\varepsilon_{11} & \varepsilon_{12} & \varepsilon_{13}\\ \varepsilon_{21} & \varepsilon_{22} & \varepsilon_{23}\\ \varepsilon_{31} & \varepsilon_{32} & \varepsilon_{33}\end{pmatrix} \tag{1.98}$$

$$\omega_{ij}=-\omega_{ji}=\begin{pmatrix}0 & \omega_{12} & \omega_{13}\\ -\omega_{12} & 0 & \omega_{23}\\ -\omega_{13} & -\omega_{23} & 0\end{pmatrix} \tag{1.99}$$

对称张量与反对称张量两点乘, 得

$$\begin{aligned}\overrightarrow{\overrightarrow{\varepsilon}}:\overrightarrow{\overrightarrow{\omega}}&=\varepsilon_{ij}\omega_{ji}=\varepsilon_{11}\omega_{11}+\varepsilon_{12}\omega_{21}+\varepsilon_{13}\omega_{31}\\ &\quad+\varepsilon_{21}\omega_{12}+\varepsilon_{22}\omega_{22}+\varepsilon_{23}\omega_{32}+\varepsilon_{31}\omega_{13}+\varepsilon_{32}\omega_{23}+\varepsilon_{33}\omega_{33}\\ &=\varepsilon_{12}\omega_{21}+\varepsilon_{13}\omega_{31}+\varepsilon_{21}\omega_{12}+\varepsilon_{23}\omega_{32}+\varepsilon_{31}\omega_{13}+\varepsilon_{32}\omega_{23}\\ &=\varepsilon_{12}\omega_{21}+\varepsilon_{13}\omega_{31}-\varepsilon_{12}\omega_{21}+\varepsilon_{23}\omega_{32}-\varepsilon_{13}\omega_{31}-\varepsilon_{23}\omega_{32}\\ &=0\end{aligned} \tag{1.100}$$

因此

$$e_{ijk}u_k u_j=0 \tag{1.101}$$

代入式 (1.97), 移项后

$$\iiint_\tau \left[e_{ijk}x_j\frac{\partial \rho u_k}{\partial t}+\frac{\partial}{\partial x_l}\left(e_{ijk}\rho x_j u_k u_l\right)-e_{ijk}x_j X_k-\frac{\partial}{\partial x_l}\left(e_{ijk}x_j\sigma_{lk}\right)\right]\mathrm{d}\tau=0 \tag{1.102}$$

得到角动量守恒的微分形式

$$e_{ijk}x_j\frac{\partial\rho u_k}{\partial t}+\frac{\partial}{\partial x_l}\left(e_{ijk}\rho x_j u_k u_l\right)=e_{ijk}x_jX_k+\frac{\partial}{\partial x_l}\left(e_{ijk}x_j\sigma_{lk}\right)\tag{1.103}$$

其中, 左边第二项为

$$\begin{aligned}\frac{\partial}{\partial x_l}\left(e_{ijk}\rho x_j u_k u_l\right)&=e_{ijk}x_j\frac{\partial}{\partial x_l}\left(\rho u_k u_l\right)+\rho u_k u_l\frac{\partial}{\partial x_l}\left(e_{ijk}x_j\right)\\&=e_{ijk}x_j\frac{\partial}{\partial x_l}\left(\rho u_k u_l\right)+\rho u_k u_l e_{ilk}=e_{ijk}x_j\frac{\partial}{\partial x_l}\left(\rho u_k u_l\right)\end{aligned}\tag{1.104}$$

式中, $\rho u_k u_l e_{ilk}$ 为对称张量与反对称张量的缩并, 结果为 0.

式 (1.103) 右边第二项为

$$\frac{\partial}{\partial x_l}\left(e_{ijk}x_j\sigma_{lk}\right)=e_{ijk}x_j\sigma_{lk,l}+\sigma_{lk}\frac{\partial}{\partial x_l}\left(e_{ijk}x_j\right)=e_{ijk}x_j\sigma_{lk,l}+e_{ilk}\sigma_{lk}\tag{1.105}$$

将式 (1.104) 和式 (1.105) 代入式 (1.103), 得

$$e_{ijk}x_j\left[\frac{\partial\rho u_k}{\partial t}+\frac{\partial}{\partial x_l}\left(\rho u_k u_l\right)-X_k-\sigma_{lk,l}\right]=e_{ilk}\sigma_{lk}\tag{1.106}$$

由动量守恒微分形式式 (1.92) 可知, 上式左边等于 0, 于是

$$e_{ilk}\sigma_{lk}=0\tag{1.107}$$

上式表明 σ_{lk} 是对称的, 即 $\sigma_{lk}=\sigma_{kl}$, 这是角动量守恒对应力张量 σ_{ij} 的要求. 这样, 表示动量守恒的运动方程 (1.92) 可写为

$$\frac{\partial}{\partial t}\left(\rho u_i\right)+\frac{\partial}{\partial x_j}\left(\rho u_i u_j\right)-\sigma_{ij,j}=X_i\tag{1.108}$$

8. **各向同性张量**

如果当坐标系旋转 (包含真旋转与反演) 时 $\Phi_{ijk\cdots}$ 不变, 即 $\bar{\Phi}_{ijk\cdots}=\Phi_{ijk\cdots}$, 就称 $\Phi_{ijk\cdots}$ 为各向同性张量.

1) 0 阶张量

对标量 Φ, 因为

$$\bar{\Phi}\left(\bar{x}_1,\bar{x}_2,\bar{x}_3\right)=\Phi\left(x_1,x_2,x_3\right)\tag{1.109}$$

所以一切 0 阶张量均是各向同性的.

2) 1 阶张量

矢量 Φ_i 不可能为各向同性的, 证明如下.

假设 Φ_i 是各向同性的, 则满足

$$\bar{\Phi}_i = \beta_{ij}\Phi_j = \Phi_i \tag{1.110}$$

现考虑坐标系绕 x_1 轴旋转 180° 的情况, 则有

$$\begin{cases} \bar{x}_1 = x_1 \\ \bar{x}_2 = -x_2 \\ \bar{x}_3 = -x_3 \end{cases} \tag{1.111}$$

变换矩阵为

$$\beta_{ij} = \begin{pmatrix} 1 & 0 & 0 \\ 0 & -1 & 0 \\ 0 & 0 & -1 \end{pmatrix} \tag{1.112}$$

代入式 (1.110) 中, 有

$$\begin{cases} \bar{\Phi}_1 = \Phi_1 \\ \bar{\Phi}_2 = -\Phi_2 \\ \bar{\Phi}_3 = -\Phi_3 \end{cases} \tag{1.113}$$

由上式可得, $\Phi_2 = \Phi_3 = 0$, 类似方法可得, $\Phi_1 = 0$.

所以 1 阶各向同性张量不存在.

3) 2 阶张量

可以证明 $\delta_{ij} = \begin{pmatrix} 1 & 0 & 0 \\ 0 & 1 & 0 \\ 0 & 0 & 1 \end{pmatrix}$ 是各向同性的, 且所有 2 阶各向同性张量均为 δ_{ij} 的倍数, 可表示为 $\lambda\delta_{ij}$, 其中 λ 为标量.

首先, 证明 Φ_{ij} 是各向同性的, 则它必须是对角的. 为证明此点, 令 Φ_{ij} 绕 x_1 轴旋转 180°, 将变换矩阵代入 $\overline{\Phi}_{mn} = \beta_{mi}\beta_{nj}\Phi_{ij}$, 则非对角元 Φ_{12} 变换为 $\overline{\Phi}_{mn} = \beta_{m1}\beta_{n2}\Phi_{12}$, 当 $m = 1$ 和 $n = 2$ 时, $\overline{\Phi}_{mn}$ 不为 0, 有

$$\overline{\Phi}_{12} = \beta_{11}\beta_{22}\Phi_{12} = -\Phi_{12} \tag{1.114}$$

而各向同性要求 $\overline{\Phi}_{12} = \Phi_{12}$, 则必有 $\Phi_{12} = 0$, 同理可以证明其他非对角元也必为 0.

其次, 考虑坐标系绕 x_3 轴的无穷小旋转 $\delta\theta$ 的变换, 此时变换矩阵为

$$\beta_{ij} = \begin{pmatrix} 1 & \delta\theta & 0 \\ -\delta\theta & 1 & 0 \\ 0 & 0 & 1 \end{pmatrix} \tag{1.115}$$

则有

$$\overline{x}_i = \beta_{ij} x_j = (\delta_{ij} + e_{3ij}\delta\theta)\, x_j \tag{1.116}$$

在此变换下有

$$\begin{aligned}\overline{\Phi}_{ij} &= \beta_{im}\beta_{jn}\Phi_{mn} = (\delta_{im} + e_{3im}\delta\theta)(\delta_{jn} + e_{3jn}\delta\theta)\,\Phi_{mn} \\ &= \delta_{im}\delta_{jn}\Phi_{mn} + (e_{3im}\delta_{jn}\Phi_{mn} + e_{3jn}\delta_{im}\Phi_{mn})\,\delta\theta + o\left(\delta\theta^2\right) \\ &= \Phi_{ij} + (e_{3im}\Phi_{mj} + e_{3jn}\Phi_{in})\,\delta\theta + o\left(\delta\theta^2\right)\end{aligned} \tag{1.117}$$

如果要求 $\overline{\Phi}_{ij} = \Phi_{ij}$, 在上式中略去 $\delta\theta$ 的高阶小量, 必有

$$e_{3im}\Phi_{mj} + e_{3jn}\Phi_{in} = 0 \tag{1.118}$$

取 $i=1, j=1$ 代入式 (1.118) 中, 可得 $\Phi_{21} + \Phi_{12} = 0$, 前已证 $\Phi_{21} = \Phi_{12} = 0$, 所以无新结果.

取 $i=1, j=2$ 代入式 (1.118) 中, 可得 $\Phi_{22} - \Phi_{11} = 0$, 即 $\Phi_{11} = \Phi_{22}$.

同理可证 $\Phi_{11} = \Phi_{33}$, 故有 $\Phi_{11} = \Phi_{22} = \Phi_{33}$, 即 Φ_{ij} 是单位对角矩阵的任意倍, 可以表示为: $\Phi_{ij} = \lambda\delta_{ij}$.

由于坐标系的任意旋转可视为多次无穷小旋转, 而坐标系的反演不会改变 $\lambda\delta_{ij}$ 的值. 如在 x_2x_3 平面内的反演, 变换矩阵为

$$\beta_{ij} = \begin{pmatrix} -1 & 0 & 0 \\ 0 & 1 & 0 \\ 0 & 0 & 1 \end{pmatrix} \tag{1.119}$$

取 $m=1, n=1$ 代入 $\overline{\Phi}_{ij} = \beta_{im}\beta_{jn}\Phi_{mn}$, 得

$$\overline{\Phi}_{ij} = \beta_{i1}\beta_{j1}\Phi_{11} = \Phi_{11} \tag{1.120}$$

同理可证 $\overline{\Phi}_{22} = \Phi_{22}$, $\overline{\Phi}_{33} = \Phi_{33}$.

故 2 阶对称张量必然可表示为 $\lambda\delta_{ij}$.

应注意: 下标 1,2,3 的循环置换不会影响各向同性张量分量的值, 这相当于坐标系的真旋转; 而若反演也是各向同性的, 则 1,2,3 的任意置换也不会改变分量的值.

4) 3 阶张量

根据上述下标关系可见, e_{ijk} 对坐标系真旋转是各向同性的, 但对反演不是各向同性的, 因为 $e_{123} = 1$, 而 $e_{132} = -1$.

可以证明: 对于坐标系真旋转, 各向同性的 3 阶张量 Φ_{ijk} 必然是 e_{ijk} 的数量倍数, 即为 λe_{ijk}. 证明如下.

当坐标系绕任意轴 $\boldsymbol{\xi}$ 作无穷小旋转时, 如果 ξ_s 是 $\boldsymbol{\xi}$ 在 S 方向的分量, 则 $\overline{x}_i = \beta_{ij} x_j = (\delta_{ij} + \xi_s e_{sij} \delta\theta) x_j$, β_{ij} 为变换矩阵. 于是

$$\begin{aligned}\overline{\Phi}_{ijk} &= (\delta_{im} + \xi_s e_{sim}\delta\theta)(\delta_{jn} + \xi_s e_{sjn}\delta\theta)(\delta_{kp} + \xi_s e_{skp}\delta\theta)\,\Phi_{mnp} \\ &= \Phi_{ijk} + (\xi_s e_{sim}\Phi_{mjk} + \xi_s e_{sjn}\Phi_{ink} + \xi_s e_{skp}\Phi_{ijp})\,\delta\theta + o\left(\delta\theta^2\right)\end{aligned} \tag{1.121}$$

如果要求 Φ_{ijk} 各向同性, 在上式中略去 $\delta\theta$ 的高阶小量, 必有

$$\xi_s e_{sim}\Phi_{mjk} + \xi_s e_{sjn}\Phi_{ink} + \xi_s e_{skp}\Phi_{ijk} = 0 \tag{1.122}$$

取 $i=1, j=1, k=2$ 代入上式, 得

$$\xi_s e_{s1m}\Phi_{m12} + \xi_s e_{s1n}\Phi_{1n2} + \xi_s e_{s2p}\Phi_{11p} = 0 \tag{1.123}$$

根据 e_{ijk} 的性质, 上式左边第一项展开为

$$\xi_s e_{s1m}\Phi_{m12} = \xi_2 e_{21m}\Phi_{m12} + \xi_3 e_{31m}\Phi_{m12} = \xi_2 e_{213}\Phi_{312} + \xi_3 e_{312}\Phi_{212}$$

第二项展开为

$$\xi_s e_{s1n}\Phi_{1n2} = \xi_2 e_{21n}\Phi_{1n2} + \xi_3 e_{31n}\Phi_{1n2} = \xi_2 e_{213}\Phi_{132} + \xi_3 e_{312}\Phi_{122}$$

第三项展开为

$$\xi_s e_{s2p}\Phi_{11p} = \xi_1 e_{12p}\Phi_{11p} + \xi_3 e_{32p}\Phi_{11p} = \xi_1 e_{123}\Phi_{113} + \xi_3 e_{321}\Phi_{111}$$

于是式 (1.123) 化为

$$-\xi_2\Phi_{312} + \xi_3\Phi_{212} - \xi_2\Phi_{132} + \xi_3\Phi_{122} + \xi_1\Phi_{113} - \xi_3\Phi_{111} = 0 \tag{1.124}$$

得

$$\Phi_{113}\xi_1 + (-\Phi_{312} - \Phi_{132})\,\xi_2 + (\Phi_{212} + \Phi_{122} - \Phi_{111})\,\xi_3 = 0 \tag{1.125}$$

由于 ξ_1, ξ_2, ξ_3 是任意的, 因而由上式可得

$$\Phi_{113} = 0 \tag{1.126}$$

$$\Phi_{312} + \Phi_{132} = 0 \tag{1.127}$$

$$\Phi_{212} + \Phi_{122} = \Phi_{111} \tag{1.128}$$

由对称性及式 (1.126) 可见, 在 $\varPhi_{ijk}$ 三个下标中, 如两个相同, 则 $\varPhi_{ijk}$ 为 0. 因而

$$\varPhi_{212} = \varPhi_{122} = 0 \tag{1.129}$$

于是由式 (1.128) 得

$$\varPhi_{111} = 0$$

故三个下标如均相同, 则 $\varPhi_{ijk}$ 为 0.

由式 (1.127) 可见三个下标均不等时有

$$\varPhi_{ijk} = -\varPhi_{jik} \tag{1.130}$$

所以 $\varPhi_{ijk}$ 对于反演不可能是各向同性的.

由以上讨论可见, $\varPhi_{ijk}$ 中有两个或两个以上下标相同时为 0, 而三个下标均不同时, 奇置换时改变符号, 因而 $\varPhi_{ijk}$ 必为 e_{ijk} 的数量倍数. 证明完毕.

5) 4 阶张量

显然易见, $\delta_{ij}\delta_{kl}$、$\delta_{ik}\delta_{jl}+\delta_{il}\delta_{jk}$ 和 $\delta_{ik}\delta_{jl}-\delta_{il}\delta_{jk}$ 三者均为各向同性 4 阶张量. 下面证明任意 4 阶各向同性张量 $\varPhi_{ijkl}$ 必可表为这三者的线性组合, 即

$$\varPhi_{ijkl} = \lambda\delta_{ij}\delta_{kl} + \mu\left(\delta_{ik}\delta_{jl}+\delta_{il}\delta_{jk}\right) + \nu\left(\delta_{ik}\delta_{jl}-\delta_{il}\delta_{jk}\right) \quad (i,j,k,l=1,2,3) \tag{1.131}$$

其中, λ,μ,ν 是三个标量. 证明如下.

首先讨论各向同性 4 阶张量 $\varPhi_{ijkl}$ 的性质, 它共有 3^4=81 个分量, 但由于下标 1, 2, 3 的置换不会改变分量值, 所以有

$$\varPhi_{1111} = \varPhi_{2222} = \varPhi_{3333} \tag{1.132}$$

$$\varPhi_{1122} = \varPhi_{2233} = \varPhi_{3311} = \varPhi_{1133} = \varPhi_{2211} = \varPhi_{3322} \tag{1.133}$$

$$\varPhi_{1212} = \varPhi_{2323} = \varPhi_{3131} = \varPhi_{1313} = \varPhi_{2121} = \varPhi_{3232} \tag{1.134}$$

$$\varPhi_{1221} = \varPhi_{2332} = \varPhi_{3113} = \varPhi_{2112} = \varPhi_{3223} = \varPhi_{1331} \tag{1.135}$$

当坐标系绕 x_1 轴作 180° 旋转时, 即 $\overline{x}_i = \beta_{ij}x_j$, 其中变换矩阵为

$$\beta_{ij} = \begin{pmatrix} 1 & 0 & 0 \\ 0 & -1 & 0 \\ 0 & 0 & -1 \end{pmatrix} \tag{1.136}$$

将带一个下标 1 的分量 $\varPhi_{1222}$ 变为

$$\overline{\varPhi}_{mnpq} = \beta_{m1}\beta_{n2}\beta_{p2}\beta_{q2}\varPhi_{1222} \tag{1.137}$$

由于变换矩阵的非对角元为 0, 当 $m=1, n=p=q=2$ 时, 有

$$\overline{\Phi}_{1222}=-\Phi_{1222} \tag{1.138}$$

所以

$$\Phi_{1222}=0 \tag{1.139}$$

同理, 对带三个下标 1 的分量也为 0.

这样 81 个分量中仅有式 (1.132) ~ 式 (1.135) 表示的 4 类分量不为 0, 即仅有 4 个独立分量.

下面证明这 4 个独立分量之间还有一个关联式存在.

当坐标系绕 x_3 轴作无穷小旋转时, 有 $\overline{x}_i=\beta_{ij}x_j=(\delta_{ij}+e_{3ij}\delta\theta)\,x_j$, 4 阶张量 Φ_{ijkl} 变换为

$$\begin{aligned}
\overline{\Phi}_{pqrs}&=\beta_{pi}\beta_{qj}\beta_{rk}\beta_{sl}\Phi_{ijkl}\\
&=(\delta_{pi}+e_{3pi}\delta\theta)(\delta_{qj}+e_{3qj}\delta\theta)(\delta_{rk}+e_{3rk}\delta\theta)(\delta_{sl}+e_{3sl}\delta\theta)\,\Phi_{ijkl}\\
&=[\delta_{pi}\delta_{qj}\delta_{rk}\delta_{sl}+\delta_{pi}\delta_{qj}(\delta_{rk}e_{3sl}+\delta_{sl}e_{3rk})\,\delta\theta\\
&\quad+\delta_{rk}\delta_{sl}(\delta_{pi}e_{3qj}+\delta_{qj}e_{3pi})\,\delta\theta]\,\Phi_{ijkl}+o(\delta\theta^2)\\
&=\Phi_{pqrs}+(e_{3pi}\Phi_{iqrs}+e_{3qj}\Phi_{pjrs}+e_{3rk}\Phi_{pqks}+e_{3sl}\Phi_{pqrl})\,\delta\theta+o\left(\delta\theta^2\right)\\
&=\Phi_{pqrs}+(e_{3pi}\Phi_{iqrs}+e_{3qi}\Phi_{pirs}+e_{3ri}\Phi_{pqis}+e_{3si}\Phi_{pqri})\,\delta\theta\\
&\quad+o\left(\delta\theta^2\right)\quad(i,p,q,r,s=1,2,3)
\end{aligned} \tag{1.140}$$

如果 Φ_{pqrs} 为各向同性, 在上式中略去 $\delta\theta$ 的高阶小量, 要求满足

$$e_{3pi}\Phi_{iqrs}+e_{3qi}\Phi_{pirs}+e_{3ri}\Phi_{pqis}+e_{3si}\Phi_{pqri}=0 \tag{1.141}$$

四个下标 $pqrs$ 中至少有一对是相等的, 共有 4 种可能:

(1) 4 个全等, 如 $p=q=r=s=1$;

(2) 3 个相等, 如 $p=q=r=1,\ s=2$;

(3) 两个相等, 另两个不等, 如 $p=q=1,\ r=2,\ s=3$;

(4) 两个两个相等, 如 $p=q=1,\ r=s=2$.

下面分别讨论.

将 $p=q=r=s=1$ 代入式 (1.141) 得: $\Phi_{i111}+\Phi_{1i11}+\Phi_{11i1}+\Phi_{111i}=0$, 这是前面已知的关系式, 故得不出新的关系式.

将 $p=q=r=1,\ s=2$ 代入式 (1.141) 得

$$\Phi_{1111}e_{321}+\Phi_{2112}e_{312}+\Phi_{1212}e_{312}+\Phi_{1122}e_{312}=0$$

$$-\Phi_{2112}-\Phi_{1212}-\Phi_{1122}+\Phi_{1111}=0 \tag{1.142}$$

将 $p=q=1,\ r=2,\ s=3$ 代入式 (1.141) 得：$\Phi_{1113}-\Phi_{2123}-\Phi_{1223}=0$，由前面可知 $\Phi_{2123}=\Phi_{1223}=\Phi_{1113}=0$, 所以得不出新的关系式.

将 $p=q=1,\ r=s=2$ 代入式 (1.141) 得：$-\Phi_{2122}-\Phi_{1222}+\Phi_{1112}+\Phi_{1121}=0$, 由前面可知 $\Phi_{2122}=\Phi_{1222}=\Phi_{1112}=\Phi_{1121}=0$, 也得不出新关系式.

由此可见, 只增加了式 (1.142) 一个关系式, 证毕.

于是, 四个独立分量中只剩三个真正的独立分量, 令 $\Phi_{1122}=\lambda$, $\Phi_{1212}=\mu+\nu$, $\Phi_{1221}=\mu-\nu$, 代入式 (1.142), 有

$$\Phi_{1111}=\lambda+2\mu \tag{1.143}$$

λ,μ,ν 是 3 个独立标量, 故 4 阶各向同性张量满足式 (1.131).

1.3 速 度 场

1. 变形体中速度场

物质在力的作用下发生运动. 设点 $P_0(x_1,x_2,x_3)$, 速度为 $\boldsymbol{u}_0(x_1,x_2,x_3)$, 在其邻域点 $P(x_1+\delta x_1,x_2+\delta x_2,x_3+\delta x_3)$, 速度为 $\boldsymbol{u}(x_1+\delta x_1,x_2+\delta x_2,x_3+\delta x_3)$, 将 $\boldsymbol{u}$ 在 (x_1,x_2,x_3) 处作 Taylor 展开, 忽略高阶小项, 得

$$\begin{cases} u_1=u_{01}+\dfrac{\partial u_1}{\partial x_1}\delta x_1+\dfrac{\partial u_1}{\partial x_2}\delta x_2+\dfrac{\partial u_1}{\partial x_3}\delta x_3 \\ u_2=u_{02}+\dfrac{\partial u_2}{\partial x_1}\delta x_1+\dfrac{\partial u_2}{\partial x_2}\delta x_2+\dfrac{\partial u_2}{\partial x_3}\delta x_3 \\ u_3=u_{03}+\dfrac{\partial u_3}{\partial x_1}\delta x_1+\dfrac{\partial u_3}{\partial x_2}\delta x_2+\dfrac{\partial u_3}{\partial x_3}\delta x_3 \end{cases}$$

即

$$u_i=u_{0i}+\frac{\partial u_i}{\partial x_j}\delta x_j \quad (i,j=1,2,3) \tag{1.144}$$

已知对于刚体运动有

$$\boldsymbol{u}=\boldsymbol{u}_0+\boldsymbol{\omega}\times\delta\boldsymbol{r} \tag{1.145}$$

式中, $\delta\boldsymbol{r}$ 为 P 到 P_0 点的距离; 右边第一项为整体平移速度; 第二项为刚体以角速度 $\boldsymbol{\omega}$ 绕 P_0 点转动而产生的线速度, 称为转动速度. 上式也可写为

$$u_i=u_{0i}+e_{ijk}\omega_j\delta x_k \quad (i,j,k=1,2,3) \tag{1.146}$$

下面讨论式 (1.144) 与式 (1.146) 的差别, 即变形体与刚体的差别.

令

$$\varepsilon_{ij}=\frac{1}{2}\left(\frac{\partial u_i}{\partial x_j}+\frac{\partial u_j}{\partial x_i}\right) \tag{1.147}$$

$$\omega_{ij}=\frac{1}{2}\left(\frac{\partial u_j}{\partial x_i}-\frac{\partial u_i}{\partial x_j}\right) \tag{1.148}$$

显然 ε_{ij} 为对称张量, 共 6 个独立分量, ω_{ij} 为反对称张量, 共 3 个独立分量. 于是

$$\frac{\partial u_i}{\partial x_j}=\frac{1}{2}\left(\frac{\partial u_i}{\partial x_j}+\frac{\partial u_j}{\partial x_i}\right)-\frac{1}{2}\left(\frac{\partial u_j}{\partial x_i}-\frac{\partial u_i}{\partial x_j}\right)=\varepsilon_{ij}-\omega_{ij} \tag{1.149}$$

式中, ω_{ij} 实际为矢量, 可写成矩阵形式, 即

$$\vec{\vec{\omega}}=\begin{pmatrix} 0 & \omega_{12} & \omega_{13} \\ -\omega_{12} & 0 & \omega_{23} \\ -\omega_{13} & -\omega_{23} & 0 \end{pmatrix} \tag{1.150}$$

可令三个独立分量为

$$\omega_1=\frac{1}{2}\left(\frac{\partial u_3}{\partial x_2}-\frac{\partial u_2}{\partial x_3}\right),\quad \omega_2=\frac{1}{2}\left(\frac{\partial u_1}{\partial u_3}-\frac{\partial u_3}{\partial x_1}\right),\quad \omega_3=\frac{1}{2}\left(\frac{\partial u_2}{\partial u_1}-\frac{\partial u_1}{\partial x_2}\right)$$

即

$$\omega_i=e_{ijk}\omega_{jk} \tag{1.151}$$

可利用式 (1.149) 把式 (1.144) 改写成

$$u_i=u_{0i}-\omega_{ij}\delta x_j+\varepsilon_{ij}\delta x_j \tag{1.152}$$

但由式 (1.151) 两边乘以 e_{ijk} 有

$$e_{ijk}\omega_i=e_{ijk}e_{ijk}\omega_{jk}=(1-\delta_{jk})\,\omega_{jk}=\omega_{jk}-\omega_{jj}=\omega_{jk} \tag{1.153}$$

上式利用了 $e-\delta$ 恒等式 $e_{ijk}e_{ijk}=1-\delta_{ij}$.

由式 (1.153) 替换下标, 可得

$$\omega_{ij}=e_{k_{ij}}\omega_k \tag{1.154}$$

利用上式, 可将描述变形体的速度方程 (1.152) 写为

$$u_i=u_{0i}-e_{kij}\omega_k\delta x_j+\varepsilon_{ij}\delta x_j=u_{0i}+e_{ijk}\omega_j\delta x_k+\varepsilon_{ij}\delta x_j \tag{1.155}$$

将上式与描述刚体的速度方程 (1.146) 比较, 可知变形体比刚体多出一项 $\varepsilon_{ij}\delta x_j$, 即对变形体有

$$\boldsymbol{u} = \boldsymbol{u}_0 + \boldsymbol{\omega} \times \delta\boldsymbol{r} + \overleftrightarrow{\boldsymbol{\varepsilon}} \cdot \delta\boldsymbol{r} \tag{1.156}$$

定义变形速度 $\boldsymbol{u}_d$ 为

$$\boldsymbol{u}_d = \overleftrightarrow{\boldsymbol{\varepsilon}} \cdot \delta\boldsymbol{r} \tag{1.157}$$

其中, $\overleftrightarrow{\boldsymbol{\varepsilon}}$ 称为变形率张量, 显然 $\overleftrightarrow{\boldsymbol{\varepsilon}}$ 的单位为 s^{-1}, 量纲为 T^{-1}.

2. 变形速度的意义

下面讨论变形速度. 首先看 $\overleftrightarrow{\boldsymbol{\varepsilon}}$ 对角元对 $\boldsymbol{u}_d$ 的贡献. 假定仅 $\varepsilon_{11} \neq 0$, 其余分量为 0, 即

$$\boldsymbol{u}_d = \varepsilon_{11}\delta x_1 \boldsymbol{e}_1 \tag{1.158}$$

$$u_{d1} = \varepsilon_{11}\delta x_1 \tag{1.159}$$

当 $\varepsilon_{11} > 0$ 时, δx_1 越大, u_{d1} 也越大, 如图 1.13 所示, 产生 x_1 方向的膨胀变形. ε_{11} 表示沿 x_1 方向单位长度上的膨胀速率. 我们知道, 正应力 σ_{11} 产生 x_1 轴方向上的拉伸, 它会产生 x_1 方向的膨胀变形, 同样 $\varepsilon_{22}, \varepsilon_{33}$ 也如此, 所以 $\overleftrightarrow{\boldsymbol{\varepsilon}}$ 对角元正值表示相对膨胀速率, 负值表示相对收缩速率. $\varepsilon_{ii} = \varepsilon_{11} + \varepsilon_{22} + \varepsilon_{33}$ 为体积相对膨胀速率.

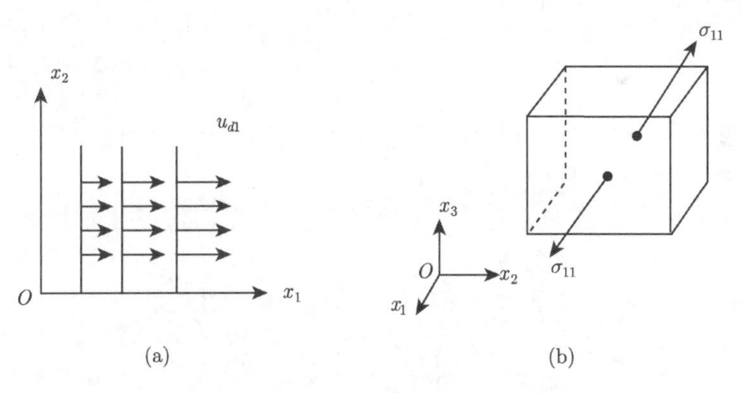

图 1.13 正应力 σ_{11} 产生 x_1 轴方向上的膨胀变形

再看 $\overleftrightarrow{\boldsymbol{\varepsilon}}$ 非对角元. 设 $\varepsilon_{12} = \varepsilon_{21} \neq 0$, 其余元素为 0, 则有

$$\boldsymbol{u}_d = u_{d1}\boldsymbol{e}_1 + u_{d2}\boldsymbol{e}_2 \tag{1.160}$$

其中, $u_{d1} = \varepsilon_{12}\delta x_2$, $u_{d2} = \varepsilon_{21}\delta x_1$, 如图 1.14 所示, 当 $\varepsilon_{12} > 0$ 时, δx_2 越大, u_{d1} 也越大; 当 $\varepsilon_{21} > 0$ 时, δx_1 越大, u_{d2} 也越大. 因此, u_{d1} 和 u_{d2} 是由绕 x_3 轴的剪切变形

产生的变形速度. 我们知道, 剪切力 $\sigma_{12}=\sigma_{21}$ 产生绕 x_3 轴的剪切, 它会引起绕 x_3 轴的剪切变形, $\varepsilon_{ij}\,(i\neq j)$ 为剪切相对速率.

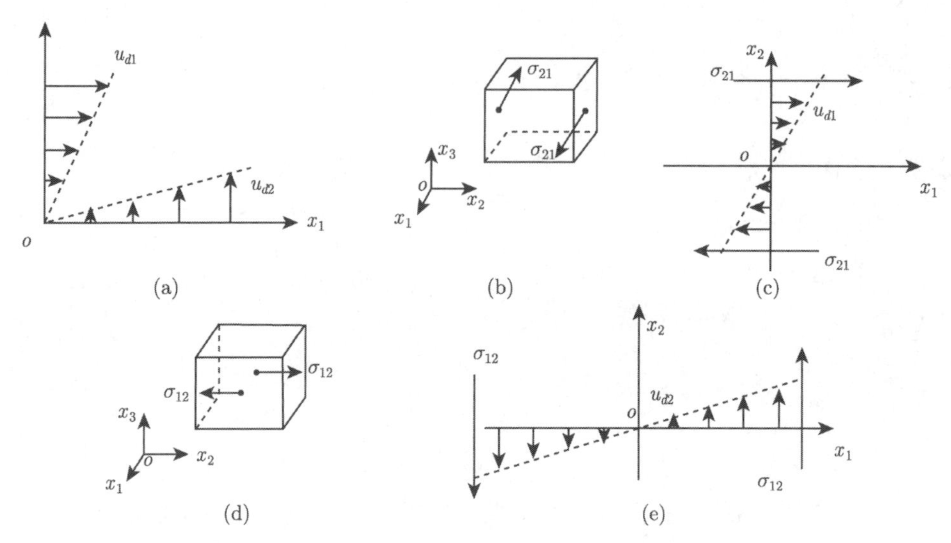

图 1.14 剪应力 σ_{12} 和 σ_{21} 产生绕 x_3 轴的剪切变形

3. 压力与黏性

如果应力张量 σ_{ij} 是各向同性张量, 即有

$$\sigma_{ij}=-p\delta_{ij} \tag{1.161}$$

则把 p 称为压力, 显然压力 p 只能引起物质的压缩 (当 $p>0$ 时) 或膨胀 (当 $p<0$ 时), 而不能引起剪切变形.

普遍情况下, 应力张量不再是各向同性的, 从其中扣除各向同性部分后, 剩余部分为 $s_{ij}=\sigma_{ij}+p\delta_{ij}$, 称为应力偏量. 因为 σ_{ij} 和 δ_{ij} 都是对称张量, 所以 s_{ij} 也是对称张量. 假定 s_{ij} 与变形率张量之间存在简单的线性关系

$$s_{ij}=D_{ijkl}\varepsilon_{kl} \tag{1.162}$$

因为 s_{ij} 和 ε_{kl} 为对称张量, 所以 D_{ijkl} 中前两个下标与后两个下标可对易, 由商法则可知 D_{ijkl} 为 4 阶张量.

如果物质具有这种性质, 就称之为 Newton 流体. 像理想气体概念一样, 真实气体性质并不是完全理想的, 但多数气体与理想气体很接近. 同样, 真实流体性质并不是完全 Newton 流体, 但多数流体与之接近. 能承受剪应力的物质称为黏性物质. 无黏性时只能承受正应力, 不会发生剪切变形.

D_{ijkl} 称为物质的黏性系数张量. 由于应力张量的量纲为 $\mathrm{M/LT^2}$, 单位为 $\mathrm{N/m^2}$, 变形率张量的量纲为 $\mathrm{T^{-1}}$, 单位为 $\mathrm{s^{-1}}$, 所以黏性系数张量的量纲为 M/LT, 在 SI 制中单位是 $\mathrm{N\cdot s/m^2}$, 在 CGS 制中为 poise (泊), $1\mathrm{poise} = 1\mathrm{dyn}\cdot\mathrm{s/cm^2} = 10\mathrm{N}\cdot\mathrm{s/m^2}$.

连续介质可按其黏性系数的大小区分成固体与流体两类, 其间并无明显分界, 通常把黏性系数低于 10^{15}poise 的连续介质称为流体, 黏性系数大于 10^{15}poise 的连续介质称为固体. 气体与液体均属于流体范畴, 气体的特点是不能承受拉伸, 也就是在气体中不会出现 $p<0$ 的情况. 今后我们主要讨论的是气体.

1.4　流体力学守恒方程

1. 连续方程

下面研究流体在体力与面力作用下的运动规律. 显然它应满足质量守恒、动量守恒、角动量守恒与能量守恒的关系. 从这些守恒关系可推导出描述流体运动的一组守恒方程.

由质量守恒得出的称为连续方程. 设空间 τ 中流体的密度分布为 $\rho(\boldsymbol{r},t)$, 则 τ 中流体的总质量为

$$m=\iiint_{\tau}\rho(\boldsymbol{r},t)\,\mathrm{d}\tau \tag{1.163}$$

在随流参照中质量守恒为

$$\frac{\mathrm{D}m}{\mathrm{D}t}=0 \tag{1.164}$$

将式 (1.163) 代入式 (1.164) 中, 利用式 (1.30), 得

$$\frac{\mathrm{D}}{\mathrm{D}t}\iiint_{\tau}\rho\mathrm{d}\tau=\iiint_{\tau}\frac{\partial\rho}{\partial t}\mathrm{d}\tau+\oiint_{S}\rho u_i n_i\mathrm{d}S=0 \tag{1.165}$$

由式 (1.88)Gauss 定理得

$$\oiint_{S}\rho u_i n_i\mathrm{d}S=\iiint_{\tau}\frac{\partial}{\partial x_i}(\rho u_i)\,\mathrm{d}\tau=\iiint_{\tau}\left(u_i\frac{\partial\rho}{\partial x_i}+\rho\frac{\partial u_i}{\partial x_i}\right)\mathrm{d}\tau \tag{1.166}$$

故式 (1.165) 可化为

$$\frac{\mathrm{D}}{\mathrm{D}t}\iiint_{\tau}\rho\mathrm{d}\tau=\iiint_{\tau}\left(\frac{\partial\rho}{\partial t}+u_i\frac{\partial\rho}{\partial x_i}+\rho\frac{\partial u_i}{\partial x_i}\right)\mathrm{d}\tau=0 \tag{1.167}$$

即

$$\frac{\partial\rho}{\partial t}+u_i\frac{\partial\rho}{\partial x_i}+\rho\frac{\partial u_i}{\partial x_i}=0 \tag{1.168}$$

或者

$$\frac{\partial \rho}{\partial t}+\boldsymbol{u}\cdot\nabla\rho+\rho\nabla\cdot\boldsymbol{u}=0 \tag{1.169}$$

上式即为连续方程的微分形式.

2. 运动方程

由前面的讨论可知, 只要令 $\overrightarrow{\overrightarrow{\sigma}}=-\overrightarrow{\overrightarrow{p}}$ 为对称张量, 就能满足角动量守恒. 前面还导出了描述动量守恒的运动方程 (1.108).

将式 (1.108) 展开, 可写为

$$\rho\frac{\partial u_i}{\partial t}+u_i\frac{\partial \rho}{\partial t}+u_iu_j\frac{\partial \rho}{\partial x_j}+\rho u_j\frac{\partial u_i}{\partial x_j}+\rho u_i\frac{\partial u_j}{\partial x_j}-\frac{\partial \sigma_{ij}}{\partial x_j}=X_i \tag{1.170}$$

$$\rho\left(\frac{\partial u_i}{\partial t}+u_j\frac{\partial u_i}{\partial x_j}\right)+u_i\left(\frac{\partial \rho}{\partial t}+u_j\frac{\partial \rho}{\partial x_j}+\rho\frac{\partial u_j}{\partial x_j}\right)-\frac{\partial \sigma_{ij}}{\partial x_j}=X_i \tag{1.171}$$

利用连续方程 (1.168) 化简运动方程, 得

$$\rho\left(\frac{\partial u_i}{\partial t}+u_j\frac{\partial u_i}{\partial x_j}\right)-\frac{\partial \sigma_{ij}}{\partial x_j}=X_i \tag{1.172}$$

$$\frac{\partial u_i}{\partial t}+u_j\frac{\partial u_i}{\partial x_j}+\frac{1}{\rho}\frac{\partial p_{ij}}{\partial x_j}=\frac{1}{\rho}X_i \tag{1.173}$$

或者

$$\frac{\partial \boldsymbol{u}}{\partial t}+\boldsymbol{u}\cdot\nabla\boldsymbol{u}+\frac{1}{\rho}\nabla\cdot\overrightarrow{\overrightarrow{p}}=\frac{1}{\rho}\boldsymbol{X} \tag{1.174}$$

式中, $\boldsymbol{X}$ 是单位体积所受的力, 所以 $\dfrac{1}{\rho}\boldsymbol{X}$ 是单位质量所受的力. $\boldsymbol{X}$ 有时可忽略 (如重力).

3. 能量方程

系统的总能量是系统动能 (KE)、势能 (PE) 和内能 (IE) 之和. 即

$$SE=KE+PE+IE \tag{1.175}$$

在以后讨论中, 认为在重力场或在电磁场中势能为常数, 不影响能量守恒. 系统的动能和内能分别为

$$KE=\iiint_{\tau}\frac{1}{2}\rho u_iu_i\mathrm{d}\tau \tag{1.176}$$

$$IE=\iiint_{\tau}\rho E\mathrm{d}\tau \tag{1.177}$$

其中, E 为单位质量的内能.

由能量守恒, 得

$$\frac{\mathrm{D}}{\mathrm{D}t}(KE+IE)=\dot{Q}+\dot{W} \tag{1.178}$$

式中, $\dot{Q}$ 表示由于热传导等原因, 流体吸收的热量的变化率; $\dot{W}$ 表示体力与面力对流体做的功率.

先求 $\dot{W}$:

$$\dot{W}=\iiint_{\tau} X_i u_i \mathrm{d}\tau+\oiint_{S} T_i^{(\boldsymbol{n})} u_i \mathrm{d}S \tag{1.179}$$

由式 (1.12)Cauchy 公式, 上式右边第二项化为

$$\oiint_{S} T_i^{(\boldsymbol{n})} u_i \mathrm{d}S=\oiint_{S} u_i \sigma_{ij} n_j \mathrm{d}S \tag{1.180}$$

由式 (1.88)Gauss 定理, 上式化为

$$\oiint_{S} T_i^{(\boldsymbol{n})} u_i \mathrm{d}S=\oiint_{S} u_i \sigma_{ij} n_j \mathrm{d}S=\iiint_{\tau} \frac{\partial}{\partial x_j} u_i \sigma_{ij} \mathrm{d}\tau \tag{1.181}$$

将上式代入式 (1.179), 得

$$\dot{W}=\iiint_{\tau}\left(\frac{\partial}{\partial x_j} u_i \sigma_{ij}+X_i u_i\right) \mathrm{d}\tau \tag{1.182}$$

下面再求 $\dot{Q}$.

定义热通量矢量 $\boldsymbol{q}$: 单位面积单位时间由 S 面内向外流出的热量, 如图 1.15 所示. $\boldsymbol{q}$ 的单位为 $\mathrm{W/m^2}$. 因此单位时间通过整个表面流入的热量为

$$\dot{Q}=-\oiint_{S} q_i n_i \mathrm{d}S \tag{1.183}$$

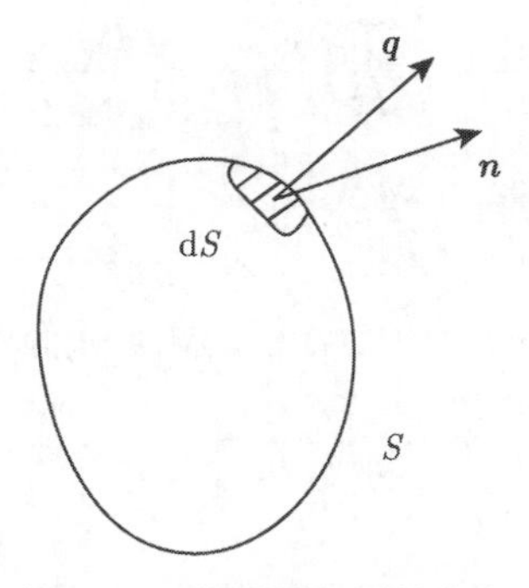

图 1.15 热通量矢量的定义

由式 (1.88)Gauss 定理, 上式化为

$$\dot{Q} = -\oiint\limits_{S} q_i n_i \mathrm{d}S = -\iiint\limits_{\tau} \frac{\partial q_i}{\partial x_i} \mathrm{d}\tau \tag{1.184}$$

于是能量守恒方程 (1.178) 成为

$$\frac{\mathrm{D}}{\mathrm{D}t} \iiint\limits_{\tau} \left(\frac{1}{2}\rho u_i u_i + \rho E\right) \mathrm{d}\tau = \iiint\limits_{\tau} \left(-\frac{\partial q_i}{\partial x_i} + \frac{\partial}{\partial x_j} u_i \sigma_{ij} + X_i u_i\right) \mathrm{d}\tau \tag{1.185}$$

即

$$\begin{aligned} &\iiint\limits_{\tau} \left[\frac{\partial}{\partial t}\left(\frac{1}{2}\rho u_i u_i + \rho E\right) + u_j \frac{\partial}{\partial x_j}\left(\frac{1}{2}\rho u_i u_i + \rho E\right) + \left(\frac{1}{2}\rho u_i u_i + \rho E\right)\frac{\partial u_j}{\partial x_j}\right] \mathrm{d}\tau \\ = &\iiint\limits_{\tau} \left[-\frac{\partial q_i}{\partial x_i} + \frac{\partial}{\partial x_j}(\sigma_{ij} u_i) + X_i u_i\right] \mathrm{d}\tau \end{aligned} \tag{1.186}$$

则能量守恒方程的微分形式为

$$\begin{aligned} &\frac{\partial}{\partial t}\left(\frac{1}{2}\rho u_i u_i + \rho E\right) + u_j \frac{\partial}{\partial x_j}\left(\frac{1}{2}\rho u_i u_i + \rho E\right) + \left(\frac{1}{2}\rho u_i u_i + \rho E\right)\frac{\partial u_j}{\partial x_j} \\ = &-\frac{\partial q_i}{\partial x_i} + \frac{\partial}{\partial x_j}(\sigma_{ij} u_i) + X_i u_i \end{aligned} \tag{1.187}$$

即

$$\begin{aligned} &\frac{1}{2}u_i u_i \frac{\partial \rho}{\partial t} + \rho u_i \frac{\partial u_i}{\partial t} + \rho \frac{\partial E}{\partial t} + E\frac{\partial \rho}{\partial t} + \frac{1}{2}u_i u_i u_j \frac{\partial \rho}{\partial x_j} + \rho u_i u_j \frac{\partial u_i}{\partial x_j} + u_j E \frac{\partial \rho}{\partial x_j} \\ &+ u_j \rho \frac{\partial E}{\partial x_j} + \frac{1}{2}u_i u_i \rho \frac{\partial u_j}{\partial x_j} + \rho E \frac{\partial u_j}{\partial x_j} = -\frac{\partial q_i}{\partial x_i} + u_i \frac{\partial \sigma ij}{\partial x_j} + \sigma ij \frac{\partial u_i}{\partial x_j} + X_i u_i \end{aligned} \tag{1.188}$$

$$\begin{aligned} &\left(\frac{1}{2}u_i u_i + E\right)\left(\frac{\partial \rho}{\partial t} + u_j \frac{\partial \rho}{\partial x_j} + \rho \frac{\partial u_j}{\partial x_j}\right) + \rho u_i \left(\frac{\partial u_i}{\partial t} + u_j \frac{\partial u_i}{\partial x_j} - \frac{1}{\rho}\frac{\partial \sigma_{ij}}{\partial x_j} - \frac{1}{\rho} X_i\right) \\ &+ \rho \frac{\partial E}{\partial t} + \rho u_j \frac{\partial E}{\partial x_j} - \sigma ij \frac{\partial u_i}{\partial x_j} + \frac{\partial q_i}{\partial x_i} = 0 \end{aligned} \tag{1.189}$$

利用连续方程 (1.168) 和运动方程 (1.173), 上式可化为

$$\frac{\partial E}{\partial t} + u_j \frac{\partial E}{\partial x_j} + \frac{1}{\rho} p_{ij} \frac{\partial u_i}{\partial x_j} + \frac{1}{\rho}\frac{\partial q_i}{\partial x_i} = 0 \tag{1.190}$$

或者

$$\frac{\partial E}{\partial t} + \boldsymbol{u} \cdot \nabla E + \frac{1}{\rho} \overrightarrow{\overrightarrow{p}} : \nabla \boldsymbol{u} + \frac{1}{\rho} \nabla \cdot \boldsymbol{q} = 0 \tag{1.191}$$

上式中第一、二、四项的物理意义明显. 下面讨论第三项, 利用式 (1.149), 则第三项为

$$\overrightarrow{\overrightarrow{p}}:\nabla \boldsymbol{u}=p_{ij}\frac{\partial u_i}{\partial x_j}=p_{ij}\varepsilon_{ij}-p_{ij}\omega_{ij} \tag{1.192}$$

由于 p_{ij} 为对称张量, ω_{ij} 为反对称张量, 故第二项为 0. 所以式 (1.191) 中第三项为 $p_{ij}\varepsilon_{ij}$, 即变形能的变化率.

4. 流体力学守恒方程

由质量、动量和能量守恒得出的连续方程 (1.168)、运动方程 (1.173) 和能量方程 (1.191) 构成了描述流体运动的三个基本方程

$$\begin{cases}\dfrac{\partial \rho}{\partial t}+\boldsymbol{u}\cdot\nabla\rho+\rho\nabla\cdot\boldsymbol{u}=0\\ \dfrac{\partial \boldsymbol{u}}{\partial t}+\boldsymbol{u}\cdot\nabla\boldsymbol{u}+\dfrac{1}{\rho}\nabla\cdot\overrightarrow{\overrightarrow{p}}=\dfrac{1}{\rho}\boldsymbol{X}\\ \dfrac{\partial E}{\partial t}+\boldsymbol{u}\cdot\nabla E+\dfrac{1}{\rho}\overrightarrow{\overrightarrow{p}}:\nabla\boldsymbol{u}+\dfrac{1}{\rho}\nabla\cdot\boldsymbol{q}=0\end{cases} \tag{1.193}$$

它们称为守恒方程, 对一切流体均适用. 方程以 $\boldsymbol{r}$ 和 t 为自变量, 有 5 个变量, 其中有 2 个标量 ρ 和 E, 2 个矢量 $\boldsymbol{u}$ 和 $\boldsymbol{q}$ 以及 1 个张量 $\overrightarrow{\overrightarrow{p}}$, 这 5 个变量都是 $(\boldsymbol{r},t)$ 的函数. 式 (1.193) 有 2 个标量方程和 1 矢量方程, 尚缺 1 个矢量方程 $\boldsymbol{q}=\boldsymbol{q}(\boldsymbol{r},t)$ 和 1 个张量方程 $\overrightarrow{\overrightarrow{p}}=\overrightarrow{\overrightarrow{p}}(\boldsymbol{r},t)$, 因而方程组不封闭.

下面我们将讨论 $\boldsymbol{q}$ 和 $\overrightarrow{\overrightarrow{p}}$ 满足的方程.

1.5 本 构 方 程

1. 本构方程的意义

三个守恒方程 (1.193) 对一切流体均适用. 但流体运动规律显然还与流体的特性有关, 描述物质特性的方程称为本构方程. 守恒方程与所需的本构方程联立, 才能成为封闭的流体力学方程组.

2. Fourier 定律

当无化学反应放热或吸热时, 系统的热通量矢量与温度有如下关系

$$\boldsymbol{q}=-\kappa\nabla T \tag{1.194}$$

上式即 Fourier 定理. 式中, κ 为热传导系数, 取决于流体性质; T 为热力学温度, 单位为 K; $\boldsymbol{q}$ 的单位为 $\mathrm{W/m^2}$, ∇T 的单位为 K/m, 所以 κ 的单位为 $\mathrm{W/(m\cdot K)}$.

3. 各向同性 Newton 流体

已知 Newton 流体满足式 (1.162), 即

$$s_{ij} = \sigma_{ij} + p\delta_{ij} = D_{ijkl}\varepsilon_{kl} \tag{1.195}$$

由于 σ_{ij} 与 ε_{kl} 都是对称张量, 所以必然有 D_{ijkl} 对 ij 对称和对 kl 对称, 即

$$D_{ijkl} = D_{jikl} \tag{1.196}$$

$$D_{ijkl} = D_{ijlk} \tag{1.197}$$

即前两个下标可互相置换, 后两个下标也可互相置换.

对于各向同性 Newton 流体, 黏性系数张量 D_{ijkl} 应当是 4 阶各向同性张量, 即有

$$D_{ijkl} = \lambda\delta_{ij}\delta_{kl} + \mu\left(\delta_{ik}\delta_{jl} + \delta_{il}\delta_{jk}\right) + \nu(\delta_{ik}\delta_{jl} - \delta_{il}\delta_{jk}) \tag{1.198}$$

当对 ij 对称时, 由式 (1.196) 可得 $\nu = 0$; 当对 kl 对称时, 由式 (1.197), 可得 $\nu = 0$. 因而有

$$D_{ijkl} = \lambda\delta_{ij}\delta_{kl} + \mu\left(\delta_{ik}\delta_{jl} + \delta_{il}\delta_{jk}\right) \tag{1.199}$$

代入式 (1.195), 得

$$\sigma_{ij} + p\delta_{ij} = \lambda\varepsilon_{kk}\delta_{ij} + \mu\varepsilon_{ij} + \mu\varepsilon_{ji} = \lambda\varepsilon_{kk}\delta_{ij} + 2\mu\varepsilon_{ij} \tag{1.200}$$

应力分量改用 p_{ij} 表示, 得

$$p_{ij} = p\delta_{ij} - \lambda\varepsilon_{kk}\delta_{ij} - 2\mu\varepsilon_{ij} \tag{1.201}$$

即

$$\overrightarrow{\overrightarrow{p}} = \begin{pmatrix} p - \lambda\varepsilon_{kk} - 2\mu\varepsilon_{11} & -2\mu\varepsilon_{12} & -2\mu\varepsilon_{13} \\ -2\mu\varepsilon_{21} & p - \lambda\varepsilon_{kk} - 2\mu\varepsilon_{22} & -2\mu\varepsilon_{23} \\ -2\mu\varepsilon_{31} & -2\mu\varepsilon_{32} & p - \lambda\varepsilon_{kk} - 2\mu\varepsilon_{33} \end{pmatrix} \tag{1.202}$$

它的迹为

$$p_{kk} = 3p - (3\lambda + 2\mu)\varepsilon_{kk} \tag{1.203}$$

平均正应力为

$$\frac{p_{kk}}{3} = p - \mu'\varepsilon_{kk} \tag{1.204}$$

其中, $\mu' = \lambda + \dfrac{2}{3}\mu$.

式 (1.204) 表明平均正应力由两部分构成：第一部分是压力 P, 第二部分与体积相对膨胀速率 ε_{kk} 有关, 因此把 μ' 称为膨胀黏性系数, 而把 μ 简单地称为黏性系数 (或剪切黏性系数). 也有时将 μ 称为第一黏性系数, 将 μ' 称为第二黏性系数.

将式 (1.201) 中的 λ 用 μ' 代替, 得

$$p_{ij} = p\delta_{ij} - \left(\mu' - \frac{2}{3}\mu\right)\varepsilon_{kk}\delta_{ij} - 2\mu\varepsilon_{ij} \tag{1.205}$$

通常 μ' 可忽略, 忽略 μ' 的流体称为 Stokes 流体, 对于 Stokes 流体有

$$p_{ij} = p\delta_{ij} + \frac{2}{3}\mu\varepsilon_{kk}\delta_{ij} - 2\mu\varepsilon_{ij} \tag{1.206}$$

式 (1.205) 和式 (1.206) 这两个方程常称为狭义的本构方程, 它描述了应力 p_{ij} 与变形率 ε_{ij} 的关系.

4. 状态方程

1) 温度状态方程

正应力是密度和温度的函数

$$p = p(\rho, T) \tag{1.207}$$

对于理想气体为

$$p = \rho RT \tag{1.208}$$

其中, R 为常数, $R = \dfrac{R^0}{M}$, M 为分子量, $R^0 = N_\mathrm{A}k_\mathrm{B}$ 为普适气体常数, N_A 为 Avogadro 常数, k_B 为 Boltzmann 常量.

当无化学反应时,$R^0 = 8.31\times10^7\mathrm{J/(mol\cdot K)}$, $N_\mathrm{A} = 6.025\times10^{23}\mathrm{mol}^{-1}$, $k_\mathrm{B} = 1.38\times10^{-23}\mathrm{J/K}$.

2) 热量状态方程

内能是压强和温度的函数

$$E = E(T, p) \tag{1.209}$$

对于理想气体有

$$E = c_V T \tag{1.210}$$

其中, c_V 为定容比热.

1.6 流体力学方程组

1. Navier-Stokes **方程组**

由变形率张量式 (1.147) 可得

$$\varepsilon_{kk} = \frac{\partial u_k}{\partial x_k} \tag{1.211}$$

将式 (1.147) 和式 (1.211) 代入各向同性的 Newton 流体本构方程 (1.205) 中, 有

$$p_{ij} = p\delta_{ij} - \left(\mu' - \frac{2}{3}\mu\right)\frac{\partial u_k}{\partial x_k}\delta_{ij} - \mu\left(\frac{\partial u_i}{\partial x_j} + \frac{\partial u_j}{\partial x_i}\right) \tag{1.212}$$

对 Stokes 流体有

$$p_{ij} = p\delta_{ij} + \frac{2}{3}\mu\frac{\partial u_k}{\partial x_k}\delta_{ij} - \mu\left(\frac{\partial u_i}{\partial x_j} + \frac{\partial u_j}{\partial x_i}\right) \tag{1.213}$$

今后我们只讨论 Stokes 流体.

把 Stokes 流体的本构方程 (1.213) 和 Fourier 定律式 (1.194) 代入守恒方程 (1.193) 中, 质量守恒方程不变, 运动方程化为

$$\begin{aligned}&\frac{\partial u_i}{\partial t} + u_j\frac{\partial u_i}{\partial x_j} + \frac{1}{\rho}\frac{\partial p}{\partial x_i} + \frac{1}{\rho}\frac{\partial u_k}{\partial x_k}\frac{2}{3}\frac{\partial \mu}{\partial x_i} + \frac{1}{\rho}\frac{2}{3}\mu\frac{\partial}{\partial x_i}\left(\frac{\partial u_k}{\partial x_k}\right)\\ &- \frac{1}{\rho}\left(\frac{\partial u_i}{\partial x_j} + \frac{\partial u_j}{\partial x_i}\right)\frac{\partial \mu}{\partial x_j} - \frac{\mu}{\rho}\frac{\partial}{\partial x_j}\left(\frac{\partial u_i}{\partial x_j} + \frac{\partial u_j}{\partial x_i}\right) = \frac{1}{\rho}X_i\end{aligned} \tag{1.214}$$

其中

$$\frac{\partial u_i}{\partial x_j} = \nabla \boldsymbol{u} \tag{1.215}$$

$$\frac{\partial u_j}{\partial x_i} = (\nabla \boldsymbol{u})^{+} \tag{1.216}$$

或者

$$\begin{aligned}&\frac{\partial \boldsymbol{u}}{\partial t} + \boldsymbol{u}\cdot\nabla\boldsymbol{u} + \frac{1}{\rho}\nabla p + \frac{1}{\rho}\frac{2}{3}(\nabla\mu + \mu\nabla)(\nabla\cdot\boldsymbol{u})\\ &- \frac{1}{\rho}(\nabla\mu + \mu\nabla)\cdot\left[\nabla\boldsymbol{u} + (\nabla\boldsymbol{u})^{+}\right] = \frac{1}{\rho}\boldsymbol{X}\end{aligned} \tag{1.217}$$

能量方程化为

$$\frac{\partial E}{\partial t} + u_i\frac{\partial E}{\partial x_i} + \frac{p}{\rho}\frac{\partial u_k}{\partial x_k} + \frac{1}{\rho}\frac{2}{3}\mu\left(\frac{\partial u_k}{\partial x_k}\right)^2 - \frac{\mu}{\rho}\frac{\partial u_i}{\partial x_j}\left(\frac{\partial u_i}{\partial x_j} + \frac{\partial u_j}{\partial x_i}\right)$$

$$-\frac{1}{\rho}\frac{\partial}{\partial x_i}\left(k\frac{\partial T}{\partial x_i}\right)=0 \tag{1.218}$$

或者

$$\begin{aligned}&\frac{\partial E}{\partial t}+\boldsymbol{u}\cdot\nabla E+\frac{p}{\rho}\nabla\cdot\boldsymbol{u}+\frac{2}{3}\frac{\mu}{\rho}(\nabla\cdot\boldsymbol{u})^2-\frac{\mu}{\rho}\nabla\boldsymbol{u}:\left[\nabla\boldsymbol{u}+(\nabla\boldsymbol{u})^+\right]\\&-\frac{1}{\rho}\left[(\nabla k)\cdot(\nabla T)+k\nabla^2T\right]=0\end{aligned} \tag{1.219}$$

最后得到 Navier-Stokes 方程组

$$\begin{cases}\dfrac{\partial\rho}{\partial t}+\boldsymbol{u}\cdot\nabla\rho+\rho\nabla\cdot\boldsymbol{u}=0\\ \dfrac{\partial\boldsymbol{u}}{\partial t}+\boldsymbol{u}\cdot\nabla\boldsymbol{u}+\dfrac{1}{\rho}\nabla p+\dfrac{2}{3}\dfrac{1}{\rho}(\nabla\mu+\mu\nabla)(\nabla\cdot\boldsymbol{u})\\ -\dfrac{1}{\rho}(\nabla\mu+\mu\nabla)\cdot\left[\nabla\boldsymbol{u}+(\nabla\boldsymbol{u})^+\right]=\dfrac{1}{\rho}\boldsymbol{X}\\ \dfrac{\partial E}{\partial t}+\boldsymbol{u}\cdot\nabla E+\dfrac{p}{\rho}\nabla\cdot\boldsymbol{u}+\dfrac{2}{3}\dfrac{\mu}{\rho}(\nabla\cdot\boldsymbol{u})^2-\dfrac{\mu}{\rho}\nabla\boldsymbol{u}:\left[\nabla\boldsymbol{u}+(\nabla\boldsymbol{u})^+\right]\\ -\dfrac{1}{\rho}\left[(\nabla k)\cdot(\nabla T)+k\nabla^2T\right]=0\\ \mu=\mu(T)\\ k=k(T)\\ p=p(\rho,T)\\ E=E(T,p)\end{cases} \tag{1.220}$$

其中, 前三个方程是守恒方程, 中间两个方程是输运系数方程, 最后两个方程是状态方程. $\boldsymbol{r}$ 和 t 为自变量, ρ、p、T、$\boldsymbol{u}$、E、μ 和 k 为变量. 方程组 (1.220) 共有 6 个标量方程, 1 个矢量方程, 方程组是闭封的, 可求解.

流体的宏观力学运动是由 $\rho(\boldsymbol{r},t)$、$p(\boldsymbol{r},t)$、$T(\boldsymbol{r},t)$ 和 $\boldsymbol{u}(\boldsymbol{r},t)$ 来描述的. 在一定初始条件和边界条件下求解 Navier-stokes 方程组, 即可求出这些变量随空间和时间的分布.

2. 理想气体的流体力学方程组

理想气体既无黏性也无热传导, 即 $\mu=0$ 和 $k=0$. 将 $p_{ij}=p\delta_{ij}$ 和 $\boldsymbol{q}=0$ 代入守恒方程 (1.220), 再加上状态方程, 得描述理想气体宏观运动的流体力学方程组

$$
\begin{cases}
\dfrac{\partial \rho}{\partial t}+\boldsymbol{u}\cdot\nabla\rho+\rho\nabla\cdot\boldsymbol{u}=0\\
\dfrac{\partial \boldsymbol{u}}{\partial t}+\boldsymbol{u}\cdot\nabla\boldsymbol{u}+\dfrac{1}{\rho}\nabla p=\dfrac{1}{\rho}\boldsymbol{X}\\
\dfrac{\partial E}{\partial t}+\boldsymbol{u}\cdot\nabla E+\dfrac{p}{\rho}\nabla\cdot\boldsymbol{u}=0\\
p=\rho\dfrac{R_0}{M}T\\
M=M(T,p)\\
E=E(T,p)
\end{cases}
\tag{1.221}
$$

方程组中有 6 个变量, 其中, ρ、p、T、E 和 M 是标量, $\boldsymbol{u}$ 为矢量, 方程组封闭.

对无化学反应 (包括电离, 离解等) 的理想气体, 方程组 (1.221) 可再简化一步, 前三个方程仍成立, 状态方程简化为

$$
\begin{cases}
p=\rho RT\\
E=c_V T
\end{cases}
\tag{1.222}
$$

即

$$
\begin{cases}
\dfrac{\partial \rho}{\partial t}+\boldsymbol{u}\cdot\nabla\rho+\rho\nabla\cdot\boldsymbol{u}=0\\
\dfrac{\partial \boldsymbol{u}}{\partial t}+\boldsymbol{u}\cdot\nabla\boldsymbol{u}+\dfrac{1}{\rho}\nabla p=\dfrac{1}{\rho}\boldsymbol{X}\\
\dfrac{\partial E}{\partial t}+\boldsymbol{u}\cdot\nabla E+\dfrac{p}{\rho}\nabla\cdot\boldsymbol{u}=0\\
p=\rho RT\\
E=c_V T
\end{cases}
\tag{1.223}
$$

方程组有 5 个变量, 其中, ρ、p、T 和 E 为标量, $\boldsymbol{u}$ 为矢量, 方程组闭合可解.

至此我们得到了描述三类流体运动的方程组, 应用它们可对大部分流体进行研究.

第2章　气体动力论

2.1　动力论方程

1. Liouville 方程

N 个粒子组成的气体, 其运动状态可由 $6N$ 维相空间 Γ 中一个相点 $(\boldsymbol{r}_1, \boldsymbol{r}_2, \cdots, \boldsymbol{r}_N, \boldsymbol{p}_1, \boldsymbol{p}_2, \cdots, \boldsymbol{p}_N)$ 表示. 第 i 个粒子, 在力 $\boldsymbol{F}_i(t, \boldsymbol{r}_1, \boldsymbol{r}_2, \cdots, \boldsymbol{r}_N, \boldsymbol{p}_1, \boldsymbol{p}_2, \cdots, \boldsymbol{p}_N)$ 作用下, 按牛顿运动方程运动

$$m_i \dot{\boldsymbol{r}}_i = \boldsymbol{p}_i \tag{2.1}$$

$$\dot{\boldsymbol{p}}_i = \boldsymbol{F}_i(t, \boldsymbol{r}_1, \cdots, \boldsymbol{r}_N, \boldsymbol{p}_1, \cdots, \boldsymbol{p}_N) \tag{2.2}$$

因而相点随时间 t 变化, 形成一条轨迹, 此轨迹描述了气体运动.

原则上, 给定 $\boldsymbol{F}_i\,(i = 1, 2, \cdots, N)$ 及初始条件, 即可确定轨迹. 但由于 N 极大, 只有采用大型计算机, 才可能实现粒子模拟.

设系综中含有 W 个系统, 则 Γ 空间中有 W 个相点, W 很大, 成为相点云, 云的密度表示为: $\rho_N(t, \boldsymbol{r}_1, \cdots, \boldsymbol{r}_N, \boldsymbol{p}_1, \cdots, \boldsymbol{p}_N)$. 在 $\mathrm{d}\Gamma$ 范围内, 找到相点个数为: $\mathrm{d}W = \rho_N \mathrm{d}\Gamma$. 因为总个数 W 不变, 故 ρ_N 满足连续方程

$$\frac{\partial \rho_N}{\partial t} + \sum_{i=1}^{N} \left(\frac{\boldsymbol{p}_i}{m_i} \cdot \frac{\partial \rho_N}{\partial r_i} + \boldsymbol{F}_i \cdot \frac{\partial \rho_N}{\partial \boldsymbol{p}_i} \right) = 0 \tag{2.3}$$

为了讨论方便, 引入归一化函数 $P_N(t, \boldsymbol{r}_1, \cdots, \boldsymbol{r}_N, \boldsymbol{p}_1, \cdots, \boldsymbol{p}_N)$:

$$P_N = \frac{\rho_N}{\displaystyle\int \rho_N \mathrm{d}\Gamma} = \frac{\rho_N}{W} \tag{2.4}$$

P_N 是 N 个粒子的分布函数, $P_N(t, \boldsymbol{r}_1, \cdots, \boldsymbol{r}_N, \boldsymbol{p}_1, \cdots, \boldsymbol{p}_N)\mathrm{d}\boldsymbol{r}_1 \cdots \mathrm{d}\boldsymbol{r}_N \mathrm{d}\boldsymbol{p}_1 \cdots \mathrm{d}\boldsymbol{p}_N$ 表示粒子 1 处于 $\boldsymbol{r}_1 \sim \boldsymbol{r}_1 + \mathrm{d}\boldsymbol{r}_1$, $\boldsymbol{p}_1 \sim \boldsymbol{p}_1 + \mathrm{d}\boldsymbol{p}_1$ 相空间中, 粒子 2 处于 $\boldsymbol{r}_2 \sim \boldsymbol{r}_2 + \mathrm{d}\boldsymbol{r}_2$, $\boldsymbol{p}_2 \sim \boldsymbol{p}_2 + \mathrm{d}\boldsymbol{p}_2$ 相空间中, $\cdots$, 粒子 N 处于 $\boldsymbol{r}_N \sim r_N + \mathrm{d}\boldsymbol{r}_N$, $\boldsymbol{p}_N \sim \boldsymbol{p}_N + \mathrm{d}\boldsymbol{p}_N$ 相空间中的几率, P_N 亦称为几率密度函数, 满足连续方程

$$\frac{\partial P_N}{\partial t} + \sum_{i=1}^{N} \left(\frac{\boldsymbol{p}_i}{m_i} \cdot \frac{\partial P_N}{\partial \boldsymbol{r}_i} + \boldsymbol{F}_i \cdot \frac{\partial P_N}{\partial \boldsymbol{p}_i} \right) = 0 \tag{2.5}$$

上式即为 Liouville 方程.

2. BBGKY 方程链

一般情况下, 求解 Liouville 方程 (2.5) 极为困难, 下面引入约化分布函数来求解. 定义约化分布函数 P_K 为

$$P_K(t,\boldsymbol{r}_1,\cdots,\boldsymbol{r}_K,\boldsymbol{p}_1,\cdots,\boldsymbol{p}_K)=\int\cdots\int P_N\mathrm{d}\boldsymbol{r}_{K+1}\cdots\mathrm{d}\boldsymbol{r}_N\mathrm{d}\boldsymbol{p}_{K+1}\cdots\mathrm{d}\boldsymbol{p}_N,\quad K<N \tag{2.6}$$

P_K 比 P_N 简单, 由于只考虑 K 体之间相互作用, 因而所含信息量比 P_N 少.

将粒子所受到的作用力分为外力和粒子间的相互作用力, 即

$$\boldsymbol{F}_i=\boldsymbol{F}_i^e+\sum_{j=1}^{N}{}'F_{ij} \tag{2.7}$$

式中, 求和号上的撇号表示 $j\neq i$. 将上式代入 Liouville 方程 (2.5), 作如下积分

$$\int\cdots\int\left\{\frac{\partial P_N}{\partial t}+\sum_{i=1}^{N}\left[\frac{\boldsymbol{p}_i}{m_i}\cdot\frac{\partial P_N}{\partial\boldsymbol{r}_i}+\left(\boldsymbol{F}_i^e+\sum_{j=1}^{N}{}'\boldsymbol{F}_{ij}\right)\cdot\frac{\partial P_N}{\partial\boldsymbol{p}_i}\right]\right\}\mathrm{d}\boldsymbol{r}_{K+1}\cdots\mathrm{d}\boldsymbol{r}_N\mathrm{d}\boldsymbol{p}_{K+1}\cdots\mathrm{d}\boldsymbol{p}_N=0 \tag{2.8}$$

由约化分布函数式 (2.6) 的定义可知, 式 (2.8) 中第一项为

$$\begin{aligned}&\int\cdots\int\frac{\partial P_N}{\partial t}\mathrm{d}\boldsymbol{r}_{K+1}\cdots\mathrm{d}\boldsymbol{r}_N\mathrm{d}\boldsymbol{p}_{K+1}\cdots\mathrm{d}\boldsymbol{p}_N\\=&\frac{\partial}{\partial t}\int\cdots\int P_N\mathrm{d}\boldsymbol{r}_{K+1}\cdots\mathrm{d}\boldsymbol{r}_N\mathrm{d}\boldsymbol{p}_{K+1}\cdots\mathrm{d}\boldsymbol{p}_N=\frac{\partial P_K}{\partial t}\end{aligned} \tag{2.9}$$

式 (2.8) 中第二项为

$$\begin{aligned}&\int\cdots\int\sum_{i=1}^{N}\frac{\boldsymbol{p}_i}{m_i}\cdot\frac{\partial P_N}{\partial\boldsymbol{r}_i}\mathrm{d}\boldsymbol{r}_{K+1}\cdots\mathrm{d}\boldsymbol{r}_N\mathrm{d}\boldsymbol{p}_{K+1}\cdots\mathrm{d}\boldsymbol{p}_N\\&=\sum_{i=1}^{K}\frac{\boldsymbol{p}_i}{m_i}\cdot\frac{\partial}{\partial\boldsymbol{r}_i}\int\cdots\int P_N\mathrm{d}\boldsymbol{r}_{K+1}\cdots\mathrm{d}\boldsymbol{r}_N\mathrm{d}\boldsymbol{p}_{K+1}\cdots\mathrm{d}\boldsymbol{p}_N\\&+\int\cdots\int\sum_{i=K+1}^{N}\frac{\boldsymbol{p}_i}{m_i}\cdot\frac{\partial P_N}{\partial\boldsymbol{r}_i}\mathrm{d}\boldsymbol{r}_{K+1}\cdots\mathrm{d}\boldsymbol{r}_N\mathrm{d}\boldsymbol{p}_{K+1}\cdots\mathrm{d}\boldsymbol{p}_N\\&=\sum_{i=1}^{K}\frac{\boldsymbol{p}_i}{m_i}\cdot\frac{\partial P_K}{\partial\boldsymbol{r}_i}+\iint\sum_{i=K+1}^{N}\frac{\boldsymbol{p}_i}{m_i}\cdot\frac{\partial}{\partial\boldsymbol{r}_i}\\&\left(\int\cdots\int P_N\mathrm{d}\boldsymbol{r}_{K+1}\cdots\mathrm{d}\boldsymbol{r}_{i-1}\mathrm{d}\boldsymbol{r}_{i+1}\cdots\mathrm{d}\boldsymbol{r}_N\mathrm{d}\boldsymbol{p}_{K+1}\cdots\mathrm{d}\boldsymbol{p}_{i-1}\mathrm{d}\boldsymbol{p}_{i+1}\cdots\mathrm{d}\boldsymbol{p}_N\right)\mathrm{d}\boldsymbol{r}_i\mathrm{d}\boldsymbol{p}_i\end{aligned} \tag{2.10}$$

由于

$$\int\cdots\int P_N \mathrm{d}\boldsymbol{r}_{K+1}\cdots\mathrm{d}\boldsymbol{r}_{i-1}\mathrm{d}\boldsymbol{r}_{i+1}\cdots\mathrm{d}\boldsymbol{r}_N\mathrm{d}\boldsymbol{p}_{K+1}\cdots\mathrm{d}\boldsymbol{p}_{i-1}\mathrm{d}\boldsymbol{p}_{i+1}\cdots\mathrm{d}\boldsymbol{p}_N$$
$$=P_{K+1}\left(t,\boldsymbol{r}_1,\cdots,\boldsymbol{r}_K,\boldsymbol{r}_i,\boldsymbol{p}_1,\cdots,\boldsymbol{p}_K,\boldsymbol{p}_i\right)$$

于是式 (2.8) 中第二项化为

$$\begin{aligned}&\sum_{i=1}^{K}\frac{\boldsymbol{p}_i}{m_i}\cdot\frac{\partial P_K}{\partial\boldsymbol{r}_i}+\iint\sum_{i=K+1}^{N}\frac{\boldsymbol{p}_i}{m_i}\frac{\partial P_{K+1}}{\partial\boldsymbol{r}_i}\mathrm{d}\boldsymbol{r}_i\mathrm{d}\boldsymbol{p}_i\\&=\sum_{i=1}^{K}\frac{\boldsymbol{p}_i}{m_i}\cdot\frac{\partial P_K}{\partial\boldsymbol{r}_i}+\int\sum_{i=K+1}^{N}\frac{\boldsymbol{p}_i}{m_i}\left(\int\frac{\partial P_{K+1}}{\partial\boldsymbol{r}_i}\mathrm{d}\boldsymbol{r}_i\right)\mathrm{d}\boldsymbol{p}_i\end{aligned}\tag{2.11}$$

由 Gauss 定理可得

$$\int\frac{\partial P_{K+1}}{\partial\boldsymbol{r}_i}\mathrm{d}\boldsymbol{r}_i=\iiint_{\tau}\frac{\partial P_{K+1}}{\partial\boldsymbol{r}_i}\mathrm{d}\tau=\oiint_{S}P_{K+1}\boldsymbol{n}\mathrm{d}S=0$$

这是因为 τ 足够大, 气体到达不了 S 面上, 故面积分为零. 于是式 (2.8) 中第二项化为

$$\int\cdots\int\sum_{i=1}^{N}\frac{\boldsymbol{p}_i}{m_i}\cdot\frac{\partial P_N}{\partial\boldsymbol{r}_i}\mathrm{d}\boldsymbol{r}_{K+1}\cdots\mathrm{d}\boldsymbol{r}_N\mathrm{d}\boldsymbol{p}_{K+1}\cdots\mathrm{d}\boldsymbol{p}_N=\sum_{i=1}^{K}\frac{\boldsymbol{p}_i}{m_i}\cdot\frac{\partial P_K}{\partial\boldsymbol{r}_i}\tag{2.12}$$

再看式 (2.8) 中第三项, 这个积分可以看成三部分之和, 第一部分 i,j 都 $\leqslant K$, 第二部分 $i\leqslant K$, $j\geqslant K+1$, 第三部分 i,j 都 $\geqslant K+\ 1$. 即

$$\begin{aligned}&\int\cdots\int\sum_{i=1}^{N}\left(\boldsymbol{F}_e^i+{\sum_{j=1}^{N}}'\boldsymbol{F}_{ij}\right)\cdot\frac{\partial P_N}{\partial\boldsymbol{p}_i}\mathrm{d}\boldsymbol{r}_{K+1}\cdots\mathrm{d}\boldsymbol{r}_N\mathrm{d}\boldsymbol{p}_{K+1}\cdots\mathrm{d}\boldsymbol{p}_N\\=&\sum_{i=1}^{K}\left(\boldsymbol{F}_i^e+{\sum_{j=1}^{K}}'\boldsymbol{F}_{ij}\right)\cdot\frac{\partial}{\partial\boldsymbol{p}_i}\int\cdots\int P_N\mathrm{d}\boldsymbol{r}_{K+1}\cdots\mathrm{d}\boldsymbol{r}_N\mathrm{d}\boldsymbol{p}_{K+1}\cdots\mathrm{d}\boldsymbol{p}_N\\&+\sum_{i=1}^{K}\int\cdots\int\sum_{j=K+1}^{N}\boldsymbol{F}_{ij}\cdot\frac{\partial P_N}{\partial\boldsymbol{p}_i}\mathrm{d}\boldsymbol{r}_{K+1}\cdots\mathrm{d}\boldsymbol{r}_N\mathrm{d}\boldsymbol{p}_{K+1}\cdots\mathrm{d}\boldsymbol{p}_N\\&+\int\cdots\int\sum_{i=K+1}^{N}\left(\boldsymbol{F}_i^e+{\sum_{j=K+1}^{N}}'\boldsymbol{F}_{ij}\right)\cdot\frac{\partial P_N}{\partial\boldsymbol{p}_i}\mathrm{d}\boldsymbol{r}_{K+1}\cdots\mathrm{d}\boldsymbol{r}_N\mathrm{d}\boldsymbol{p}_{K+1}\cdots\mathrm{d}\boldsymbol{p}_N\end{aligned}$$

由约化分布函数定义, 求和第一部分化为

$$\sum_{i=1}^{K}\left(\boldsymbol{F}_i^e+{\sum_{j=1}^{K}}'\boldsymbol{F}_{ij}\right)\cdot\frac{\partial P_K}{\partial\boldsymbol{p}_i}$$

求和第二部分化为

$$
\begin{aligned}
&\sum_{i=1}^{K}\iint\sum_{j=K+1}^{N}\boldsymbol{F}_{ij}\cdot\frac{\partial}{\partial\boldsymbol{p}_i}\\
&\left(\int\cdots\int P_N\mathrm{d}\boldsymbol{r}_{K+1}\cdots\mathrm{d}\boldsymbol{r}_{j-1}\mathrm{d}\boldsymbol{r}_{j+1}\cdots\mathrm{d}\boldsymbol{r}_N\mathrm{d}\boldsymbol{p}_{K+1}\cdots\mathrm{d}\boldsymbol{p}_{j-1}\mathrm{d}\boldsymbol{p}_{j+1}\cdots\mathrm{d}\boldsymbol{p}_N\right)\mathrm{d}\boldsymbol{r}_j\mathrm{d}\boldsymbol{p}_j\\
=&\sum_{i=1}^{K}\iint\sum_{j=K+1}^{N}\boldsymbol{F}_{ij}\cdot\frac{\partial}{\partial\boldsymbol{p}_i}P_{K+1}\left(t,\boldsymbol{r}_1,\cdots,\boldsymbol{r}_K,\boldsymbol{r}_j,\boldsymbol{p}_1,\cdots,\boldsymbol{p}_K,\boldsymbol{p}_j\right)\mathrm{d}\boldsymbol{r}_j\mathrm{d}\boldsymbol{p}_j\\
=&\sum_{i=1}^{K}\frac{\partial}{\partial\boldsymbol{p}_i}\sum_{j=K+1}^{N}\iint\boldsymbol{F}_{ij}\cdot P_{K+1}\left(t,\boldsymbol{r}_1,\cdots,\boldsymbol{r}_K,\boldsymbol{r}_j,\boldsymbol{p}_1,\cdots,\boldsymbol{p}_K,\boldsymbol{p}_j\right)\mathrm{d}\boldsymbol{r}_j\mathrm{d}\boldsymbol{p}_j
\end{aligned}
$$

对于 $j>K+1$ 的粒子, 积分表达式相同, j 共加 $(N-\ K)$ 次, 上式化为

$$
\begin{aligned}
&\sum_{i=1}^{K}\frac{\partial}{\partial\boldsymbol{p}_i}(N-K)\iint\boldsymbol{F}_{i(K+1)}\cdot P_{K+1}\left(t,\boldsymbol{r}_1,\cdots\boldsymbol{r}_K,\boldsymbol{r}_{K+1},\boldsymbol{p}_1,\cdots\boldsymbol{p}_K,\boldsymbol{p}_{K+1}\right)\mathrm{d}\boldsymbol{r}_{K+1}\mathrm{d}\boldsymbol{p}_{K+1}\\
=&\sum_{i=1}^{K}(N-K)\frac{\partial}{\partial\boldsymbol{p}_i}\iint\boldsymbol{F}_{i(K+1)}\cdot P_{K+1}\mathrm{d}\boldsymbol{r}_{K+1}\mathrm{d}\boldsymbol{p}_{K+1}
\end{aligned}
$$

第三部分化为

$$
\begin{aligned}
&\iint\sum_{i=K+1}^{N}\left(\boldsymbol{F}_i^e+\sum_{j=K+1}^{N}{}'\boldsymbol{F}_{ij}\right)\cdot\frac{\partial}{\partial\boldsymbol{p}_i}\\
&\left(\int\cdots\int P_N\mathrm{d}\boldsymbol{r}_{K+1}\cdots\mathrm{d}\boldsymbol{r}_{i-1}\mathrm{d}\boldsymbol{r}_{i+1}\cdots\mathrm{d}\boldsymbol{r}_N\mathrm{d}\boldsymbol{p}_{K+1}\cdots\mathrm{d}\boldsymbol{p}_{i-1}\mathrm{d}\boldsymbol{p}_{i+1}\cdots\mathrm{d}\boldsymbol{p}_N\right)\mathrm{d}\boldsymbol{r}_i\mathrm{d}\boldsymbol{p}_i\\
=&\iint\sum_{i=K+1}^{N}\left(\boldsymbol{F}_i^e+\sum_{j=K+1}^{N}{}'\boldsymbol{F}_{ij}\right)\cdot\frac{\partial}{\partial\boldsymbol{p}_i}P_{K+1}\left(t,\boldsymbol{r}_1,\cdots,\boldsymbol{r}_K,\boldsymbol{r}_i,\boldsymbol{p}_1,\cdots,\boldsymbol{p}_K,\boldsymbol{p}_i\right)\mathrm{d}\boldsymbol{r}_i\mathrm{d}\boldsymbol{p}_i\\
=&\int\sum_{i=K+1}^{N}\left(\boldsymbol{F}_i^e+\sum_{j=K+1}^{N}{}'\boldsymbol{F}_{ij}\right)\cdot\left[\int\frac{\partial}{\partial\boldsymbol{p}_i}P_{K+1}\left(t,\boldsymbol{r}_1,\cdots,\boldsymbol{r}_K,\boldsymbol{r}_i,\boldsymbol{p}_1,\cdots,\boldsymbol{p}_K,\boldsymbol{p}_i\right)\mathrm{d}\boldsymbol{p}_i\right]\mathrm{d}\boldsymbol{r}_i
\end{aligned}
$$

由 Gauss 定理可得

$$
\begin{aligned}
&\int\frac{\partial}{\partial\boldsymbol{p}_i}P_{K+1}\left(t,\boldsymbol{r}_1,\cdots,\boldsymbol{r}_K,\boldsymbol{r}_i,\boldsymbol{p}_1,\cdots,\boldsymbol{p}_K,\boldsymbol{p}_i\right)\mathrm{d}\boldsymbol{p}_i\\
=&\iiint_{\tau_p}\frac{\partial}{\partial\boldsymbol{p}_i}P_{K+1}\mathrm{d}\tau_p=\oiint_{S_p}P_{K+1}\boldsymbol{n}\mathrm{d}S_p=0
\end{aligned}
$$

其中, S_p 是包围动量空间的闭合曲面. 因为 τ_p 足够大, 粒子动量不能为无穷大, 故

面积分为零. 于是, 第三部分求和为零, 式 (2.8) 中第三项化为

$$\begin{aligned}&\int\cdots\int\sum_{i=1}^{N}\left(\boldsymbol{F}_i^e+\sum_{j=1}^{N}{}'\boldsymbol{F}_{ij}\right)\cdot\frac{\partial P_N}{\partial \boldsymbol{p}_i}\mathrm{d}\boldsymbol{r}_{K+1}\cdots\mathrm{d}\boldsymbol{r}_N\mathrm{d}\boldsymbol{p}_{K+1}\cdots\mathrm{d}\boldsymbol{p}_N\\ =&\sum_{i=1}^{K}\left(\boldsymbol{F}_i^e+\sum_{j=1}^{K}{}'\boldsymbol{F}_{ij}\right)\cdot\frac{\partial P_K}{\partial \boldsymbol{p}_i}+\sum_{i=1}^{K}(N-K)\frac{\partial}{\partial \boldsymbol{p}_i}\iint\boldsymbol{F}_{i(K+1)}\cdot P_{K+1}\mathrm{d}\boldsymbol{r}_{K+1}\mathrm{d}\boldsymbol{p}_{K+1}\end{aligned}\tag{2.13}$$

综合以上结果, 将式 (2.9)~ 式 (2.13) 代入式 (2.8), 得

$$\begin{aligned}&\frac{\partial P_K}{\partial t}+\sum_{i=1}^{K}\frac{\boldsymbol{p}_i}{m_i}\cdot\frac{\partial P_K}{\partial \boldsymbol{r}_i}+\left(\boldsymbol{F}_i^e+\sum_{j=1}^{K}{}'\boldsymbol{F}_{ij}\right)\cdot\frac{\partial P_K}{\partial \boldsymbol{p}_i}\\ &=-\sum_{i=1}^{K}(N-K)\frac{\partial}{\partial \boldsymbol{p}_i}\cdot\iint\boldsymbol{F}_{i(K+1)}P_{K+1}\mathrm{d}\boldsymbol{r}_{K+1}\mathrm{d}\boldsymbol{p}_{K+1}\end{aligned}\tag{2.14}$$

上式为约化分布函数 P_K 的微分积分方程. 令 $K=1,2,3,\cdots$, 得一系列方程, 称为 BBGKY 方程链, 其特点是: 为了求 P_K, 则需有 P_{K+1}; 为了求 P_{K+1}, 又需有 P_{K+2}, 因而无法精确求解, 只能在某一 K 值处把方程链硬性切断, 但切断后方程组不封闭.

3. Boltzmann *方程*

N 个粒子组成的气体, 其运动状态既可由 $6N$ 维相空间中的一个相点表示, 也可由 6 维相空间中 N 个相点组成的相点云表示. 对于 N 个全同粒子, 6 维相空间中 N 个相点的一种分布, 对应在 $6N$ 维相空间中有 $N!$ 个相点. 设 $f_N(t,\boldsymbol{r}_1,\cdots,\boldsymbol{r}_N,\boldsymbol{p}_1,\cdots,\boldsymbol{p}_N)$ 是 6 维相空间中 N 个粒子的分布函数, 那么

$$f_N\mathrm{d}\boldsymbol{r}_1\cdots\mathrm{d}\boldsymbol{r}_N\mathrm{d}\boldsymbol{p}_1\cdots\mathrm{d}\boldsymbol{p}_N=N!P_N\mathrm{d}\boldsymbol{r}_1\cdots\mathrm{d}\boldsymbol{r}_N\mathrm{d}\boldsymbol{p}_1\cdots\mathrm{d}\boldsymbol{p}_N\tag{2.15}$$

由于从 N 个粒子中挑选 K 个粒子的方法有 $\dfrac{N!}{(N-K)!}$ 种, 根据式 (2.6) 约化分布函数的定义有

$$f_K\mathrm{d}\boldsymbol{r}_1\cdots\mathrm{d}\boldsymbol{r}_K\mathrm{d}\boldsymbol{p}_1\cdots\mathrm{d}\boldsymbol{p}_K=\frac{N!}{(N-K)!}P_K\mathrm{d}\boldsymbol{r}_1\cdots\mathrm{d}\boldsymbol{r}_K\mathrm{d}\boldsymbol{p}_1\cdots\mathrm{d}\boldsymbol{p}_K\tag{2.16}$$

特别地, 当 $K=1$ 时, 有

$$f_1\mathrm{d}\boldsymbol{r}_1\mathrm{d}\boldsymbol{p}_1=NP_1\mathrm{d}\boldsymbol{r}_1\mathrm{d}\boldsymbol{p}_1\tag{2.17}$$

其中, $f_1\mathrm{d}\boldsymbol{r}_1\mathrm{d}\boldsymbol{p}_1$ 表示 t 时刻在 6 维相空间中 $\mathrm{d}\boldsymbol{r}_1\mathrm{d}\boldsymbol{p}_1$ 内找到相点的个数. 由于一个相点代表一个系统, 而一个系统仅含 $i=1$ 一个粒子, 因而 $f_1\mathrm{d}\boldsymbol{r}_1\mathrm{d}\boldsymbol{p}_1$ 就是 t 时刻在

6 维相空间中 $\mathrm{d}\boldsymbol{r}_1\mathrm{d}\boldsymbol{p}_1$ 内找到 $i=1$ 的粒子个数. 将式 (2.14) 两边对 $\mathrm{d}\boldsymbol{r}_1\mathrm{d}\boldsymbol{p}_1$ 积分得

$$\iint f_1\mathrm{d}\boldsymbol{r}_1\mathrm{d}\boldsymbol{p}_1 = N\iint P_1\mathrm{d}\boldsymbol{r}_1\mathrm{d}\boldsymbol{p}_1 = N \tag{2.18}$$

因此, $\displaystyle\int f_1\mathrm{d}\boldsymbol{p}_1$ 为气体在 $\boldsymbol{r}_1$ 处的粒子数密度 $n(\boldsymbol{r}_1)$.

当 $K=2$ 时, 有

$$f_2\mathrm{d}\boldsymbol{r}_1\mathrm{d}\boldsymbol{r}_2\mathrm{d}\boldsymbol{p}_1\mathrm{d}\boldsymbol{p}_2 = N(N-1)P_2\mathrm{d}\boldsymbol{r}_1\mathrm{d}\boldsymbol{r}_2\mathrm{d}\boldsymbol{p}_1\mathrm{d}\boldsymbol{p}_2 \tag{2.19}$$

将式 (2.14) 在 $K=1$ 处切断, 得

$$\frac{\partial P_1}{\partial t} + \frac{\boldsymbol{p}}{m}\cdot\frac{\partial P_1}{\partial \boldsymbol{r}} + \boldsymbol{F}^e\cdot\frac{\partial P_1}{\partial \boldsymbol{p}} = -(N-1)\frac{\partial}{\partial \boldsymbol{p}}\cdot\iint \boldsymbol{F}_{12}P_2\mathrm{d}\boldsymbol{r}_2\mathrm{d}\boldsymbol{p}_2 \tag{2.20}$$

将式 (2.17) 和式 (2.19) 代入上式中, 得

$$\frac{\partial f_1}{\partial t} + \frac{\boldsymbol{p}}{m}\cdot\frac{\partial f_1}{\partial \boldsymbol{r}} + \boldsymbol{F}^e\cdot\frac{\partial f_1}{\partial \boldsymbol{p}} = -\frac{\partial}{\partial \boldsymbol{p}}\cdot\iint \boldsymbol{F}_{12}f_2\mathrm{d}\boldsymbol{r}_2\mathrm{d}\boldsymbol{p}_2 \tag{2.21}$$

上式中含 f_2, 方程不封闭, 我们通过建立合理的物理模型, 将式 (2.21) 右边写成与 f_1 相关的表达式.

假设系统为稀薄气体, 只考虑二体相互作用, 忽略长程力, $\boldsymbol{F}_{12}$ 仅当两个粒子十分接近、两者相碰时, 才对 f_1 的变化有贡献, 则式 (2.21) 右边可表示为 $\left(\dfrac{\partial f_1}{\partial t}\right)_{\mathrm{coll}}$, 即碰撞近似.

再令 $f_1=f$, 得

$$\frac{\partial f}{\partial t} + \frac{\boldsymbol{p}}{m}\cdot\frac{\partial f}{\partial \boldsymbol{r}} + \boldsymbol{F}^e\cdot\frac{\partial f}{\partial \boldsymbol{p}} = \left(\frac{\partial f}{\partial t}\right)_{\mathrm{coll}} \tag{2.22}$$

此式即 Boltzmann 方程, 其中等式右边为 Boltzmann 碰撞项.

为了讨论 Boltzmann 碰撞项的物理意义, 再用另一种方法来推导 Boltzmann 方程.

若只考虑二体碰撞, 当无碰撞发生时, 对 $(\boldsymbol{r},\boldsymbol{p}_\alpha)$ 附近的第 α 种粒子, 在 t 时刻 $\mathrm{d}\boldsymbol{r}\mathrm{d}\boldsymbol{p}_\alpha$ 范围内共有 $f_\alpha(t,\boldsymbol{r},\boldsymbol{p}_\alpha)\mathrm{d}\boldsymbol{r}\mathrm{d}\boldsymbol{p}_\alpha$ 个粒子, 如只受外力 $\boldsymbol{F}_\alpha^e$ 作用, 经过 $\mathrm{d}t$ 时间后, 原来在 $\mathrm{d}\boldsymbol{r}\mathrm{d}\boldsymbol{p}_\alpha$ 内的粒子将全部到达 $\left(\boldsymbol{r}+\dfrac{\boldsymbol{p}_\alpha}{m_\alpha}\mathrm{d}t, \boldsymbol{p}_\alpha+\boldsymbol{F}_\alpha^e\mathrm{d}t\right)$ 的 $\mathrm{d}\boldsymbol{r}\mathrm{d}\boldsymbol{p}_\alpha$ 内, 有 $f_\alpha\left(t+\mathrm{d}t, \boldsymbol{r}+\dfrac{\boldsymbol{p}_\alpha}{m_\alpha}\mathrm{d}t, \boldsymbol{p}_\alpha+\boldsymbol{F}_\alpha^e\mathrm{d}t\right)\mathrm{d}\boldsymbol{r}\mathrm{d}\boldsymbol{p}_\alpha$ 个粒子. 因为无碰撞, 故粒子数不变, 所以有

$$f_\alpha\left(t+\mathrm{d}t, \boldsymbol{r}+\frac{\boldsymbol{p}_\alpha}{m_\alpha}\mathrm{d}t, \boldsymbol{p}_\alpha+\boldsymbol{F}_\alpha^e\mathrm{d}t\right)\mathrm{d}\boldsymbol{r}\mathrm{d}\boldsymbol{p}_\alpha = f_\alpha(t,\boldsymbol{r},\boldsymbol{p}_a)\mathrm{d}\boldsymbol{r}\mathrm{d}\boldsymbol{p}_\alpha \tag{2.23}$$

若考虑碰撞, 由于与 β 种粒子碰撞, 原来不能到达 $\left(\boldsymbol{r}+\dfrac{\boldsymbol{p}_\alpha}{m_\alpha}\mathrm{d}t, \boldsymbol{p}_\alpha+\boldsymbol{F}_\alpha^e\mathrm{d}t\right)$ 处的 α 粒子, 可能被碰撞到此处, 假设在 $\mathrm{d}t$ 时间共发生这样的碰撞 $\Gamma_{\alpha\beta}^+\mathrm{d}\boldsymbol{r}\mathrm{d}\boldsymbol{p}_\alpha\mathrm{d}t$ 次; 又若原来在 $(\boldsymbol{r},\boldsymbol{p}_\alpha)$ 处的粒子, 可能被 β 粒子碰出此处, 在 $\mathrm{d}t$ 时间共发生这样的碰撞 $\Gamma_{\alpha\beta}^-\mathrm{d}\boldsymbol{r}\mathrm{d}\boldsymbol{p}_\alpha\mathrm{d}t$ 次, 于是式 (2.23) 变为

$$\begin{aligned}&f_\alpha\left(t+\mathrm{d}t, \boldsymbol{r}+\frac{\boldsymbol{p}_\alpha}{m_\alpha}\mathrm{d}t, \boldsymbol{p}_\alpha+\boldsymbol{F}_\alpha^e\mathrm{d}t\right)\mathrm{d}\boldsymbol{r}\mathrm{d}\boldsymbol{p}_\alpha\\ =&f_\alpha(t,\boldsymbol{r},\boldsymbol{p}_\alpha)\mathrm{d}\boldsymbol{r}\mathrm{d}\boldsymbol{p}_\alpha+\sum_\beta(\Gamma_{\alpha\beta}^+-\Gamma_{\alpha\beta}^-)\mathrm{d}\boldsymbol{r}\mathrm{d}\boldsymbol{p}_\alpha\mathrm{d}t\end{aligned} \tag{2.24}$$

式中, 对 β 的求和也将 α 包含在内, 因为 α 种粒子可相互碰撞. 但注意, $\Gamma_{\alpha\beta}^+, \Gamma_{\alpha\beta}^-$ 只考虑气体粒子之间的碰撞, 不包括粒子与器壁的碰撞. 将式 (2.24) 左边在点 $(t,\boldsymbol{r},\boldsymbol{p}_\alpha)$ 处作 Taylor 展开, 忽略高次小项得

$$\frac{\partial f_\alpha}{\partial t}+\frac{\boldsymbol{p}_\alpha}{m_\alpha}\cdot\frac{\partial f_\alpha}{\partial \boldsymbol{r}}+\boldsymbol{F}_\alpha^e\cdot\frac{\partial f_\alpha}{\partial \boldsymbol{p}_\alpha}=\sum_\beta\left(\Gamma_{\alpha\beta}^+-\Gamma_{\alpha\beta}^-\right) \tag{2.25}$$

这就是 Boltzmann 方程, Boltzmann 碰撞项为

$$\left(\frac{\partial f_\alpha}{\partial t}\right)_{\text{coll}}=\sum_\beta\left(\Gamma_{\alpha\beta}^+-\Gamma_{\alpha\beta}^-\right) \tag{2.26}$$

以后将分布函数 $f_\alpha(t,\boldsymbol{r},\boldsymbol{p}_\alpha)$ 改用速度分布函数 $f_\alpha(t,\boldsymbol{r},\boldsymbol{v}_\alpha)$ 表示, 则 Boltzmann 方程 (2.25) 为

$$\frac{\partial f_\alpha}{\partial t}+\boldsymbol{v}_\alpha\cdot\frac{\partial f_\alpha}{\partial \boldsymbol{r}}+\frac{\boldsymbol{F}_\alpha^e}{m_\alpha}\cdot\frac{\partial f_\alpha}{\partial \boldsymbol{v}_\alpha}=\sum_\beta\left(\Gamma_{\alpha\beta}^+-\Gamma_{\alpha\beta}^-\right) \tag{2.27}$$

式中, $\dfrac{\boldsymbol{F}_\alpha^e}{m_\alpha}$ 表示单位质量 α 粒子所受的外力, 常可被忽略. $\Gamma_{\alpha\beta}^-\mathrm{d}\boldsymbol{r}\mathrm{d}\boldsymbol{v}_\alpha\mathrm{d}t$ 表示 $\mathrm{d}t$ 时间内在 $(\boldsymbol{r},\boldsymbol{v}_\alpha)$ 附近 $\mathrm{d}\boldsymbol{r}\mathrm{d}\boldsymbol{v}_\alpha$ 范围中的 α 粒子被 β 粒子碰出的次数. 同理, $\Gamma_{\alpha\beta}^+\mathrm{d}\boldsymbol{r}\mathrm{d}\boldsymbol{v}_\alpha\mathrm{d}t$ 表示 $\mathrm{d}t$ 时间内原来不能到达 $(\boldsymbol{r},\boldsymbol{v}_\alpha)$ 附近 $\mathrm{d}\boldsymbol{r}\mathrm{d}\boldsymbol{v}_\alpha$ 范围中的 α 粒子被 β 粒子碰撞而进入的次数.

4. 二体碰撞

为求 $\Gamma_{\alpha\beta}^+$ 与 $\Gamma_{\alpha\beta}^-$, 先研究 α 与 β 的二体碰撞.

设 α 与 β 发生碰撞前的速度分别为 $\boldsymbol{v}_\alpha$ 和 $\boldsymbol{v}_\beta$, 碰撞后的速度分别为 $\boldsymbol{v}_\alpha'$ 和 $\boldsymbol{v}_\beta'$. 对于弹性碰撞, 碰撞前后总动量和总能量守恒

$$m_\alpha\boldsymbol{v}_\alpha+m_\beta\boldsymbol{v}_\beta=m_\alpha\boldsymbol{v}_\alpha'+m_\beta\boldsymbol{v}_\beta' \tag{2.28}$$

$$\frac{1}{2}m_\alpha v_\alpha^2 + \frac{1}{2}m_\beta v_\beta^2 = \frac{1}{2}m_\alpha {v'}_\alpha^2 + \frac{1}{2}m_\beta {v'}_\beta^2 \tag{2.29}$$

在碰撞期间

$$m_\alpha \ddot{\boldsymbol{r}}_\alpha = \boldsymbol{F}_{\alpha\beta}, \quad m_\beta \ddot{\boldsymbol{r}}_\beta = \boldsymbol{F}_{\beta\alpha}, \text{且 } \boldsymbol{F}_{\beta\alpha} = -\boldsymbol{F}_{\alpha\beta}$$

令 $r = |\boldsymbol{r}_\alpha - \boldsymbol{r}_\beta|$, 则 α, β 的相互作用势在中心势近似下为 $V(r)$, 因此 $\boldsymbol{F}_{\alpha\beta}$ 和 $\boldsymbol{F}_{\beta\alpha}$ 方向均沿 α 和 β 的连线, 如图 2.1 所示. 对于非中心势场 $V(\boldsymbol{r})$, 与方向有关, $\boldsymbol{F}_{\alpha\beta}$ 和 $\boldsymbol{F}_{\beta\alpha}$ 就不一定在 α 与 β 的连线上了, 我们不考虑此种情况.

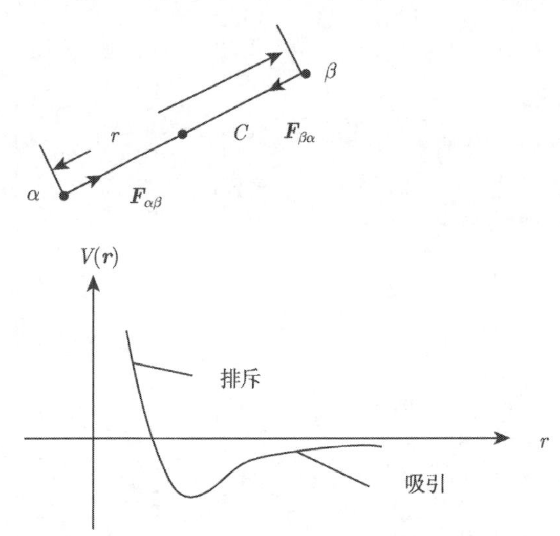

图 2.1　α 粒子与 β 粒子的相互作用势

质心 C 的位置为

$$\boldsymbol{r}_C = \frac{m_\alpha \boldsymbol{r}_\alpha + m_\beta \boldsymbol{r}_\beta}{m_\alpha + m_\beta}$$

故

$$\ddot{\boldsymbol{r}}_C = \frac{m_\alpha \ddot{\boldsymbol{r}}_\alpha + m_\beta \ddot{\boldsymbol{r}}_\beta}{m_\alpha + m_\beta} = \frac{\boldsymbol{F}_{\alpha\beta} + \boldsymbol{F}_{\beta\alpha}}{m_\alpha + m_\beta} = 0$$

即 $\dfrac{\mathrm{d}\boldsymbol{G}}{\mathrm{d}t} = 0$, 其中 $\boldsymbol{G} = \dot{\boldsymbol{r}}_C$, 所以 $\boldsymbol{G}$ 为一常矢量, 即 C 做匀速线运动. C 在 α 和 β 之间, 三者共面, $\boldsymbol{F}_{\beta\alpha}$ 和 $\boldsymbol{F}_{\alpha\beta}$ 也在此平面内.

这种 α 和 β 的二体运动, 可简化为单体运动

$$\ddot{\boldsymbol{r}}_{\alpha\beta} = \ddot{\boldsymbol{r}}_\alpha - \ddot{\boldsymbol{r}}_\beta = \frac{\boldsymbol{F}_{\alpha\beta}}{m_\alpha} - \frac{\boldsymbol{F}_{\beta\alpha}}{m_\beta} = \frac{\boldsymbol{F}_{\alpha\beta}}{m_\alpha} + \frac{\boldsymbol{F}_{\alpha\beta}}{m_\beta} = \left(\frac{1}{m_\alpha} + \frac{1}{m_\beta}\right)\boldsymbol{F}_{\alpha\beta} = \frac{1}{\mu}\boldsymbol{F}_{\alpha\beta} \tag{2.30}$$

式中, $\mu = \dfrac{m_\alpha m_\beta}{m_\alpha + m_\beta}$ 为约化质量. 式 (2.30) 可写为

$$\mu \frac{\mathrm{d}^2 \boldsymbol{r}_{\alpha\beta}}{\mathrm{d}t^2} = \boldsymbol{F}_{\alpha\beta} \tag{2.31}$$

上式是从实验室参照系改为质心参照系的运动方程, 以 β 为坐标原点, 即认为 β 不动, α 的运动相当于质量为 μ 的粒子, 受到力 $\boldsymbol{F}_{\alpha\beta}$ 的运动. 图 2.2 为质心参照系中二体碰撞过程的示意图, 用 $p(r,\theta)$ 表示运动轨迹上的一点, 图中表示出了远处为吸引, 近处为排斥的碰撞过程. 其中, $\boldsymbol{g}_{\alpha\beta}=\boldsymbol{\nu}_\alpha-\boldsymbol{\nu}_\beta$ 为碰撞前的速度, $\boldsymbol{g}'_{\alpha\beta}=\boldsymbol{\nu}'_\alpha-\boldsymbol{\nu}'_\beta$ 为碰撞后的速度, (r_0,θ_0) 是 α 与 β 的最接近点, $\boldsymbol{k}$ 为碰撞方向上的单位矢量.

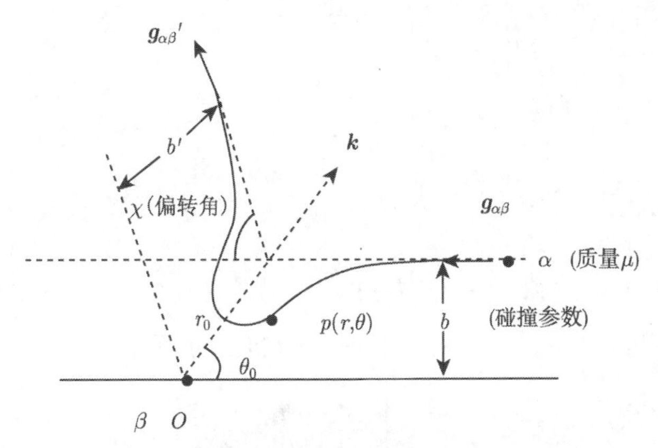

图 2.2 质心参照系中二体碰撞过程示意图

在质心坐标系中, 对于弹性碰撞总能量和总角动量守恒, 即

$$\frac{1}{2}\mu g_{\alpha\beta}^2=\frac{1}{2}\mu {g'}_{\alpha\beta}^2 \tag{2.32}$$

$$\mu g_{\alpha\beta}b=\mu g'_{\alpha\beta}b' \tag{2.33}$$

所以有 $g_{\alpha\beta}=g'_{\alpha\beta}$, 即碰撞不改变 $\boldsymbol{g}_{\alpha\beta}$ 的大小, 只改变其方向. 碰撞使 $\boldsymbol{g}_{\alpha\beta}$ 的方向偏转 χ 角.

由式 (2.32) 和式 (2.33) 可知: $b=b'$. 从图 2.2 所示 $V(r)$ 的对称性可见, 偏转角 χ 为

$$\chi=\pi-2\theta_0 \tag{2.34}$$

现在求偏转角 χ. 质量为 μ 的质心在 $\boldsymbol{F}_{\alpha\beta}$ 作用下运动, 相对于原点的角动量为

$$\boldsymbol{L}=\boldsymbol{r}\times\boldsymbol{p}=rp_\perp=\mu rv_\perp=\mu r\frac{r\mathrm{d}\theta}{\mathrm{d}t}=\mu r^2\frac{\mathrm{d}\theta}{\mathrm{d}t}$$

由角动量守恒, 得

$$\mu r^2\frac{\mathrm{d}\theta}{\mathrm{d}t}=\mu g_{\alpha\beta}b \tag{2.35}$$

即

$$\frac{\mathrm{d}\theta}{\mathrm{d}t}=\frac{g_{\alpha\beta}b}{r^2} \tag{2.36}$$

弹性碰撞过程中, 质心的能量包括动能和势能两部分, 由能量守恒, 得

$$\frac{1}{2}\mu\left[\left(\frac{\mathrm{d}r}{\mathrm{d}t}\right)^2+r^2\left(\frac{\mathrm{d}\theta}{\mathrm{d}t}\right)^2\right]+V(r)=\frac{1}{2}\mu g_{\alpha\beta}^2$$

即

$$\frac{\mathrm{d}r}{\mathrm{d}t}=\pm\left[g_{\alpha\beta}^2-\frac{2V(r)}{\mu}-\frac{g_{\alpha\beta}^2b^2}{r^2}\right]^{\frac{1}{2}} \tag{2.37}$$

将式 (2.36) 除以式 (2.37), 得

$$\frac{\mathrm{d}\theta}{\mathrm{d}r}=\pm\frac{b}{r^2}\left[1-\frac{2V(r)}{\mu g_{\alpha\beta}^2}-\frac{b^2}{r^2}\right]^{-\frac{1}{2}} \tag{2.38}$$

由图 2.2 可见, 当 r 从 $\infty\to r_0$, θ 从 $0\to\theta_0$时, $\frac{\mathrm{d}\theta}{\mathrm{d}r}\leqslant 0$, 故式 (2.38) 左边对 θ 从 $0\to\theta_0$ 积分, 右边对 r 从 $\infty\to r_0$ 积分时, 等式右边取负号, 得

$$\theta_0=-\int_{\infty}^{r_0}\frac{b}{r^2}\left[1-\frac{2V(r)}{\mu g_{\alpha\beta}^2}-\frac{b^2}{r^2}\right]^{-\frac{1}{2}}\mathrm{d}r \tag{2.39}$$

将上式代入式 (2.34) 得

$$\chi=\pi-2\int_{r_0}^{\infty}\frac{b}{r^2}\left[1-\frac{2V(r)}{\mu g_{\alpha\beta}^2}-\frac{b^2}{r^2}\right]^{-\frac{1}{2}}\mathrm{d}r \tag{2.40}$$

其中, r_0 由条件 $\left|\frac{\mathrm{d}r}{\mathrm{d}\theta}\right|_{r=r_0}=0$ 确定.

由式 (2.38) 可得

$$\frac{\mathrm{d}r}{\mathrm{d}\theta}=\pm\frac{r^2}{b}\left[1-\frac{2V(r)}{\mu g_{\alpha\beta}^2}-\frac{b^2}{r^2}\right]^{\frac{1}{2}} \tag{2.41}$$

当 $r=r_0$ 时, 有 $\frac{\mathrm{d}r}{\mathrm{d}\theta}=0$, 得

$$1-\frac{2V(r_0)}{\mu g_{\alpha\beta}^2}-\frac{b^2}{r_0^2}=0 \tag{2.42}$$

即

$$V(r_0)=\frac{\mu g_{\alpha\beta}^2}{2}\left(1-\frac{b^2}{r_0^2}\right) \tag{2.43}$$

上式表明对一定的 $V(r)$, r_0 取决于 $g_{\alpha\beta}$ 和 b, 因此有

$$\chi=\chi(g_{\alpha\beta},b) \tag{2.44}$$

5. $\Gamma_{\alpha\beta}^{-}$

$\Gamma_{\alpha\beta}^{-}\mathrm{d}\boldsymbol{r}\mathrm{d}\boldsymbol{v}_\alpha\mathrm{d}t$ 表示 $\mathrm{d}t$ 期间原在 $(\boldsymbol{r},\boldsymbol{v}_\alpha)$ 附近 $\mathrm{d}\boldsymbol{r}\mathrm{d}\boldsymbol{v}_\alpha$ 范围内的 α 粒子被 β 粒子碰撞而碰出此范围的次数. 下面给出 $\Gamma_{\alpha\beta}^{-}$ 与 f_α 和 f_β 之间关系的表达式. 如图 2.3 所示, β 粒子位于原点 O, α 粒子沿实线 l 运动, 当其经过 Q 点时, 即认为碰撞发生. 为了计算在 $\mathrm{d}t$ 时间内 α 粒子与 β 粒子的碰撞数, 假想一个垂直于 l 的平面, 用极坐标 (b,ϕ) 表示, b 为 O 与 l 的距离, ϕ 为垂直于 l 平面内的方位角. 考虑通过面积 $b\mathrm{d}b\mathrm{d}\phi$ 的 α 粒子. 显然, 凡在长度为 $g_{\alpha\beta}\mathrm{d}t$ 范围中的 α 粒子, 均可在 $\mathrm{d}t$ 时间内与 β 碰撞而偏转 χ 角. 在此微元体积 $\mathrm{d}\tau=g_{\alpha\beta}b\mathrm{d}b\mathrm{d}\phi\mathrm{d}t$ 中, 共有 $f_\alpha(t,\boldsymbol{r},\boldsymbol{v}_\alpha)\,g_{\alpha\beta}b\mathrm{d}b\mathrm{d}\phi\mathrm{d}t\mathrm{d}\boldsymbol{v}_\alpha$ 个 α 粒子, 因而在 $\mathrm{d}t$ 期间, 这些 α 粒子与一个 β 粒子的碰撞次数为 $\mathrm{d}\Theta_{\alpha\beta}\mathrm{d}t=f_\alpha(t,\boldsymbol{r},\boldsymbol{v}_\alpha)\,g_{\alpha\beta}b\mathrm{d}b\mathrm{d}\phi\mathrm{d}t\mathrm{d}\boldsymbol{v}_\alpha$, 即 $\mathrm{d}\Theta_{\alpha\beta}=f_\alpha(t,\boldsymbol{r},\boldsymbol{v}_\alpha)\,g_{\alpha\beta}b\mathrm{d}b\mathrm{d}\phi\mathrm{d}\boldsymbol{v}_\alpha$, 其中 $\mathrm{d}\Theta_{\alpha\beta}$ 为 α 粒子与 β 粒子的碰撞频率. 在 $\mathrm{d}\boldsymbol{r}\mathrm{d}\boldsymbol{v}_\beta$ 范围内, 共有 $f_\beta(t,\boldsymbol{r},\boldsymbol{v}_\beta)\,\mathrm{d}\boldsymbol{r}\mathrm{d}\boldsymbol{v}_\beta$ 个 β 粒子, 所以 $\mathrm{d}t$ 期间 α 粒子与 β 粒子的碰撞次数为 $f_\beta(t,\boldsymbol{r},\boldsymbol{v}_\beta)\,\mathrm{d}\boldsymbol{r}\mathrm{d}\boldsymbol{v}_\beta\mathrm{d}\Theta_{\alpha\beta}\mathrm{d}t=f_\alpha(t,\boldsymbol{r},\boldsymbol{v}_\alpha)\,f_\beta(t,\boldsymbol{r},\boldsymbol{v}_\beta)\,g_{\alpha\beta}b\mathrm{d}b\mathrm{d}\phi\mathrm{d}\boldsymbol{v}_\alpha\mathrm{d}\boldsymbol{v}_\beta\mathrm{d}\boldsymbol{r}\mathrm{d}t$. 它表示在 $t\sim t+\mathrm{d}t$ 时间内, 在 $\boldsymbol{v}_\alpha\sim\boldsymbol{v}_\alpha+\mathrm{d}\boldsymbol{v}_\alpha$ 范围内的 α 粒子, 从 $b\sim b+\mathrm{d}b$ 和 $\phi\sim\phi+\mathrm{d}\phi$ 范围入射时, 被 $\boldsymbol{r}\sim\boldsymbol{r}+\mathrm{d}\boldsymbol{r}$ 和 $\boldsymbol{v}_\beta\sim\boldsymbol{v}_\beta+\mathrm{d}\boldsymbol{v}_\beta$ 范围内的 β 粒子碰撞的次数. 显然, 碰撞后 α 粒子已不在 $(\boldsymbol{r},\boldsymbol{v}_\alpha)$ 处.

$\Gamma_{\alpha\beta}^{-}\mathrm{d}\boldsymbol{r}\mathrm{d}\boldsymbol{v}_\alpha\mathrm{d}t$ 表示在 $t\sim t+\mathrm{d}t$ 期间从一切范围 (b 从 $0\to\infty$, ϕ 从 $0\to2\pi$) 入射的在 $\boldsymbol{v}_\alpha\sim\boldsymbol{v}_\alpha+\mathrm{d}\boldsymbol{v}_\alpha$ 范围内的 α 粒子, 被各种 $\boldsymbol{v}_\beta$ 的 β 粒子碰撞的次数, 即

$$\Gamma_{\alpha\beta}^{-}\mathrm{d}\boldsymbol{r}\mathrm{d}\boldsymbol{v}_\alpha\mathrm{d}t=\left(\iiint f_\alpha(t,\boldsymbol{r},\boldsymbol{v}_\alpha)\,f_\beta(t,\boldsymbol{r},\boldsymbol{v}_\beta)\,g_{\alpha\beta}b\mathrm{d}b\mathrm{d}\phi\mathrm{d}\boldsymbol{v}_\beta\right)\mathrm{d}\boldsymbol{r}\mathrm{d}\boldsymbol{v}_\alpha\mathrm{d}t$$

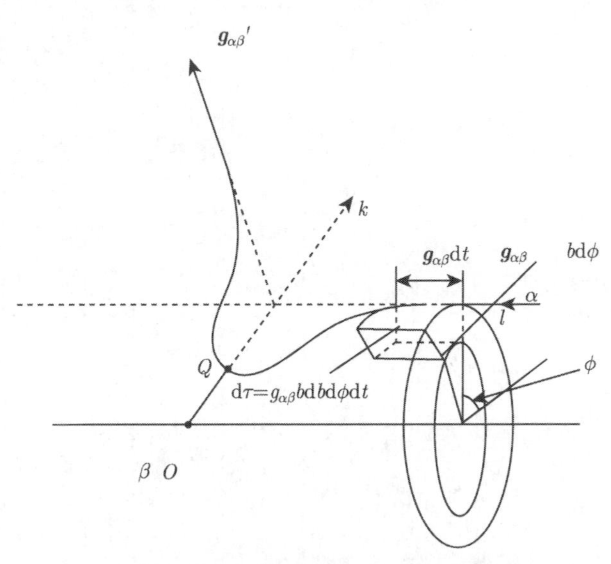

图 2.3 α 粒子与 β 粒子的碰撞示意图

故

$$\Gamma_{\alpha\beta}^{-}=\iiint f_{\alpha}\left(t,\boldsymbol{r},\boldsymbol{v}_{\alpha}\right)f_{\beta}\left(t,\boldsymbol{r},\boldsymbol{v}_{\beta}\right)g_{\alpha\beta}b\mathrm{d}b\mathrm{d}\phi\mathrm{d}\boldsymbol{v}_{\beta} \tag{2.45}$$

6. $\Gamma_{\alpha\beta}^{+}$

$\Gamma_{\alpha\beta}^{+}\mathrm{d}\boldsymbol{r}\mathrm{d}\boldsymbol{v}_{\alpha}\mathrm{d}t$ 表示 $\mathrm{d}t$ 期间原不在 $(\boldsymbol{r},\boldsymbol{v}_{\alpha})$ 附近 $\mathrm{d}\boldsymbol{r}\mathrm{d}\boldsymbol{v}_{\alpha}$ 范围中的 α 粒子被 β 粒子碰撞而进入此范围的碰撞次数. 我们将初速为 $\boldsymbol{v}_{\alpha}$ 和 $\boldsymbol{v}_{\beta}$ 的 α 粒子和 β 粒子, 由于碰撞, 速度变为 $\boldsymbol{v}_{\alpha}'$ 和 $\boldsymbol{v}_{\beta}'$ 的碰撞称为正碰撞; 将初速为 $\boldsymbol{v}_{\alpha}'$ 和 $\boldsymbol{v}_{\beta}'$ 的 α 粒子和 β 粒子, 由于碰撞速度变为 $\boldsymbol{v}_{\alpha}$ 和 $\boldsymbol{v}_{\beta}$ 的碰撞称为逆碰撞.

先看正碰撞. 由动量守恒有

$$m_{\alpha}\boldsymbol{v}_{\alpha}+m_{\beta}\boldsymbol{v}_{\beta}=m_{\alpha}\boldsymbol{v}_{\alpha}'+m_{\beta}\boldsymbol{v}_{\beta}' \tag{2.46}$$

$$-m_{\alpha}\left(\boldsymbol{v}_{\alpha}'-\boldsymbol{v}_{\alpha}\right)=m_{\beta}\left(\boldsymbol{v}_{\beta}'-\boldsymbol{v}_{\beta}\right) \tag{2.47}$$

碰撞时, 动量的改变只能在碰撞方向 $\boldsymbol{k}$ 上, 即

$$\boldsymbol{v}_{\alpha}'-\boldsymbol{v}_{\alpha}=\lambda_{\alpha}\boldsymbol{k} \tag{2.48}$$

$$\boldsymbol{v}_{\beta}'-\boldsymbol{v}_{\beta}=\lambda_{\beta}\boldsymbol{k} \tag{2.49}$$

其中, $\lambda_{\alpha},\lambda_{\beta}$ 是两个待定系数. 将式 (2.48) 和式 (2.49) 代入式 (2.47), 得

$$m_{\alpha}\lambda_{\alpha}+m_{\beta}\lambda_{\beta}=0 \tag{2.50}$$

即

$$\lambda_{\beta}=-\frac{m_{\alpha}}{m_{\beta}}\lambda_{\alpha} \tag{2.51}$$

将上式代入式 (2.49), 有

$$\boldsymbol{v}_{\beta}'=\boldsymbol{v}_{\beta}-\frac{m_{\alpha}}{m_{\beta}}\lambda_{\alpha}\boldsymbol{k} \tag{2.52}$$

式 (2.48) 和式 (2.49) 的平方分别为

$$v_{\alpha}'^{2}=v_{\alpha}^{2}+\lambda_{\alpha}^{2}+2\lambda_{\alpha}\left(\boldsymbol{v}_{\alpha}\cdot\boldsymbol{k}\right) \tag{2.53}$$

$$v_{\beta}'^{2}=v_{\beta}^{2}+\frac{m_{\alpha}^{2}}{m_{\beta}^{2}}\lambda_{\alpha}^{2}-\frac{2m_{\alpha}}{m_{\beta}}\lambda_{\alpha}\left(\boldsymbol{v}_{\beta}\cdot\boldsymbol{k}\right) \tag{2.54}$$

将式 (2.53) 和式 (2.54) 代入能量守恒关系

$$\frac{1}{2}m_{\alpha}v_{\alpha}^{2}+\frac{1}{2}m_{\beta}v_{\beta}^{2}=\frac{1}{2}m_{\alpha}v_{\alpha}'^{2}+\frac{1}{2}m_{\beta}v_{\beta}'^{2} \tag{2.55}$$

得

$$m_\alpha v_\alpha^2 + m_\beta v_\beta^2 = m_\alpha v_\alpha^2 + m_\alpha \lambda_\alpha^2 + 2m_\alpha \lambda_\alpha (\boldsymbol{v}_\alpha \cdot \boldsymbol{k}) + m_\beta v_\beta^2 + \frac{m_\alpha^2}{m_\beta}\lambda_\alpha^2 - 2m_\alpha \lambda_\alpha (\boldsymbol{v}_\beta \cdot \boldsymbol{k})$$

即

$$\lambda_\alpha = -\frac{2m_\beta}{m_\alpha + m_\beta}(\boldsymbol{v}_\alpha - \boldsymbol{v}_\beta) \cdot \boldsymbol{k} \tag{2.56}$$

代入式 (2.51), 得

$$\lambda_\beta = \frac{2m_\alpha}{m_\alpha + m_\beta}(\boldsymbol{v}_\alpha - \boldsymbol{v}_\beta) \cdot \boldsymbol{k} \tag{2.57}$$

将式 (2.56) 和式 (2.57) 分别代入式 (2.48) 和式 (2.49), 得

$$\boldsymbol{v}_\alpha' = \boldsymbol{v}_\alpha - \frac{2m_\beta}{m_\alpha + m_\beta}[(\boldsymbol{v}_\alpha - \boldsymbol{v}_\beta) \cdot \boldsymbol{k}]\,\boldsymbol{k} \tag{2.58}$$

$$\boldsymbol{v}_\beta' = \boldsymbol{v}_\beta + \frac{2m_\alpha}{m_\alpha + m_\beta}[(\boldsymbol{v}_\alpha - \boldsymbol{v}_\beta) \cdot \boldsymbol{k}]\,\boldsymbol{k} \tag{2.59}$$

由于 $g_{\alpha\beta} = g_{\alpha\beta}'$, 因而由图 2.4 可见

$$(\boldsymbol{v}_\alpha - \boldsymbol{v}_\beta) \cdot \boldsymbol{k} = -g_{\alpha\beta}\cos\theta_0 \tag{2.60}$$

$$\left(\boldsymbol{v}_\alpha' - \boldsymbol{v}_\beta'\right) \cdot \boldsymbol{k} = g_{\alpha\beta}\cos\theta_0 \tag{2.61}$$

将式 (2.60) 代入式 (2.58) 和式 (2.59), 有

$$\boldsymbol{v}_\alpha' = \boldsymbol{v}_\alpha + \frac{2m_\beta}{m_\alpha + m_\beta} g_{\alpha\beta}\cos\theta_0 \boldsymbol{k} \tag{2.62}$$

$$\boldsymbol{v}_\beta' = \boldsymbol{v}_\beta - \frac{2m_\alpha}{m_\alpha + m_\beta} g_{\alpha\beta}\cos\theta_0 \boldsymbol{k} \tag{2.63}$$

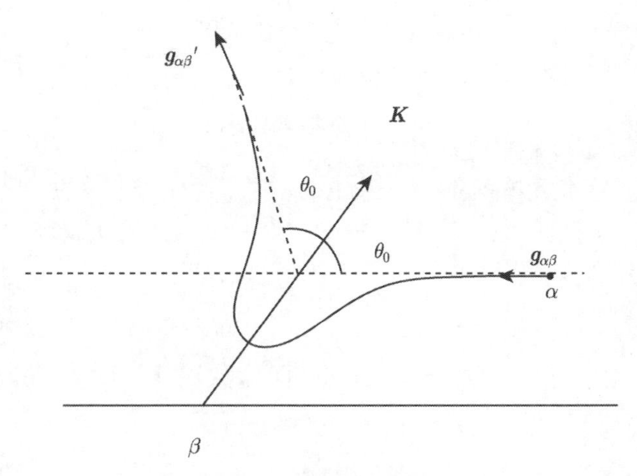

图 2.4 正碰撞示意图

现在假设碰前速度为 $\boldsymbol{v}'_\alpha$、$\boldsymbol{v}'_\beta$, 碰后速度为 $\boldsymbol{v}''_\alpha$、$\boldsymbol{v}''_\beta$, 那么碰后速度可否为 $\boldsymbol{v}_\alpha$、$\boldsymbol{v}_\beta$? 显然, 由式 (2.62) 和式 (2.63) 可知

$$\boldsymbol{v}''_\alpha = \boldsymbol{v}'_\alpha + \frac{2m_\beta}{m_\alpha + m_\beta} g'_{\alpha\beta} \cos\theta_0 \boldsymbol{k}' \tag{2.64}$$

$$\boldsymbol{v}''_\beta = \boldsymbol{v}'_\beta - \frac{2m_\alpha}{m_\alpha + m_\beta} g'_{\alpha\beta} \cos\theta_0 \boldsymbol{k}' \tag{2.65}$$

若令 $\boldsymbol{k}' = -\boldsymbol{k}$, 又因 $g'_{\alpha\beta} = g_{\alpha\beta}$, 于是有

$$\boldsymbol{v}''_\alpha = \boldsymbol{v}'_\alpha - \frac{2m_\beta}{m_\alpha + m_\beta} g_{\alpha\beta} \cos\theta_0 \boldsymbol{k} = \boldsymbol{v}_\alpha \tag{2.66}$$

$$\boldsymbol{v}''_\beta = \boldsymbol{v}'_\beta + \frac{2m_\alpha}{m_\alpha + m_\beta} g_{\alpha\beta} \cos\theta_0 \boldsymbol{k} = \boldsymbol{v}_\beta \tag{2.67}$$

因此, 这种逆碰撞的确存在, 只是碰撞方向 $\boldsymbol{k}$ 应变为 $-\boldsymbol{k}'$, 如图 2.5 所示. 偏转角 χ 是 g 和 b 的函数, 即 $\chi = \chi(g, b)$, 由于 $g = g', b = b'$, 因此 $\chi(g, b) = \chi(g', b')$, 即正碰撞与逆碰撞的偏转角 χ 相同.

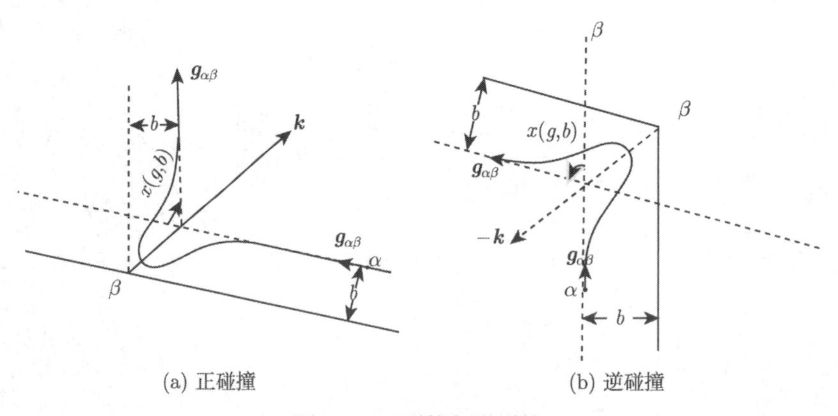

(a) 正碰撞　　　　(b) 逆碰撞

图 2.5　正碰撞与逆碰撞

对于逆碰撞, 在微元体积 $\mathrm{d}\tau = g_{\alpha\beta} b\mathrm{d}b\mathrm{d}\phi\mathrm{d}t$ 中, 共有 $f_\alpha(t, \boldsymbol{r}, \boldsymbol{v}'_\alpha) g_{\alpha\beta} b\mathrm{d}b\mathrm{d}\phi\mathrm{d}t\mathrm{d}\boldsymbol{v}'_\alpha$ 个 α 粒子, 故在 $\mathrm{d}t$ 期间, 这些 α 粒子与一个 β 粒子的碰撞次数为

$$\mathrm{d}\Theta'_{\alpha\beta} = f_\alpha(t, \boldsymbol{r}, \boldsymbol{v}'_\alpha) g_{\alpha\beta} b\mathrm{d}b\mathrm{d}\phi\mathrm{d}t\mathrm{d}\boldsymbol{v}'_\alpha \tag{2.68}$$

在 $\mathrm{d}\boldsymbol{r}\mathrm{d}\boldsymbol{v}'_\beta$ 范围内共有 $f_\beta(t, \boldsymbol{r}, \boldsymbol{v}'_\beta)\mathrm{d}\boldsymbol{r}\mathrm{d}\boldsymbol{v}'_\beta$ 个 β 粒子, 所以 $\mathrm{d}t$ 期间 α 粒子和 β 粒子发生碰撞的次数为

$$f_\beta\left(t, \boldsymbol{r}, \boldsymbol{v}'_\beta\right) \mathrm{d}\boldsymbol{r}\mathrm{d}\boldsymbol{v}'_\beta \mathrm{d}\Theta'_{\alpha\beta}\mathrm{d}t = f_\alpha(t, \boldsymbol{r}, \boldsymbol{v}'_\alpha) f_\beta\left(t, \boldsymbol{r}, \boldsymbol{v}'_\beta\right) g_{\alpha\beta} b\mathrm{d}b\mathrm{d}\phi\mathrm{d}\boldsymbol{v}'_\alpha\mathrm{d}\boldsymbol{v}'_\beta\mathrm{d}\boldsymbol{r}\mathrm{d}t \tag{2.69}$$

上式表示在 $t\sim t+\mathrm{d}t$ 期间, $\boldsymbol{v}_\alpha'\sim\boldsymbol{v}_\alpha'+\mathrm{d}\boldsymbol{v}_\alpha'$ 范围内的 α 粒子, 从 $b\sim b+\mathrm{d}b$ 和 $\phi\sim\phi+\mathrm{d}\phi$ 范围入射时, 被 $\boldsymbol{r}\sim\boldsymbol{r}+\mathrm{d}\boldsymbol{r}$, $\boldsymbol{v}_\beta'\sim\boldsymbol{v}_\beta'+\mathrm{d}\boldsymbol{v}_\beta'$ 范围内的 β 粒子碰撞的次数. 碰撞后 α 粒子进入 $(\boldsymbol{r},\boldsymbol{v}_\alpha)$ 处.

下面证明式 (2.69) 中 $\mathrm{d}\boldsymbol{v}_\alpha'\mathrm{d}\boldsymbol{v}_\beta'=\mathrm{d}\boldsymbol{v}_\alpha\mathrm{d}\boldsymbol{v}_\beta$.

根据重积分中积分变数的变换关系有

$$\mathrm{d}\boldsymbol{v}_\alpha'\mathrm{d}\boldsymbol{v}_\beta'=|J|\,\mathrm{d}\boldsymbol{v}_\alpha\mathrm{d}\boldsymbol{v}_\beta \tag{2.70}$$

其中, $J=\dfrac{\partial(\boldsymbol{v}_\alpha',\boldsymbol{v}_\beta')}{\partial(\boldsymbol{v}_\alpha,\boldsymbol{v}_\beta)}$ 是 Jacobi 行列式.

由式 (2.60) 和式 (2.61) 可得

$$(\boldsymbol{v}_\alpha-\boldsymbol{v}_\beta)\cdot\boldsymbol{k}=-g_{\alpha\beta}\cos\theta_0=-\left(\boldsymbol{v}_\alpha'-\boldsymbol{v}_\beta'\right)\cdot\boldsymbol{k} \tag{2.71}$$

代入式 (2.58) 和式 (2.59) 中, 有

$$\boldsymbol{v}_\alpha=\boldsymbol{v}_\alpha'-\frac{2m_\beta}{m_\alpha+m_\beta}\left[\left(\boldsymbol{v}_\alpha'-\boldsymbol{v}_\beta'\right)\cdot\boldsymbol{k}\right]\boldsymbol{k} \tag{2.72}$$

$$\boldsymbol{v}_\beta=\boldsymbol{v}_\beta'+\frac{2m_\alpha}{m_\alpha+m_\beta}\left[\left(\boldsymbol{v}_\alpha'-\boldsymbol{v}_\beta'\right)\cdot\boldsymbol{k}\right]\boldsymbol{k} \tag{2.73}$$

将上面两式与式 (2.58) 和式 (2.59) 比较, 可见 $\boldsymbol{v}_\alpha,\boldsymbol{v}_\beta$ 与 $\boldsymbol{v}_\alpha',\boldsymbol{v}_\beta'$ 可互相交换, 有

$$J'=\frac{\partial\left(\boldsymbol{v}_\alpha,\boldsymbol{v}_\beta\right)}{\partial(\boldsymbol{v}_\alpha',\boldsymbol{v}_\beta')} \tag{2.74}$$

但是

$$JJ'=\frac{\partial(\boldsymbol{v}_\alpha',\boldsymbol{v}_\beta')}{\partial\left(\boldsymbol{v}_\alpha,\boldsymbol{v}_\beta\right)}\cdot\frac{\partial(\boldsymbol{v}_\alpha,\boldsymbol{v}_\beta)}{\partial(\boldsymbol{v}_\alpha',\boldsymbol{v}_\beta')}=1 \tag{2.75}$$

所以 $J^2=1$, 即 $|J|=1$. 于是式 (2.70) 为

$$\mathrm{d}\boldsymbol{v}_\alpha'\mathrm{d}\boldsymbol{v}_\beta'=\mathrm{d}\boldsymbol{v}_\alpha\mathrm{d}\boldsymbol{v}_\beta \tag{2.76}$$

式 (2.69) 化为

$$\begin{aligned}f_\beta\left(t,\boldsymbol{r},\boldsymbol{v}_\beta'\right)\mathrm{d}\boldsymbol{r}\mathrm{d}\boldsymbol{v}_\beta'\mathrm{d}\Theta_{\alpha\beta}'\mathrm{d}t=&f_\alpha\left(t,\boldsymbol{r},\boldsymbol{v}_\alpha'\right)f_\beta\left(t,\boldsymbol{r},\boldsymbol{v}_\beta'\right)g_{\alpha\beta}b\mathrm{d}b\mathrm{d}\phi\mathrm{d}\boldsymbol{v}_\alpha'\mathrm{d}\boldsymbol{v}_\beta'\mathrm{d}\boldsymbol{r}\mathrm{d}t\\=&f_\alpha\left(t,\boldsymbol{r},\boldsymbol{v}_\alpha'\right)f_\beta\left(t,\boldsymbol{r},\boldsymbol{v}_\beta'\right)g_{\alpha\beta}b\mathrm{d}b\mathrm{d}\phi\mathrm{d}\boldsymbol{v}_\alpha\mathrm{d}\boldsymbol{v}_\beta\mathrm{d}\boldsymbol{r}\mathrm{d}t\end{aligned} \tag{2.77}$$

$\varGamma_{\alpha\beta}^+\mathrm{d}\boldsymbol{r}\mathrm{d}\boldsymbol{v}_\alpha$ 表示从一切范围 (b 从 $0\to\infty$, ϕ 从 $0\to2\pi$) 入射的 $\boldsymbol{v}_\alpha\sim\boldsymbol{v}_\alpha+d\boldsymbol{v}_\alpha$ 的 α 粒子, 被各种 $\boldsymbol{v}_\beta$ 的 β 粒子在 $t\sim t+\mathrm{d}t$ 期间碰撞的次数, 即

$$\varGamma_{\alpha\beta}'\mathrm{d}\boldsymbol{r}\mathrm{d}\boldsymbol{v}_\alpha\mathrm{d}t=\left(\iiint f_\alpha\left(t,\boldsymbol{r},\boldsymbol{v}_\alpha'\right)f_\beta\left(t,\boldsymbol{r},\boldsymbol{v}_\beta'\right)g_{\alpha\beta}b\mathrm{d}b\mathrm{d}\phi\mathrm{d}\boldsymbol{v}_\beta\right)\mathrm{d}\boldsymbol{r}\mathrm{d}\boldsymbol{v}_\alpha\mathrm{d}t \tag{2.78}$$

即

$$\varGamma_{\alpha\beta}^+=\iiint f_\alpha\left(t,\boldsymbol{r},\boldsymbol{v}_\alpha'\right)f_\beta\left(t,\boldsymbol{r},\boldsymbol{v}_\beta'\right)g_{\alpha\beta}b\mathrm{d}b\mathrm{d}\phi\mathrm{d}\boldsymbol{v}_\beta \tag{2.79}$$

7. Boltzmann 碰撞项

为了书写简单, 令 $f_\alpha = f_\alpha(t, \boldsymbol{r}, \boldsymbol{v}_\alpha)$, $f'_\alpha = f_\alpha(t, \boldsymbol{r}, \boldsymbol{v}'_\alpha)$, $f_\beta = f_\beta(t, \boldsymbol{r}, \boldsymbol{v}_\beta)$, $f'_\beta = f_\beta(t, \boldsymbol{r}, \boldsymbol{v}'_\beta)$, 则式 (2.45) 和式 (2.79) 可写为

$$\Gamma^+_{\alpha\beta} = \iiint f'_\alpha f'_\beta g_{\alpha\beta} b\mathrm{d}b\mathrm{d}\phi\mathrm{d}\boldsymbol{v}_\beta \tag{2.80}$$

$$\Gamma^-_{\alpha\beta} = \iiint f_\alpha f_\beta g_{\alpha\beta} b\mathrm{d}b\mathrm{d}\phi\mathrm{d}\boldsymbol{v}_\beta \tag{2.81}$$

于是 Boltzmann 方程 (2.27) 可写成

$$\begin{aligned}\frac{\partial f_\alpha}{\partial t} + \boldsymbol{v}_\alpha \cdot \frac{\partial f_\alpha}{\partial \boldsymbol{r}} + \frac{\boldsymbol{F}^e_\alpha}{m_\alpha} \cdot \frac{\partial f_\alpha}{\partial \boldsymbol{v}_\alpha} &= \sum_\beta (\Gamma^+_{\alpha\beta} - \Gamma^-_{\alpha\beta}) \\ &= \sum_\beta \iiint \left(f'_\alpha f'_\beta - f_\alpha f_\beta\right) g_{\alpha\beta} b\mathrm{d}b\mathrm{d}\phi\mathrm{d}\boldsymbol{v}_\beta \end{aligned} \tag{2.82}$$

记

$$J(f_\alpha f_\beta) = \iiint \left(f'_\alpha f'_\beta - f_\alpha f_\beta\right) g_{\alpha\beta} b\mathrm{d}b\mathrm{d}\phi\mathrm{d}\boldsymbol{v}_\beta \tag{2.83}$$

将 J 看成一个积分算符, 则

$$\frac{\partial f_\alpha}{\partial t} + \boldsymbol{v}_\alpha \cdot \frac{\partial f_\alpha}{\partial \boldsymbol{r}} + \boldsymbol{a}_\alpha \cdot \frac{\partial f_\alpha}{\partial \boldsymbol{v}_\alpha} = \sum_\beta J(f_\alpha f_\beta) \tag{2.84}$$

如果气体中只含一种粒子, 则 Boltzmann 方程可写成

$$\frac{\partial f}{\partial t} + \boldsymbol{v} \cdot \frac{\partial f}{\partial \boldsymbol{r}} + \boldsymbol{a} \cdot \frac{\partial f}{\partial \boldsymbol{v}} = \iiint (f' f'_1 - f f_1) g b\mathrm{d}b\mathrm{d}\phi\mathrm{d}\boldsymbol{v}_1 = J(f f_1) \tag{2.85}$$

其中, $J(ff_1) = \iiint (f'f'_1 - ff_1) g b\mathrm{d}b\mathrm{d}\phi\mathrm{d}\boldsymbol{v}_1$, $f = f(t, \boldsymbol{r}, \boldsymbol{v})$, $f' = f(t, \boldsymbol{r}, \boldsymbol{v}')$, $f_1 = f(t, \boldsymbol{r}, \boldsymbol{v}_1)$, $f'_1 = f(t, \boldsymbol{r}, \boldsymbol{v}'_1)$, $\boldsymbol{v}$ 和 $\boldsymbol{v}'$ 分别为被碰撞粒子的碰前速度和碰后速度, $\boldsymbol{v}_1$ 和 $\boldsymbol{v}'_1$ 分别为碰撞粒子的碰前速度和碰后速度.

8. 刚球碰撞

α 为直径 σ_α 的弹性刚球, β 为直径 σ_β 的弹性刚球, 如图 2.6 所示. 当 α 粒子与 β 粒子碰撞时, α 粒子中心必位于以 $\sigma = \dfrac{1}{2}(\sigma_\alpha + \sigma_\beta)$ 为半径的球面上, 且仅当 $0 \leqslant \theta \leqslant \dfrac{\pi}{2}$ 时才能发生碰撞.

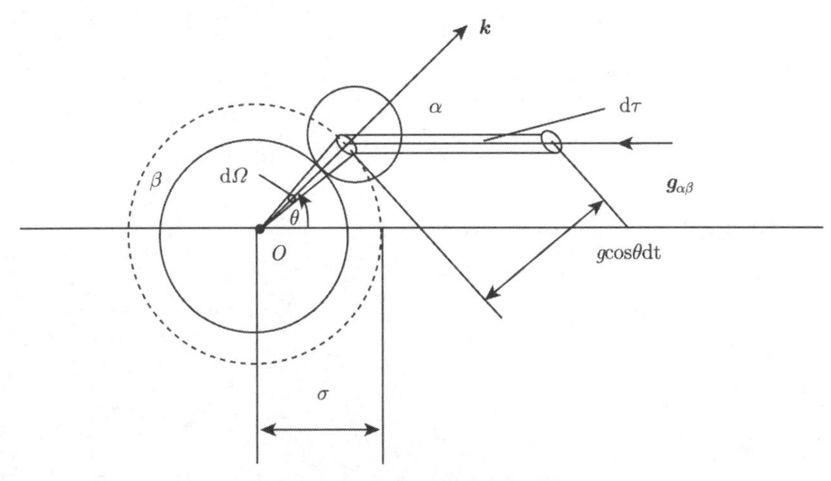

图 2.6 两粒子碰撞的刚球模型

仍用 $\boldsymbol{k}$ 表示碰撞方向上的单位矢量, 如果 $\boldsymbol{k}$ 位于立体角 $\mathrm{d}\Omega$ 范围内, 则在 $t \sim t+\mathrm{d}t$ 期间, 仅当 α 的中心位于柱体 $\mathrm{d}\tau$ 中时才能发生碰撞. 由于 $\mathrm{d}\tau = \sigma^2 g_{\alpha\beta}\cos\theta\mathrm{d}\Omega\mathrm{d}t$, 所以在 $\mathrm{d}t$ 期间, α 粒子与 β 粒子碰撞的次数为

$$\mathrm{d}\Theta_{\alpha\beta}\mathrm{d}t = f_\alpha(t,\boldsymbol{r},\boldsymbol{v}_\alpha)\mathrm{d}\tau\mathrm{d}\boldsymbol{v}_\alpha = f_\alpha(t,\boldsymbol{r},\boldsymbol{v}_\alpha)\sigma^2 g_{\alpha\beta}\cos\theta\mathrm{d}\Omega\mathrm{d}t\mathrm{d}\boldsymbol{v}_\alpha \tag{2.86}$$

其中, $\mathrm{d}\Omega = \sin\theta\mathrm{d}\theta\mathrm{d}\phi$.

若令 $\sigma\sin\theta = b$, $\sigma\cos\theta\mathrm{d}\theta = \mathrm{d}b$, 即 $\sigma^2\sin\theta\cos\theta\mathrm{d}\theta = b\mathrm{d}b$, 代入式 (2.84) 中, 则得

$$\mathrm{d}\Theta_{\alpha\beta}\mathrm{d}t = f_\alpha(t,\boldsymbol{r},\boldsymbol{v}_\alpha)g_{\alpha\beta}b\mathrm{d}b\mathrm{d}\phi\mathrm{d}\boldsymbol{v}_\alpha\mathrm{d}t \tag{2.87}$$

这正是前面讨论的正碰撞, $\mathrm{d}t$ 期间 α 粒子与 β 粒子的碰撞次数.

对于刚球模型, 由式 (2.86) 可得, α 粒子与 β 粒子的碰撞频率为

$$\mathrm{d}\Theta_{\alpha\beta} = f_\alpha(t,\boldsymbol{r},\boldsymbol{v}_\alpha)\sigma^2 g_{\alpha\beta}\cos\theta\mathrm{d}\Omega\mathrm{d}\boldsymbol{v}_\alpha \tag{2.88}$$

对上式进行积分, 得

$$\begin{aligned}\Theta_{\alpha\beta} &= \iint f_\alpha(t,\boldsymbol{r},\boldsymbol{v}_\alpha)\sigma^2 g_{\alpha\beta}\cos\theta\mathrm{d}\Omega\mathrm{d}\boldsymbol{v}_\alpha \\ &= \int f_\alpha(t,\boldsymbol{r},\boldsymbol{v}_\alpha)g_{\alpha\beta}\left(\int\sigma^2\cos\theta\mathrm{d}\Omega\right)\mathrm{d}\boldsymbol{v}_\alpha \\ &= \int f_\alpha(t,\boldsymbol{r},\boldsymbol{v}_\alpha)g_{\alpha\beta}\left(\sigma^2\int_0^{\frac{\pi}{2}}\cos\theta\sin\theta\mathrm{d}\theta\int_0^{2\pi}\mathrm{d}\phi\right)\mathrm{d}\boldsymbol{v}_\alpha \\ &= \pi\sigma^2\int f_\alpha(t,\boldsymbol{r},\boldsymbol{v}_\alpha)g_{\alpha\beta}\mathrm{d}\boldsymbol{v}_\alpha\end{aligned} \tag{2.89}$$

其中, $\pi\sigma^2$ 为碰撞截面.

以后为了书写简单, 常令

$$\Lambda_{\alpha\beta}\mathrm{d}\Omega = \sigma^2 g_{\alpha\beta}\cos\theta\mathrm{d}\Omega = g_{\alpha\beta}b\mathrm{d}b\mathrm{d}\phi \tag{2.90}$$

所以式 (2.83) 可写成

$$J\left(f_\alpha f_\beta\right) = \iint \left(f'_\alpha f'_\beta - f_\alpha f_\beta\right)\Lambda_{\alpha\beta}\mathrm{d}\Omega\mathrm{d}\boldsymbol{v}_\beta \tag{2.91}$$

对同种粒子有

$$J\left(ff_1\right) = \iint \left(f'f'_1 - ff_1\right)\Lambda\mathrm{d}\Omega\mathrm{d}\boldsymbol{v}_1 \tag{2.92}$$

下面计算刚球碰撞时的偏转角.

刚球碰撞时, 势函数如图 2.7 所示, 当两粒子之间距离大于 σ 时, 相互作用势为零; 而当两粒子之间距离接近 σ 时, 相互作用势迅速增加, 达到无穷大. 这意味着两粒子的距离不能小于 σ. 其数学表示式为

$$V(r) = \begin{cases} \infty, & r < \sigma \\ 0, & r > \sigma \end{cases} \tag{2.93}$$

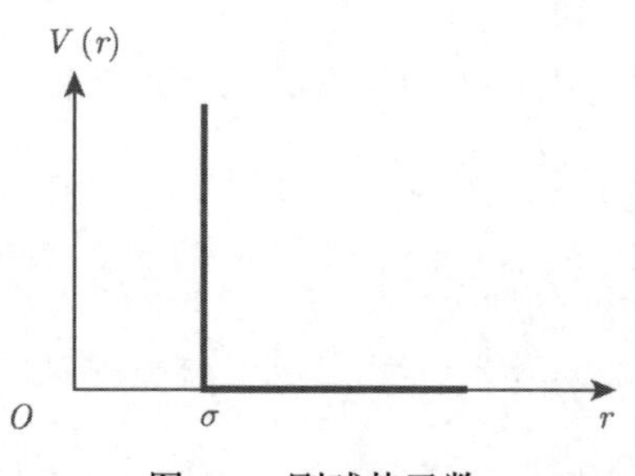

图 2.7　刚球势函数

图 2.8 给出了刚球模型下两粒子最近距离与碰撞距离的关系. 图 2.8(a) 是两粒子发生碰撞的情形, 图 2.8(b) 是两粒子未发生碰撞的情形. 最接近距离的数学表示式为

$$r_0 = \begin{cases} \sigma, & b \leqslant \sigma\ (\text{碰撞}) \\ b, & b > \sigma\ (\text{非碰撞}) \end{cases} \tag{2.94}$$

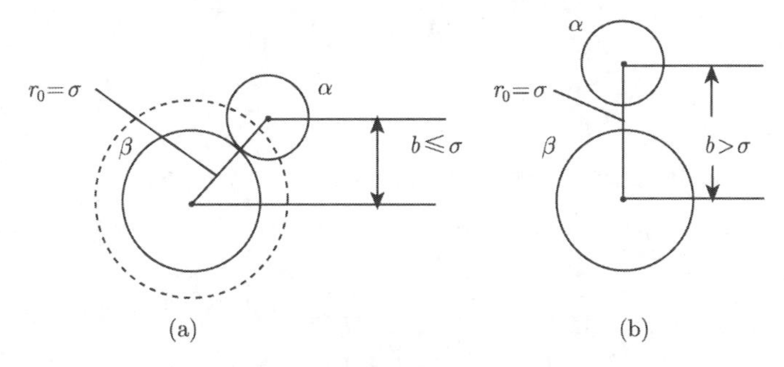

图 2.8 刚球碰撞的最近距离

将式 (2.93) 和式 (2.94) 代入式 (2.40), 当 $b\leqslant\sigma$ 时, 碰撞发生, 有

$$\begin{aligned}\chi(g_{\alpha\beta},b)=&\pi-2\int_{r_0}^{\infty}\frac{b}{r^2}\left[1-\frac{2V(r)}{\mu g_{\alpha\beta}^2}-\frac{b^2}{r^2}\right]^{-\frac{1}{2}}\mathrm{d}r\\=&\pi-2\int_{\sigma}^{\infty}\frac{b}{r^2}\left(1-0-\frac{b^2}{r^2}\right)^{-\frac{1}{2}}\mathrm{d}r\\=&\pi-2\int_{\sigma}^{\infty}\frac{b}{r\sqrt{r^2-b^2}}\mathrm{d}r\\=&\pi-2\left[\cos^{-1}\left(\frac{b}{r}\right)\right]\Big|_{\sigma}^{\infty}\\=&2\arccos\frac{b}{\sigma}\end{aligned}$$

当 $b>\sigma$ 时, 碰撞未发生, 有

$$\begin{aligned}\chi(g_{\alpha\beta},b)=&\pi-2\int_{r_0}^{\infty}\frac{b}{r^2}\left[1-\frac{2V(r)}{\mu g_{\alpha\beta}^2}-\frac{b^2}{r^2}\right]^{-\frac{1}{2}}\mathrm{d}r\\=&\pi-2\int_{b}^{\infty}\frac{b}{r^2}\left(1-0-\frac{b^2}{r^2}\right)^{-\frac{1}{2}}\mathrm{d}r\\=&\pi-2\left[\arccos\left(\frac{b}{r}\right)\right]\Big|_{b}^{\infty}\\=&0\end{aligned}$$

对刚球势, 两粒子的偏转角 χ 仅取决于碰撞距离, 与相对速度无关, 即

$$\chi(g_{\alpha\beta},b)=\begin{cases}2\arccos\dfrac{b}{\sigma}, & b\leqslant\sigma\ (\text{碰撞})\\0, & b>\sigma\ (\text{未碰撞})\end{cases}\tag{2.95}$$

2.2 统计平均值

1. **统计平均值**

根据 Gibbs 假设, 系统宏观物理量的时间平均与系综的统计平均是等价的, 因此对于由 N 个粒子组成的气体, 系统的宏观物理量可以通过求系综的统计平均值的方法获取.

$f(t,\boldsymbol{r},\boldsymbol{v})\,\mathrm{d}\boldsymbol{r}\mathrm{d}\boldsymbol{v}$ 表示 t 时刻在 $\mathrm{d}\boldsymbol{r}$ 和 $\mathrm{d}\boldsymbol{v}$ 范围内找到粒子的个数, 所以在 t 时刻 $\boldsymbol{r}$ 附近的粒子数密度为

$$n(t,\boldsymbol{r})=\int f(t,\boldsymbol{r},\boldsymbol{v})\,\mathrm{d}\boldsymbol{v} \tag{2.96}$$

对任意量 $\phi(t,\boldsymbol{r},\boldsymbol{v})$, 在 $(t,\boldsymbol{r})$ 的平均值为

$$\langle\phi\rangle=\frac{1}{n}\int\phi f\mathrm{d}\boldsymbol{v} \tag{2.97}$$

显然, $\langle\phi\rangle$ 是 $(t,\boldsymbol{r})$ 的函数.

下面讨论单组分气体各种宏观量的统计平均值.

1) 密度

对于单组分气体, 单位体积内粒子数为 n, 每个粒子的质量为 m, 所以密度 ρ 为

$$\rho=mn=m\int f\mathrm{d}\boldsymbol{v} \tag{2.98}$$

2) 速度

每个粒子的速度为 $\boldsymbol{v}$, 则平均速度为

$$\boldsymbol{u}=\langle\boldsymbol{v}\rangle=\frac{1}{n}\int\boldsymbol{v}f\mathrm{d}\boldsymbol{v} \tag{2.99}$$

每个粒子的无规则运动速度为

$$\boldsymbol{c}=\boldsymbol{v}-\boldsymbol{u} \tag{2.100}$$

$$\langle\boldsymbol{c}\rangle=\langle\boldsymbol{v}\rangle-\boldsymbol{u}=\boldsymbol{u}-\boldsymbol{u}=0 \tag{2.101}$$

无规则运动的平均速度为零.

3) 温度

温度是表征系统无规则运动程度的量. 无规则运动的平均动能为 $\left\langle\frac{1}{2}mc^2\right\rangle=\frac{1}{2}m\left\langle c^2\right\rangle$, 平移运动有 3 个自由度, 根据能量均分定理, 有

$$\frac{1}{2}m\left\langle c^2\right\rangle=\frac{3}{2}kT \tag{2.102}$$

其中, k 是 Boltzmann 常量; T 是热力学温度.

4) 内能

体系的内能包括平移自由度与内部自由度 (指电子激发、振动和转动) 的贡献. 当只有平移自由度时, 1 个粒子的内能, 即动能为 $\frac{1}{2}m\left\langle c^2\right\rangle$. 在独立粒子近似下, 单位体积内能为

$$U = \frac{1}{2}nm\left\langle c^2\right\rangle = \frac{1}{2}\rho\left\langle c^2\right\rangle \tag{2.103}$$

单位质量内能为

$$E = \frac{1}{\rho}U = \frac{1}{2}\left\langle c^2\right\rangle \tag{2.104}$$

如果除了平移自由度外还有内部自由度, 则单位体积内能为

$$U = \frac{1}{2}nm\left\langle c^2\right\rangle + U_{\text{in}} \tag{2.105}$$

单位质量内能为

$$E = \frac{1}{2}\left\langle c^2\right\rangle + E_{\text{in}} \tag{2.106}$$

其中, U_{in} 和 E_{in} 分别表示单位体积内部自由度的内能和单位质量内部自由度的内能.

2. 多组分气体

对于由多种组分组成的混合气体, 设 α 粒子的速度分布函数为 f_α, 在 t 时刻 $\boldsymbol{r}$ 附近单位体积元 $\mathrm{d}\boldsymbol{r}$ 内, 速度为 $\boldsymbol{v}_\alpha \sim \boldsymbol{v}_\alpha + \mathrm{d}\boldsymbol{v}_\alpha$ 的 α 粒子数为 $f_\alpha(t, \boldsymbol{v}_\alpha, \boldsymbol{r})\,\mathrm{d}\boldsymbol{r}\mathrm{d}\boldsymbol{v}_\alpha$, α 粒子的数密度为

$$n_\alpha = \int f_\alpha \mathrm{d}\boldsymbol{v}_\alpha \tag{2.107}$$

多组分混合气体的总粒子数密度为

$$n = \sum_\alpha n_\alpha \tag{2.108}$$

α 粒子的任意量 ϕ_α 的平均值为

$$\langle\phi_\alpha\rangle = \frac{1}{n_\alpha}\int \phi_\alpha f_\alpha \mathrm{d}\boldsymbol{v}_\alpha \tag{2.109}$$

1) 密度

α 粒子的密度为

$$\rho_\alpha = m_\alpha n_\alpha \tag{2.110}$$

多组分混合气体的密度为

$$\rho = \sum_{\alpha} \rho_{\alpha} \tag{2.111}$$

2) 速度

α 粒子的平均速度为

$$\boldsymbol{u}_{\alpha} = \langle \boldsymbol{v}_{\alpha} \rangle \tag{2.112}$$

多组分混合气体的流体速度是根据动量平均得到的, 即

$$\boldsymbol{u} = \frac{1}{\rho} \sum_{\alpha} \rho_{\alpha} \boldsymbol{u}_{\alpha} \tag{2.113}$$

α 粒子的无规则运动速度为

$$\boldsymbol{c}_{\alpha} = \boldsymbol{v}_{\alpha} - \boldsymbol{u} \tag{2.114}$$

它既不等于流体速度也不等于 α 粒子的平均速度, 是随流参照系中 α 粒子的速度, 其平均值即为 α 粒子的扩散速度, 则有

$$\boldsymbol{V}_{\alpha} = \langle \boldsymbol{c}_{\alpha} \rangle = \langle \boldsymbol{v}_{\alpha} - \boldsymbol{u} \rangle = \langle \boldsymbol{v}_{\alpha} \rangle - \boldsymbol{u} = \boldsymbol{u}_{\alpha} - \boldsymbol{u} \tag{2.115}$$

对于多组分混合气体才有扩散速度的概念. 式 (2.115) 乘 ρ_{α} 并对其求和, 有

$$\sum_{\alpha} \rho_{\alpha} \boldsymbol{V}_{\alpha} = \sum_{\alpha} \rho_{\alpha} \boldsymbol{u}_{\alpha} - \boldsymbol{u} \sum_{\alpha} \rho_{\alpha} = 0 \tag{2.116}$$

3) 温度

温度的定义与单组分类似, 根据能量均分定理得

$$\frac{1}{n} \sum_{\alpha} n_{\alpha} \left(\frac{1}{2} m_{\alpha} \langle c_{\alpha}^2 \rangle \right) = \frac{3}{2} kT \tag{2.117}$$

式 (2.117) 左端为平均无规则运动动能.

定义克分子分数 x_{α} 为

$$x_{\alpha} = \frac{n_{\alpha}}{n} \tag{2.118}$$

$$\sum_{\alpha} x_{\alpha} = \frac{n}{n} = 1 \tag{2.119}$$

式 (2.117) 可写为

$$\sum_{\alpha} x_{\alpha} \left(\frac{1}{2} m_{\alpha} \langle c_{\alpha}^2 \rangle \right) = \frac{3}{2} kT \tag{2.120}$$

4) 内能

α 粒子的单位体积平移自由度内能为

$$\boldsymbol{U}_{\mathrm{tr}\alpha}=\frac{1}{2}n_\alpha m_\alpha\left\langle c_\alpha^2\right\rangle \tag{2.121}$$

独立粒子近似下, 多组分混合气体单位体积平移自由度的内能为

$$U_{\mathrm{tr}}=\sum_\alpha U_{\mathrm{tr}\alpha}=\sum_\alpha\frac{1}{2}n_\alpha m_\alpha\left\langle c_\alpha^2\right\rangle \tag{2.122}$$

多组分混合气体单位质量平移自由度的内能为

$$E_{\mathrm{tr}}=\frac{1}{\rho}U_{\mathrm{tr}}=\frac{1}{\rho}\sum_\alpha\frac{1}{2}n_\alpha m_\alpha\left\langle c_\alpha^2\right\rangle \tag{2.123}$$

若有内部自由度, 则用与单组分内能相同的办法, 再加上内部自由度的贡献.

3. 通量矢量

在非平衡条件下, 宏观物理量存在的梯度会引起气体中质量、动量和能量的输运, 宏观物理量可以是密度、流速和温度等.

考虑微元面积 $\mathrm{d}S$, 它以流速度 $\boldsymbol{u}$ 移动, $\mathrm{d}S$ 的外法线单位矢量为 $\boldsymbol{n}$, 如图 2.9 所示. 第 α 种粒子相对于 $\mathrm{d}S$ 以 $\boldsymbol{c}_\alpha$ 运动. 凡位于图中以 $\mathrm{d}S$ 为底, 以 $\boldsymbol{c}_\alpha\mathrm{d}t$ 为柱体母线的柱状体积 $\boldsymbol{n}\cdot\boldsymbol{c}_\alpha\mathrm{d}S\mathrm{d}t$ 中的 α 粒子, 均将在 $\mathrm{d}t$ 时间内通过 $\mathrm{d}S$.

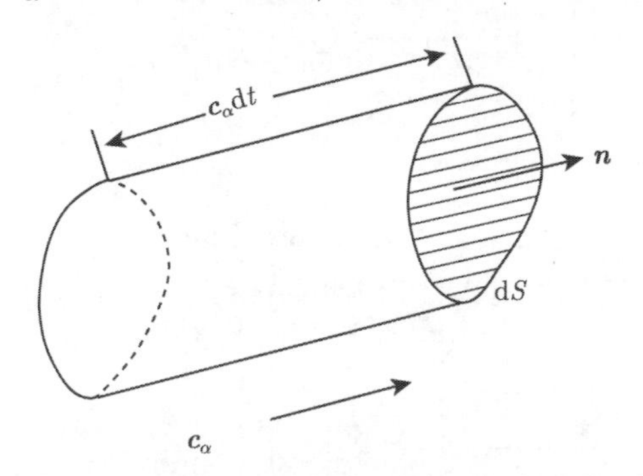

图 2.9 粒子通过微元面积

因为在 $\boldsymbol{c}_\alpha$ 附近的 $\mathrm{d}\boldsymbol{c}_\alpha$ 范围内单位体积中共有 $f_\alpha\mathrm{d}\boldsymbol{c}_\alpha$ 个粒子, 所以 $\mathrm{d}t$ 时间内通过 $\mathrm{d}S$ 的 α 粒子个数为 $f_\alpha\boldsymbol{n}\cdot\boldsymbol{c}_\alpha\mathrm{d}\boldsymbol{c}_\alpha\mathrm{d}S\mathrm{d}t$.

每个通过 $\mathrm{d}S$ 面的粒子携带有其质量、动量、能量和其他性质, 用 ϕ_α 表示任意量, 所以单位时间通过单位面积的 ϕ_α 为 $\phi_\alpha f_\alpha\boldsymbol{n}\cdot\boldsymbol{c}_\alpha\mathrm{d}\boldsymbol{c}_\alpha$, 对所有 $\boldsymbol{c}_\alpha$ 积分, 得出总通量为

$$\int\phi_\alpha f_\alpha\boldsymbol{n}\cdot\boldsymbol{c}_\alpha\mathrm{d}\boldsymbol{c}_\alpha=\boldsymbol{n}\cdot\int\phi_\alpha f_\alpha\boldsymbol{c}_\alpha\mathrm{d}\boldsymbol{c}_\alpha \tag{2.124}$$

对所有 $\boldsymbol{c}_\alpha$ 积分也可以变为对 $\boldsymbol{v}_\alpha$ 的积分, 因为它们之间只差一个常矢量. 因而式 (2.124) 可以写成

$$\int \phi_\alpha f_\alpha \boldsymbol{n} \cdot \boldsymbol{c}_\alpha \mathrm{d}\boldsymbol{c}_\alpha = \boldsymbol{n} \cdot \int \phi_\alpha f_\alpha \boldsymbol{c}_\alpha \mathrm{d}\boldsymbol{v}_\alpha \tag{2.125}$$

定义流矢量 $\boldsymbol{\psi}_\alpha$ 为

$$\boldsymbol{\psi}_\alpha = \int \phi_\alpha f_\alpha \boldsymbol{c}_\alpha \mathrm{d}\boldsymbol{v}_\alpha = n_\alpha \langle \phi_\alpha \boldsymbol{c}_\alpha \rangle \tag{2.126}$$

注意：$\boldsymbol{\psi}_\alpha$ 是在随流参照系下定义的.

下面给出与质量、动量和能量输运有关的流矢量.

1) 质量输运

令 $\phi_\alpha = m_\alpha$, 可得质量通量矢量 $\boldsymbol{J}_\alpha$ 为

$$\boldsymbol{\psi}_\alpha = \boldsymbol{J}_\alpha = n_\alpha m_\alpha \langle \boldsymbol{c}_\alpha \rangle = n_\alpha m_\alpha \boldsymbol{V}_\alpha \tag{2.127}$$

2) 动量输运

令 $\phi_\alpha = m_\alpha c_{\alpha i} (i = 1, 2, 3)$, 可得应力张量的分量

$$\boldsymbol{\psi}_\alpha = n_\alpha \langle m_\alpha c_{\alpha i} \boldsymbol{c}_\alpha \rangle = n_\alpha m_\alpha \langle c_{\alpha i} \boldsymbol{c}_\alpha \rangle \quad (i = 1, 2, 3) \tag{2.128}$$

应力张量共有 9 个分量, 构成一个二阶对称张量

$$\overrightarrow{\overrightarrow{\boldsymbol{p}_\alpha}} = n_\alpha m_\alpha \langle \boldsymbol{c}_\alpha \boldsymbol{c}_\alpha \rangle \tag{2.129}$$

写成矩阵形式为

$$\overrightarrow{\overrightarrow{\boldsymbol{p}_\alpha}} = n_\alpha m_\alpha \begin{pmatrix} \langle c_{\alpha 1}^2 \rangle & \langle c_{\alpha 1} c_{\alpha 2} \rangle & \langle c_{\alpha 1} c_{\alpha 3} \rangle \\ \langle c_{\alpha 2} c_{\alpha 1} \rangle & \langle c_{\alpha 2}^2 \rangle & \langle c_{\alpha 2} c_{\alpha 3} \rangle \\ \langle c_{\alpha 3} c_{\alpha 1} \rangle & \langle c_{\alpha 3} c_{\alpha 2} \rangle & \langle c_{\alpha 3}^2 \rangle \end{pmatrix} \tag{2.130}$$

其各向同性部分为

$$p_\alpha = \frac{1}{3}(p_{\alpha 11} + p_{\alpha 22} + p_{\alpha 33}) = \frac{1}{3} n_\alpha m_\alpha \langle c_\alpha^2 \rangle \tag{2.131}$$

对于理想气体, 粒子间无相互作用

$$\overrightarrow{\overrightarrow{p}} = \sum_\alpha \overrightarrow{\overrightarrow{\boldsymbol{p}_\alpha}}, \quad p = \sum_\alpha p_\alpha \tag{2.132}$$

即

$$p = \frac{1}{3} \sum_\alpha n_\alpha m_\alpha \langle c_\alpha^2 \rangle \tag{2.133}$$

又由式 (2.117) 知

$$\frac{3}{2}kT = \frac{1}{n}\sum_{\alpha} n_{\alpha}\left(\frac{1}{2}m_{\alpha}\left\langle c_{\alpha}^{2}\right\rangle\right) = \frac{1}{2}\frac{1}{n}\sum_{\alpha} n_{\alpha}m_{\alpha}\left\langle c_{\alpha}^{2}\right\rangle \tag{2.134}$$

将式 (2.133) 代入式 (2.134) 和式 (2.122), 得

$$p = nkT \tag{2.135}$$

$$U_{\mathrm{tr}} = \frac{3}{2}nkT \tag{2.136}$$

3) 能量输运

令 $\phi_{\alpha} = \frac{1}{2}m_{\alpha}c_{\alpha}^{2}$, 可得热通量矢量

$$\boldsymbol{\psi}_{\alpha} = \boldsymbol{q}_{\alpha} = n_{\alpha}\left\langle\frac{1}{2}m_{\alpha}c_{\alpha}^{2}\boldsymbol{c}_{\alpha}\right\rangle = \frac{1}{2}n_{\alpha}m_{\alpha}\left\langle c_{\alpha}^{2}\boldsymbol{c}_{\alpha}\right\rangle \tag{2.137}$$

总热通量矢量 $\boldsymbol{q}$ 为

$$\boldsymbol{q} = \sum_{\alpha}\boldsymbol{q}_{\alpha} \tag{2.138}$$

若考虑内部自由度, 则

$$\phi_{\alpha} = \frac{1}{2}m_{\alpha}c_{\alpha}^{2} + U_{\mathrm{in}\alpha}$$

可得热通量矢量

$$\boldsymbol{\psi}_{\alpha} = \boldsymbol{q}_{\alpha} = n_{\alpha}\left\langle\frac{1}{2}m_{\alpha}c_{\alpha}^{2}\boldsymbol{c}_{\alpha}\right\rangle + n_{\alpha}\left\langle U_{\mathrm{in}\alpha}\boldsymbol{c}_{\alpha}\right\rangle \tag{2.139}$$

其中, $U_{\mathrm{in}\alpha}$ 表示 1 个 α 粒子内部自由度的内能.

对于多组分气体, 总热通量矢量为

$$\boldsymbol{q} = \sum_{\alpha} n_{\alpha}\left\langle\frac{1}{2}m_{\alpha}c_{\alpha}^{2}\boldsymbol{c}_{\alpha}\right\rangle + n_{\alpha}\left\langle U_{\mathrm{in}\alpha}\boldsymbol{c}_{\alpha}\right\rangle \tag{2.140}$$

2.3 平 衡 分 布

1. Maxwell 分布函数

只考虑一种粒子, 若无外场作用, 即 $\boldsymbol{F}^{e} = 0$, 由 Boltzmann 方程 (2.85) 有

$$\frac{\partial f}{\partial t} + \boldsymbol{v}\cdot\frac{\partial f}{\partial \boldsymbol{r}} = \iiint (f'f_1' - ff_1)gb\mathrm{d}b\mathrm{d}\phi\mathrm{d}\boldsymbol{v}_1 = J(ff_1) \tag{2.141}$$

达到热动平衡时, $f(t,\boldsymbol{r},\boldsymbol{v}) = f_E(\boldsymbol{v})$ 与 $\boldsymbol{r},t$ 无关, 上式左边等于零, 故

$$f_E(\boldsymbol{v}')f_E(\boldsymbol{v}_1')=f_E(\boldsymbol{v})f_E(\boldsymbol{v}_1) \tag{2.142}$$

对上式两边取对数, 得

$$\ln f_E(\boldsymbol{v}')+\ln f_E(\boldsymbol{v}_1')=\ln f_E(\boldsymbol{v})+\ln f_E(\boldsymbol{v}_1) \tag{2.143}$$

其中, $\ln f_E$ 是碰撞前后守恒量, 由于碰撞前后质量、动量和能量守恒, 因此 $\ln f_E$ 是这些守恒量的线性组合, 即

$$\ln f_E=a_1+\boldsymbol{a}_2\cdot m\boldsymbol{v}+a_3\frac{1}{2}mv^2=a_4+a_5(\boldsymbol{v}-\boldsymbol{a}_6)^2 \tag{2.144}$$

于是

$$f_E=a_7\mathrm{e}^{-\frac{a_8}{2}(\boldsymbol{v}-\boldsymbol{a}_6)^2} \tag{2.145}$$

将上式代入式 (2.98), 得热动平衡粒子数密度为

$$\begin{aligned}
n=&\int f_E\mathrm{d}\boldsymbol{v}\\
=&a_7\int \mathrm{e}^{-\frac{a_8}{2}(\boldsymbol{v}-\boldsymbol{a}_6)^2}d(\boldsymbol{v}-\boldsymbol{a}_6)\\
=&a_7 4\pi\int \mathrm{e}^{-\frac{a_8}{2}v^2}v^2\mathrm{d}v\\
=&a_7 4\pi\frac{\sqrt{\pi}}{2}\frac{1}{2}\left(\frac{a_8}{2}\right)^{-\frac{3}{2}}\\
=&a_7\left(\frac{2\pi}{a_8}\right)^{\frac{3}{2}}
\end{aligned} \tag{2.146}$$

将式 (2.145) 代入式 (2.99), 得热动平衡粒子平均速度为

$$\begin{aligned}
\boldsymbol{u}=&\langle\boldsymbol{v}\rangle=\frac{1}{n}\int \boldsymbol{v}f_E\mathrm{d}\boldsymbol{v}\\
=&\frac{1}{a_7}\left(\frac{a_8}{2\pi}\right)^{\frac{3}{2}}a_7\int \mathrm{e}^{-\frac{a_8}{2}(\boldsymbol{v}-\boldsymbol{a}_6)^2}\boldsymbol{v}\mathrm{d}\boldsymbol{v}\\
=&\left(\frac{a_8}{2\pi}\right)^{\frac{3}{2}}\int \mathrm{e}^{-\frac{a_8}{2}(\boldsymbol{v}-\boldsymbol{a}_6)^2}(\boldsymbol{v}-\boldsymbol{a}_6)\mathrm{d}(\boldsymbol{v}-\boldsymbol{a}_6)\\
&+\left(\frac{a_8}{2\pi}\right)^{\frac{3}{2}}\boldsymbol{a}_6\int \mathrm{e}^{-\frac{a_8}{2}(\boldsymbol{v}-\boldsymbol{a}_6)^2}\mathrm{d}(\boldsymbol{v}-\boldsymbol{a}_6)\\
=&\left(\frac{a_8}{2\pi}\right)^{\frac{3}{2}}\boldsymbol{a}_6\int \mathrm{e}^{-\frac{a_8}{2}(\boldsymbol{v}-\boldsymbol{a}_6)^2}\mathrm{d}(\boldsymbol{v}-\boldsymbol{a}_6)\\
=&\left(\frac{a_8}{2\pi}\right)^{\frac{3}{2}}\boldsymbol{a}_6\left(\frac{2\pi}{a_8}\right)^{\frac{3}{2}}\\
=&\boldsymbol{a}_6
\end{aligned} \tag{2.147}$$

将式 (2.145) 代入式 (2.102), 得热动平衡温度为

$$\frac{3}{2}kT = \frac{1}{2}m\left\langle c^2\right\rangle = \frac{1}{2}m\frac{1}{n}\int f_E c^2 \mathrm{d}\boldsymbol{v}$$

$$\begin{aligned} kT =& \frac{m}{3n}\int f_E\left(\boldsymbol{v}-\boldsymbol{u}\right)^2 \mathrm{d}\boldsymbol{v} \\ =& \frac{m}{3n}a_7\int \mathrm{e}^{-\frac{a_8}{2}(\boldsymbol{v}-\boldsymbol{u})^2}\left(\boldsymbol{v}-\boldsymbol{u}\right)^2 \mathrm{d}\boldsymbol{v} \end{aligned}$$

令 $\boldsymbol{V}=(\boldsymbol{v}-\boldsymbol{u})$, 则

$$\begin{aligned} kT =& \frac{m}{3n}a_7\int \mathrm{e}^{-\frac{a_8}{2}V^2}V^2 \mathrm{d}\boldsymbol{V} \\ =& \frac{m}{3n}a_7 4\pi\int \mathrm{e}^{-\frac{a_8}{2}V^2}V^4 \mathrm{d}V \\ =& \frac{m}{3n}a_7 4\pi\frac{\sqrt{\pi}}{2}\frac{1}{2}\frac{3}{2}\left(\frac{a_8}{2}\right)^{-\frac{5}{2}} \\ =& \frac{m}{n}\frac{a_7}{a_8}\left(\frac{2\pi}{a_8}\right)^{\frac{3}{2}} \end{aligned} \tag{2.148}$$

由式 (2.146) 和式 (2.148) 消去 n, 得

$$\frac{m}{a_8} = kT$$

$$a_8 = \frac{m}{kT} \tag{2.149}$$

将式 (2.149) 代入式 (2.146) 可得

$$a_7 = n\left(\frac{m}{2\pi kT}\right)^{\frac{3}{2}} \tag{2.150}$$

代入式 (2.145) 可得热动平衡分布函数

$$f_E\left(\boldsymbol{v}\right) = n\left(\frac{m}{2\pi kT}\right)^{\frac{3}{2}}\mathrm{e}^{-\frac{m}{2kT}(\boldsymbol{v}-\boldsymbol{u})^2} \tag{2.151}$$

2. 零级近似下的平均值

取平衡分布函数为零级近似分布函数

$$f_\alpha^{(0)}\left(t,\boldsymbol{r},\boldsymbol{v}_\alpha\right) = n_\alpha\left(\frac{m_\alpha}{2\pi kT}\right)^{\frac{3}{2}}\exp\left[-\frac{m_\alpha\left(\boldsymbol{v}_\alpha-\boldsymbol{u}\right)^2}{2kT}\right] \tag{2.152}$$

任意量 ϕ_α 的零级近似平均值为

$$\left\langle\phi_\alpha\right\rangle = \frac{1}{n_\alpha}\int \phi_\alpha f_\alpha^{(0)}\left(t,\boldsymbol{r},\boldsymbol{v}_\alpha\right)\mathrm{d}\boldsymbol{v}_\alpha \tag{2.153}$$

其中, $n(t,\boldsymbol{r})$、$T(t,\boldsymbol{r})$ 和 $\boldsymbol{u}(t,\boldsymbol{r})$ 等量都仅是时间 t 和位置 $\boldsymbol{r}$ 的函数.

在零级近似和独立粒子近似下有

$$\boldsymbol{q}=0 \tag{2.154}$$

$$\overset{\rightarrow\rightarrow}{\boldsymbol{p}}=\begin{pmatrix} p & 0 & 0 \\ 0 & p & 0 \\ 0 & 0 & p \end{pmatrix},\quad p=nkT \tag{2.155}$$

式 (2.154) 表示系统无热传导, 式 (2.155) 表示无黏性, 应力张量 $\overset{\rightarrow\rightarrow}{\boldsymbol{p}}$ 简化为标量压力 p.

2.4 矩 方 程

1. 矩方程

一般地, Boltzmann 方程两边乘以速度的 n 次幂, 并在速度空间中积分, 可得到宏观量的关系式, 被称为 n 次矩方程.

将 $\boldsymbol{v}_\alpha$ 的任意函数 $\phi_\alpha\equiv\phi(t,\boldsymbol{r},\boldsymbol{v}_\alpha)$ 乘以 Boltzmann 方程 (2.84), 并对 $\boldsymbol{v}_\alpha$ 积分有

$$\begin{aligned}&\int\phi_\alpha\left(\frac{\partial f_\alpha}{\partial t}+\boldsymbol{v}_\alpha\cdot\frac{\partial f_\alpha}{\partial \boldsymbol{r}}+\boldsymbol{a}_\alpha\cdot\frac{\partial f_\alpha}{\partial \boldsymbol{v}_\alpha}\right)\mathrm{d}\boldsymbol{v}_\alpha\\=&\sum_\beta\iiiint\phi_\alpha\left(f'_\alpha f'_\beta-f_\alpha f_\beta\right)g_{\alpha\beta}b\mathrm{d}b\mathrm{d}\phi\mathrm{d}\boldsymbol{v}_\alpha\mathrm{d}\boldsymbol{v}_\beta\end{aligned} \tag{2.156}$$

左边第一项

$$\int\phi_\alpha\frac{\partial f_\alpha}{\partial t}\mathrm{d}\boldsymbol{v}_\alpha=\frac{\partial}{\partial t}\int\phi_\alpha f_\alpha\mathrm{d}\boldsymbol{v}_\alpha-\int f_\alpha\frac{\partial\phi_\alpha}{\partial t}\mathrm{d}\boldsymbol{v}_\alpha=\frac{\partial n_\alpha\langle\phi_\alpha\rangle}{\partial t}-n_\alpha\left\langle\frac{\partial\phi_\alpha}{\partial t}\right\rangle$$

左边第二项

$$\int\phi_\alpha\boldsymbol{v}_\alpha\cdot\frac{\partial f_\alpha}{\partial\boldsymbol{r}}\mathrm{d}\boldsymbol{v}_\alpha=\frac{\partial}{\partial\boldsymbol{r}}\cdot\int\phi_\alpha\boldsymbol{v}_\alpha f_\alpha\mathrm{d}\boldsymbol{v}_\alpha-\int\boldsymbol{v}_\alpha f_\alpha\cdot\frac{\partial\phi_\alpha}{\partial\boldsymbol{r}}\mathrm{d}\boldsymbol{v}_\alpha-\int\phi_\alpha f_\alpha\frac{\partial}{\partial\boldsymbol{r}}\cdot\boldsymbol{v}_\alpha\mathrm{d}\boldsymbol{v}_\alpha$$

$\boldsymbol{r}$ 与 $\boldsymbol{v}_\alpha$ 为独立变量, $\dfrac{\partial}{\partial\boldsymbol{r}}\cdot\boldsymbol{v}_\alpha=0$, 故有

$$\int\phi_\alpha\boldsymbol{v}_\alpha\cdot\frac{\partial f_\alpha}{\partial\boldsymbol{r}}\mathrm{d}\boldsymbol{v}_\alpha=\frac{\partial}{\partial\boldsymbol{r}}\cdot n_\alpha\langle\phi_\alpha\boldsymbol{v}_\alpha\rangle-n_\alpha\left\langle\boldsymbol{v}_\alpha\cdot\frac{\partial\phi_\alpha}{\partial\boldsymbol{r}}\right\rangle$$

左边第三项

$$\int\phi_\alpha\boldsymbol{a}_\alpha\cdot\frac{\partial f_\alpha}{\partial\boldsymbol{v}_\alpha}\mathrm{d}\boldsymbol{v}_\alpha=\int\frac{\partial}{\partial\boldsymbol{v}_\alpha}\cdot(\phi_\alpha\boldsymbol{a}_\alpha f_\alpha)\,\mathrm{d}\boldsymbol{v}_\alpha-\int\boldsymbol{a}_\alpha f_\alpha\cdot\frac{\partial\phi_\alpha}{\partial\boldsymbol{v}_\alpha}\mathrm{d}\boldsymbol{v}_\alpha-\int\phi_\alpha f_\alpha\frac{\partial}{\partial\boldsymbol{v}_\alpha}\cdot\boldsymbol{a}_\alpha\mathrm{d}\boldsymbol{v}_\alpha \tag{2.157}$$

应用高斯定律, 式 (2.157) 右边第一项为

$$\int\frac{\partial}{\partial\boldsymbol{v}_\alpha}\cdot(\phi_\alpha\boldsymbol{a}_\alpha f_\alpha)\,\mathrm{d}\boldsymbol{v}_\alpha=\oiint\phi_\alpha\boldsymbol{a}_\alpha f_\alpha\cdot\boldsymbol{n}\mathrm{d}S=0$$

$\boldsymbol{v}_\alpha$ 与外力 $\boldsymbol{F}_\alpha$ 无关, $\dfrac{\partial}{\partial\boldsymbol{v}_\alpha}\cdot\boldsymbol{a}_\alpha=0$, 式 (2.157) 右边第三项为零, 故式 (2.156) 左边第三项为

$$\int\phi_\alpha\boldsymbol{a}_\alpha\cdot\frac{\partial f_\alpha}{\partial\boldsymbol{v}_\alpha}\mathrm{d}\boldsymbol{v}_\alpha=\int\boldsymbol{a}_\alpha f_\alpha\cdot\frac{\partial\phi_\alpha}{\partial\boldsymbol{v}_\alpha}\mathrm{d}\boldsymbol{v}_\alpha=-n_\alpha\left\langle\boldsymbol{a}_\alpha\cdot\frac{\partial\phi_\alpha}{\partial\boldsymbol{v}_\alpha}\right\rangle$$

于是, 式 (2.156) 左边为

$$\begin{aligned}&\int\phi_\alpha\left(\frac{\partial f_\alpha}{\partial t}+\boldsymbol{v}_\alpha\cdot\frac{\partial f_\alpha}{\partial\boldsymbol{r}}+\boldsymbol{a}_\alpha\cdot\frac{\partial f_\alpha}{\partial\boldsymbol{v}_\alpha}\right)\mathrm{d}\boldsymbol{v}_\alpha\\ =&\frac{\partial n_\alpha\langle\phi_\alpha\rangle}{\partial t}-n_\alpha\left\langle\frac{\partial\phi_\alpha}{\partial t}\right\rangle+\frac{\partial}{\partial\boldsymbol{r}}\cdot n_\alpha\langle\phi_\alpha\boldsymbol{v}_\alpha\rangle\\ &-n_\alpha\left\langle\boldsymbol{v}_\alpha\cdot\frac{\partial\phi_\alpha}{\partial\boldsymbol{r}}\right\rangle-n_\alpha\left\langle\boldsymbol{a}_\alpha\cdot\frac{\partial\phi_\alpha}{\partial\boldsymbol{v}_\alpha}\right\rangle\end{aligned} \tag{2.158}$$

再看式 (2.156) 右边. 令

$$I=\iiiint\phi_\alpha\left(f'_\alpha f'_\beta-f_\alpha f_\beta\right)g_{\alpha\beta}b\mathrm{d}b\mathrm{d}\phi\mathrm{d}\boldsymbol{v}_\alpha\mathrm{d}\boldsymbol{v}_\beta \tag{2.159}$$

将 $\boldsymbol{v}_\alpha,\boldsymbol{v}_\beta$ 与 $\boldsymbol{v}'_\alpha,\boldsymbol{v}'_\beta$ 进行变量置换, 得

$$I=\iiiint\phi'_\alpha\left(f_\alpha f_\beta-f'_\alpha f'_\beta\right)g_{\alpha\beta}b\mathrm{d}b\mathrm{d}\phi\mathrm{d}\boldsymbol{v}'_\alpha\mathrm{d}\boldsymbol{v}'_\beta \tag{2.160}$$

利用式 (2.76), 得

$$I=\iiiint\phi'_\alpha\left(f_\alpha f_\beta-f'_\alpha f'_\beta\right)g_{\alpha\beta}b\mathrm{d}b\mathrm{d}\phi\mathrm{d}\boldsymbol{v}_\alpha\mathrm{d}\boldsymbol{v}_\beta \tag{2.161}$$

由式 (2.159)+ 式 (2.161) 除以 2, 得

$$I=\frac{1}{2}\iiiint\left(\phi_\alpha-\phi'_\alpha\right)\left(f'_\alpha f'_\beta-f_\alpha f_\beta\right)g_{\alpha\beta}b\mathrm{d}b\mathrm{d}\phi\mathrm{d}\boldsymbol{v}_\alpha\mathrm{d}\boldsymbol{v}_\beta \tag{2.162}$$

又交换 α 与 β, 显然上式不变, 即

$$I=\frac{1}{2}\iiiint\left(\phi_\beta-\phi'_\beta\right)\left(f'_\alpha f'_\beta-f_\alpha f_\beta\right)g_{\alpha\beta}b\mathrm{d}b\mathrm{d}\phi\mathrm{d}\boldsymbol{v}_\alpha\mathrm{d}\boldsymbol{v}_\beta \tag{2.163}$$

由式 (2.162)+ 式 (2.163) 除以 2, 可得

$$I=\frac{1}{4}\iiiint\left(\phi_\alpha+\phi_\beta-\phi'_\alpha-\phi'_\beta\right)\left(f'_\alpha f'_\beta-f_\alpha f_\beta\right)g_{\alpha\beta}b\mathrm{d}b\mathrm{d}\phi\mathrm{d}\boldsymbol{v}_\alpha\mathrm{d}\boldsymbol{v}_\beta \tag{2.164}$$

最后, 式 (2.156) 可化为

$$\begin{aligned}&\frac{\partial n_\alpha\langle\phi_\alpha\rangle}{\partial t}+\frac{\partial}{\partial \boldsymbol{r}}\cdot n_\alpha\langle\phi_\alpha\boldsymbol{v}_\alpha\rangle-n_\alpha\left[\left\langle\frac{\partial\phi_\alpha}{\partial t}\right\rangle+\left\langle\boldsymbol{v}_\alpha\cdot\frac{\partial\phi}{\partial\boldsymbol{r}}\right\rangle+\boldsymbol{a}_\alpha\cdot\left\langle\frac{\partial\phi_\alpha}{\partial\boldsymbol{v}\ _\alpha}\right\rangle\right]\\&=\sum_\beta\frac{1}{4}\iiiint\left(\phi_\alpha+\phi_\beta-\phi'_\alpha-\phi'_\beta\right)\left(f'_\alpha f'_\beta-f_\alpha f_\beta\right)g_{\alpha\beta}b\mathrm{d}b\mathrm{d}\phi\mathrm{d}\boldsymbol{v}_\alpha\mathrm{d}\boldsymbol{v}_\beta\end{aligned} \tag{2.165}$$

在随流参照系中, 碰撞前后质量、动量和能量守恒, 若令 $\phi_\alpha=m_\alpha$、$m_\alpha\boldsymbol{c}_\alpha$ 或 $\frac{1}{2}m_\alpha c_\alpha^2$, 分别对应速度的零次、一次和二次幂函数, 满足

$$\phi_\alpha+\phi_\beta=\phi'_\alpha+\phi'_\beta$$

此时, 式 (2.165) 右边为零, 得到相应的零次、一次和二次矩方程, 可统一写成

$$\frac{\partial n_\alpha\langle\phi_\alpha\rangle}{\partial t}+\frac{\partial}{\partial \boldsymbol{r}}\cdot n_\alpha\langle\phi_\alpha\boldsymbol{v}_\alpha\rangle-n_\alpha\left[\left\langle\frac{\partial\phi_\alpha}{\partial t}\right\rangle+\left\langle\boldsymbol{v}_\alpha\cdot\frac{\partial\phi_\alpha}{\partial\boldsymbol{r}}\right\rangle+\boldsymbol{a}_\alpha\cdot\left\langle\frac{\partial\phi_\alpha}{\partial\boldsymbol{v}_\alpha}\right\rangle\right]=0 \tag{2.166}$$

2. **零次矩**

取 $\phi_\alpha=m_\alpha$, 代入式 (2.166), 得零次矩方程

$$\begin{aligned}&\frac{\partial}{\partial t}n_\alpha m_\alpha+\frac{\partial}{\partial\boldsymbol{r}}\cdot n_\alpha m_\alpha\langle\boldsymbol{v}_\alpha\rangle\\=&\frac{\partial}{\partial t}n_\alpha m_\alpha+\frac{\partial}{\partial\boldsymbol{r}}\cdot n_\alpha m_\alpha\langle\boldsymbol{c}_\alpha+\boldsymbol{u}\rangle\\=&\frac{\partial}{\partial t}n_\alpha m_\alpha+\frac{\partial}{\partial\boldsymbol{r}}\cdot n_\alpha m_\alpha\langle\boldsymbol{c}_\alpha\rangle+\frac{\partial}{\partial\boldsymbol{r}}\cdot n_\alpha m_\alpha\langle\boldsymbol{u}\rangle=0\end{aligned} \tag{2.167}$$

对 α 求和, 利用式 (2.116), 得

$$\frac{\partial}{\partial t}\left(\sum_\alpha n_\alpha m_\alpha\right)+\frac{\partial}{\partial\boldsymbol{r}}\cdot\left(\sum_\alpha n_\alpha m_\alpha\boldsymbol{u}\right)=0 \tag{2.168}$$

根据式 (2.110) 和式 (2.111), 可得

$$\frac{\partial\rho}{\partial t}+\frac{\partial}{\partial\boldsymbol{r}}\cdot\rho\boldsymbol{u}=0 \tag{2.169}$$

即

$$\frac{\partial\rho}{\partial t}+\boldsymbol{u}\cdot\frac{\partial\rho}{\partial\boldsymbol{r}}+\rho\frac{\partial}{\partial\boldsymbol{r}}\cdot\boldsymbol{u}=0 \tag{2.170}$$

上式即为连续方程.

3. **一次矩**

取 $\phi_\alpha = m_\alpha \boldsymbol{c}_\alpha$, 代入式 (2.166), 得一次矩方程

$$\begin{aligned}&\frac{\partial}{\partial t} n_\alpha m_\alpha \langle \boldsymbol{c}_\alpha \rangle + \frac{\partial}{\partial \boldsymbol{r}} \cdot n_\alpha m_\alpha \langle \boldsymbol{c}_\alpha \boldsymbol{v}_\alpha \rangle - n_\alpha m_\alpha \left\langle \frac{\partial \boldsymbol{c}_\alpha}{\partial t} \right\rangle \\ &- n_\alpha m_\alpha \left\langle \boldsymbol{v}_\alpha \cdot \frac{\partial}{\partial \boldsymbol{r}} \boldsymbol{c}_\alpha \right\rangle - n_\alpha m_\alpha \boldsymbol{a}_\alpha \cdot \left\langle \frac{\partial}{\partial \boldsymbol{v}_\alpha} \boldsymbol{c}_\alpha \right\rangle = 0\end{aligned} \tag{2.171}$$

由于

$$\langle \boldsymbol{c}_\alpha \boldsymbol{v}_\alpha \rangle = \langle \boldsymbol{c}_\alpha \boldsymbol{c}_\alpha \rangle + \langle \boldsymbol{c}_\alpha \rangle \boldsymbol{u}$$

$$\left\langle \frac{\partial \boldsymbol{c}_\alpha}{\partial t} \right\rangle = \left\langle \frac{\partial \boldsymbol{v}_\alpha}{\partial t} - \frac{\partial \boldsymbol{u}}{\partial t} \right\rangle = \left\langle -\frac{\partial \boldsymbol{u}}{\partial t} \right\rangle = -\frac{\partial \boldsymbol{u}}{\partial t}$$

$$\left\langle \boldsymbol{v}_\alpha \cdot \frac{\partial}{\partial \boldsymbol{r}} \boldsymbol{c}_\alpha \right\rangle = \left\langle \boldsymbol{v}_\alpha \cdot \frac{\partial}{\partial \boldsymbol{r}} \boldsymbol{v}_\alpha \right\rangle - \langle \boldsymbol{v}_\alpha \rangle \cdot \frac{\partial}{\partial \boldsymbol{r}} \boldsymbol{u} = -\langle \boldsymbol{v}_\alpha \rangle \cdot \frac{\partial}{\partial \boldsymbol{r}} \boldsymbol{u}$$

$$\left\langle \frac{\partial}{\partial \boldsymbol{v}_\alpha} \boldsymbol{c}_\alpha \right\rangle = \left\langle \frac{\partial}{\partial \boldsymbol{v}_\alpha} \boldsymbol{v}_\alpha \right\rangle - \left\langle \frac{\partial}{\partial \boldsymbol{v}_\alpha} \boldsymbol{u} \right\rangle = \begin{pmatrix} 1 & 0 & 0 \\ 0 & 1 & 0 \\ 0 & 0 & 1 \end{pmatrix}$$

其中, $\boldsymbol{u}$ 仅是 $t, \boldsymbol{r}$ 的函数, 所以式 (2.171) 可化为

$$\begin{aligned}&\frac{\partial}{\partial t} n_\alpha m_\alpha \langle \boldsymbol{c}_\alpha \rangle + \frac{\partial}{\partial \boldsymbol{r}} n_\alpha m_\alpha \langle \boldsymbol{c}_\alpha \boldsymbol{c}_\alpha \rangle + \frac{\partial}{\partial \boldsymbol{r}} n_\alpha m_\alpha \langle \boldsymbol{c}_\alpha \rangle \boldsymbol{u} \\ &+ n_\alpha m_\alpha \frac{\partial \boldsymbol{u}}{\partial t} + n_\alpha m_\alpha \langle \boldsymbol{v}_\alpha \rangle \cdot \frac{\partial}{\partial \boldsymbol{r}} \boldsymbol{u} - n_\alpha m_\alpha \boldsymbol{a}_\alpha = 0\end{aligned} \tag{2.172}$$

$$\begin{aligned}&\frac{\partial}{\partial t} n_\alpha m_\alpha \langle \boldsymbol{c}_\alpha \rangle + \frac{\partial}{\partial \boldsymbol{r}} n_\alpha m_\alpha \langle \boldsymbol{c}_\alpha \boldsymbol{c}_\alpha \rangle + \frac{\partial}{\partial \boldsymbol{r}} n_\alpha m_\alpha \langle \boldsymbol{c}_\alpha \rangle \boldsymbol{u} \\ &+ n_\alpha m_\alpha \frac{\partial \boldsymbol{u}}{\partial t} + n_\alpha m_\alpha \langle \boldsymbol{c}_\alpha \rangle \cdot \frac{\partial}{\partial \boldsymbol{r}} \boldsymbol{u} + n_\alpha m_\alpha \boldsymbol{u} \cdot \frac{\partial}{\partial \boldsymbol{r}} \boldsymbol{u} - n_\alpha m_\alpha \boldsymbol{a}_\alpha = 0\end{aligned} \tag{2.173}$$

对 α 求和, 由式 (2.110)、式 (2.116)、式 (2.129) 和式 (2.132), 得

$$\frac{\partial}{\partial \boldsymbol{r}} \cdot \overleftrightarrow{\boldsymbol{p}} + \rho \frac{\partial \boldsymbol{u}}{\partial t} + \rho \boldsymbol{u} \cdot \frac{\partial}{\partial \boldsymbol{r}} \boldsymbol{u} = \sum_\alpha n_\alpha m_\alpha \boldsymbol{a}_\alpha = \sum_\alpha n_\alpha \boldsymbol{F}_\alpha^e = \boldsymbol{X} \tag{2.174}$$

即

$$\frac{\partial \boldsymbol{u}}{\partial t} + \boldsymbol{u} \cdot \frac{\partial}{\partial \boldsymbol{r}} \boldsymbol{u} + \frac{1}{\rho} \frac{\partial}{\partial \boldsymbol{r}} \cdot \overleftrightarrow{\boldsymbol{p}} = \frac{1}{\rho} \boldsymbol{X} \tag{2.175}$$

上式即为动量守恒方程.

4. 二次矩

取 $\phi_\alpha = \frac{1}{2}m_\alpha c_\alpha^2$, 代入式 (2.166), 可得二次矩方程

$$\frac{\partial}{\partial t}\frac{1}{2}n_\alpha m_\alpha \left\langle c_\alpha^2 \right\rangle + \frac{\partial}{\partial \boldsymbol{r}} \cdot \frac{1}{2}n_\alpha m_\alpha \left\langle c_\alpha^2 \boldsymbol{v}_\alpha \right\rangle - \frac{1}{2}n_\alpha m_\alpha \left\langle \frac{\partial c_\alpha^2}{\partial t} \right\rangle - \frac{1}{2}n_\alpha m_\alpha \left\langle \boldsymbol{v}_\alpha \cdot \frac{\partial c_\alpha^2}{\partial \boldsymbol{r}} \right\rangle - \frac{1}{2}n_\alpha m_\alpha \boldsymbol{a}_\alpha \cdot \left\langle \frac{\partial c_\alpha^2}{\partial \boldsymbol{v}_\alpha} \right\rangle = 0 \tag{2.176}$$

由于

$$c_\alpha^2 = (\boldsymbol{v}_\alpha - \boldsymbol{u})^2 = v_\alpha^2 - 2\boldsymbol{v}_\alpha \cdot \boldsymbol{u} + u^2$$

$$\frac{\partial c_\alpha^2}{\partial t} = -2\boldsymbol{v}_\alpha \cdot \frac{\partial \boldsymbol{u}}{\partial t} + 2\boldsymbol{u} \cdot \frac{\partial \boldsymbol{u}}{\partial t} = -2\boldsymbol{c}_\alpha \cdot \frac{\partial \boldsymbol{u}}{\partial t}$$

$$\frac{\partial c_\alpha^2}{\partial \boldsymbol{r}} = -2\boldsymbol{v}_\alpha \cdot \frac{\partial}{\partial \boldsymbol{r}}\boldsymbol{u} + 2\boldsymbol{u} \cdot \frac{\partial}{\partial \boldsymbol{r}}\boldsymbol{u} = -2\boldsymbol{c}_\alpha \cdot \frac{\partial}{\partial \boldsymbol{r}}\boldsymbol{u}$$

$$\frac{\partial c_\alpha^2}{\partial \boldsymbol{v}_\alpha} = 2\boldsymbol{v}_\alpha \cdot \frac{\partial}{\partial \boldsymbol{v}_\alpha}\boldsymbol{v}_\alpha - 2\boldsymbol{u} \cdot \frac{\partial}{\partial \boldsymbol{v}_\alpha}\boldsymbol{v}_\alpha = 2\boldsymbol{v}_\alpha - 2\boldsymbol{u} = 2\boldsymbol{c}_\alpha$$

所以式 (2.176) 可化为

$$\frac{\partial}{\partial t}\frac{1}{2}n_\alpha m_\alpha \left\langle c_\alpha^2 \right\rangle + \frac{\partial}{\partial \boldsymbol{r}} \cdot \frac{1}{2}n_\alpha m_\alpha \left\langle c_\alpha^2 \boldsymbol{v}_\alpha \right\rangle + n_\alpha m_\alpha \left\langle \boldsymbol{c}_\alpha \right\rangle \cdot \frac{\partial \boldsymbol{u}}{\partial t} + n_\alpha m_\alpha \left\langle \boldsymbol{v}_\alpha \boldsymbol{c}_\alpha \right\rangle : \frac{\partial}{\partial \boldsymbol{r}}\boldsymbol{u} - n_\alpha m_\alpha \boldsymbol{a}_\alpha \cdot \left\langle \boldsymbol{c}_\alpha \right\rangle = 0 \tag{2.177}$$

$$\frac{\partial}{\partial t}\frac{1}{2}n_\alpha m_\alpha \left\langle c_\alpha^2 \right\rangle + \frac{\partial}{\partial \boldsymbol{r}} \cdot \frac{1}{2}n_\alpha m_\alpha \left\langle c_\alpha^2 \boldsymbol{c}_\alpha \right\rangle + \frac{\partial}{\partial \boldsymbol{r}} \cdot \frac{1}{2}n_\alpha m_\alpha \left\langle c_\alpha^2 \right\rangle \boldsymbol{u} + n_\alpha m_\alpha \left\langle \boldsymbol{c}_\alpha \right\rangle \cdot \frac{\partial \boldsymbol{u}}{\partial t} + n_\alpha m_\alpha \left\langle \boldsymbol{c}_\alpha \boldsymbol{c}_\alpha \right\rangle : \frac{\partial}{\partial \boldsymbol{r}}\boldsymbol{u} + n_\alpha m_\alpha \boldsymbol{u} \left\langle \boldsymbol{c}_\alpha \right\rangle : \frac{\partial}{\partial \boldsymbol{r}}\boldsymbol{u} - n_\alpha m_\alpha \boldsymbol{a}_\alpha \cdot \left\langle \boldsymbol{c}_\alpha \right\rangle = 0 \tag{2.178}$$

将上式对 α 求和, 并利用式 (2.116)、式 (2.122)、式 (2.129)、式 (2.132) 和式 (2.138), 得

$$\frac{\partial}{\partial t}U_{\text{tr}} + \frac{\partial}{\partial \boldsymbol{r}} \cdot \boldsymbol{q} + \frac{\partial}{\partial \boldsymbol{r}} \cdot U_{\text{tr}}\boldsymbol{u} + \overset{\rightarrow\rightarrow}{\boldsymbol{p}} : \frac{\partial}{\partial \boldsymbol{r}}\boldsymbol{u} - \sum_\alpha n_\alpha \boldsymbol{F}_\alpha^e \boldsymbol{V}_\alpha = 0 \tag{2.179}$$

将 $U_{\text{tr}} = \rho E_{\text{tr}}$ 代入上式, 得

$$E_{\text{tr}}\left(\frac{\partial \rho}{\partial t} + \boldsymbol{u} \cdot \frac{\partial}{\partial \boldsymbol{r}}\rho + \rho\frac{\partial}{\partial \boldsymbol{r}} \cdot \boldsymbol{u}\right) + \rho\frac{\partial E_{\text{tr}}}{\partial t} + \frac{\partial}{\partial \boldsymbol{r}} \cdot \boldsymbol{q} + \rho\boldsymbol{u} \cdot \frac{\partial}{\partial \boldsymbol{r}}E_{\text{tr}} + \overset{\rightarrow\rightarrow}{\boldsymbol{p}} : \frac{\partial}{\partial \boldsymbol{r}}\boldsymbol{u} = \sum_\alpha n_\alpha \boldsymbol{F}_\alpha^e \cdot \boldsymbol{V}_\alpha \tag{2.180}$$

利用连续方程 (2.170), 上式可以化为

$$\frac{\partial E_{\text{tr}}}{\partial t} + \boldsymbol{u} \cdot \frac{\partial}{\partial \boldsymbol{r}}E_{\text{tr}} + \frac{1}{\rho}\overset{\rightarrow\rightarrow}{\boldsymbol{p}} : \frac{\partial}{\partial \boldsymbol{r}}\boldsymbol{u} + \frac{1}{\rho}\frac{\partial}{\partial \boldsymbol{r}}\boldsymbol{q} = \frac{1}{\rho}\sum_\alpha \boldsymbol{X}_\alpha \cdot \boldsymbol{V}_\alpha \tag{2.181}$$

上式即为能量方程.

若考虑内部自由度, 取 $\phi_\alpha = \frac{1}{2}m_\alpha c_\alpha^2 + U_{\mathrm{in}\alpha}$, 代入式 (2.166), 则只要在式 (2.179) 中加上

$$\begin{aligned}&\frac{\partial}{\partial t}n_\alpha\langle U_{\mathrm{in}\alpha}\rangle + \frac{\partial}{\partial \boldsymbol{r}}\cdot n_\alpha\langle U_{\mathrm{in}\alpha}\boldsymbol{v}_\alpha\rangle - n_\alpha\left\langle\frac{\partial U_{\mathrm{in}\alpha}}{\partial t}\right\rangle\\&-n_\alpha\left\langle\boldsymbol{v}_\alpha\cdot\frac{\partial U_{\mathrm{in}\alpha}}{\partial t}\right\rangle - n_\alpha\boldsymbol{a}_\alpha\cdot\left\langle\frac{\partial U_{\mathrm{in}\alpha}}{\partial t}\right\rangle = 0\end{aligned} \tag{2.182}$$

因为 $U_{\mathrm{in}\alpha}$ 只与 α 粒子本身性质有关, 即与 c_α^2 有关, 与 $t, \boldsymbol{r}, \boldsymbol{v}$ 无关, 所以上式左边后三项为 0, 则上式可化为

$$\frac{\partial}{\partial t}n_\alpha\langle U_{\mathrm{in}\alpha}\rangle + \frac{\partial}{\partial \boldsymbol{r}}\cdot n_\alpha\langle U_{\mathrm{in}\alpha}\boldsymbol{v}_\alpha\rangle = 0 \tag{2.183}$$

即

$$\frac{\partial}{\partial t}n_\alpha\langle U_{\mathrm{in}\alpha}\rangle + \frac{\partial}{\partial \boldsymbol{r}}\cdot n_\alpha\langle U_{\mathrm{in}\alpha}\boldsymbol{c}_\alpha\rangle + \frac{\partial}{\partial \boldsymbol{r}}\cdot n_\alpha\langle U_{\mathrm{in}\alpha}\rangle\boldsymbol{u} = 0 \tag{2.184}$$

将上式与式 (2.178) 相加得

$$\begin{aligned}&\frac{\partial}{\partial t}n_\alpha\left\langle\frac{1}{2}m_\alpha c_\alpha^2 + U_{\mathrm{in}\alpha}\right\rangle + \frac{\partial}{\partial \boldsymbol{r}}\cdot n_\alpha\left\langle\left(\frac{1}{2}m_\alpha c_\alpha^2 + U_{\mathrm{in}\alpha}\right)\boldsymbol{c}_\alpha\right\rangle\\&+\frac{\partial}{\partial \boldsymbol{r}}\cdot n_\alpha\left\langle\frac{1}{2}m_\alpha c_\alpha^2 + U_{\mathrm{in}\alpha}\right\rangle\boldsymbol{u} + n_\alpha m_\alpha\langle\boldsymbol{c}_\alpha\rangle\cdot\frac{\partial u}{\partial t} + n_\alpha m_\alpha\langle\boldsymbol{c}_\alpha\boldsymbol{c}_\alpha\rangle : \frac{\partial}{\partial \boldsymbol{r}}\boldsymbol{u}\\&+n_\alpha m_\alpha\cdot\boldsymbol{u}\cdot\langle\boldsymbol{c}_\alpha\rangle : \frac{\partial}{\partial \boldsymbol{r}}\boldsymbol{u} - n_\alpha\boldsymbol{F}_\alpha^e\cdot\langle\boldsymbol{c}_\alpha\rangle = 0\end{aligned} \tag{2.185}$$

将上式对 α 求和, 并利用式 (2.115)、式 (2.116)、式 (2.122)、式 (2.129)、式 (2.132) 和式 (2.140), 得

$$\frac{\partial U}{\partial t} + \frac{\partial}{\partial \boldsymbol{r}}\cdot\boldsymbol{q} + \frac{\partial U}{\partial \boldsymbol{r}}\cdot\boldsymbol{u} + \overset{\rightarrow\rightarrow}{\boldsymbol{p}} : \frac{\partial}{\partial \boldsymbol{r}}\boldsymbol{u} = \sum_\alpha \boldsymbol{X}_\alpha\cdot\boldsymbol{V}_\alpha \tag{2.186}$$

将 $U = \rho E$ 代入上式, 得

$$\frac{\partial E}{\partial t} + \boldsymbol{u}\cdot\frac{\partial E}{\partial \boldsymbol{r}} + \frac{1}{\rho}\overset{\rightarrow\rightarrow}{\boldsymbol{p}} : \frac{\partial}{\partial \boldsymbol{r}}\boldsymbol{u} + \frac{1}{\rho}\frac{\partial}{\partial \boldsymbol{r}}\cdot\boldsymbol{q} = \frac{1}{\rho}\sum_\alpha \boldsymbol{X}_\alpha\cdot\boldsymbol{V}_\alpha \tag{2.187}$$

式 (2.186) 中的 U 和式 (2.187) 中的 E 是包含了内部自由度的总内能.

2.5 辐射流体力学

1. 光子气体

用下标 $\alpha = 0$ 描述与光子有关的物理量, 在实验室坐标系下光子与实物粒子 (质量不为零) 物理量的对比如表 2.1 所示.

表 2.1　光子与实物粒子物理特性对比

物理量	质量不为零的实物粒子 $(\alpha \neq 0)$	光子 $(\alpha = 0)$
质量	m_α	0
动量	$m_\alpha \boldsymbol{v}_\alpha$	$\dfrac{h\nu}{c}\boldsymbol{\omega} = \boldsymbol{p}_0$
能量	$\dfrac{1}{2}m_\alpha v_\alpha^2 + U_{\text{in}\alpha}$	$h\nu$
速度	$\boldsymbol{v}_\alpha$	$c\boldsymbol{\omega}$
分布函数	$f_\alpha(t, \boldsymbol{r}, \boldsymbol{v}_\alpha)$ 或 $f_\alpha(t, \boldsymbol{r}, \boldsymbol{p}_\alpha)$	$f_0(t, \boldsymbol{r}, \boldsymbol{p}_0)$

表 2.1 中, h 为普朗克常量, c 为光速, $\boldsymbol{\omega}$ 为光的传播方向.

光子除了具有动量、能量等物理特性外, 还有频率特性, 其分布函数为

$$f_\nu(t, \boldsymbol{r}, \nu, \boldsymbol{\omega}) \mathrm{d}\nu \mathrm{d}\boldsymbol{r} \mathrm{d}\Omega = f_0(t, \boldsymbol{r}, \boldsymbol{p}_0) \mathrm{d}\boldsymbol{r} \mathrm{d}\boldsymbol{p}_0 \tag{2.188}$$

其中, ν 为光子频率. 由表 2.1 知

$$\boldsymbol{p}_0 = \frac{h\nu}{c}\boldsymbol{\omega} \tag{2.189}$$

则

$$\mathrm{d}\boldsymbol{p}_0 = p_0^2 \mathrm{d}p_0 \sin\theta \mathrm{d}\theta \mathrm{d}\phi = \left(\frac{h\nu}{c}\right)^2 \frac{h}{c} \mathrm{d}\nu \mathrm{d}\Omega = \frac{h^3\nu^2}{c^3} \mathrm{d}\nu \mathrm{d}\Omega \tag{2.190}$$

将式 (2.190) 代入式 (2.188), 得

$$f_\nu(t, \boldsymbol{r}, \nu, \boldsymbol{\omega}) \mathrm{d}\nu \mathrm{d}\boldsymbol{r} \mathrm{d}\Omega = f_0(t, \boldsymbol{r}, \boldsymbol{p}_0) \mathrm{d}\boldsymbol{r} \frac{h^3\nu^2}{c^3} \mathrm{d}\nu \mathrm{d}\Omega \tag{2.191}$$

由上式可得

$$f_\nu = \frac{h^3\nu^2}{c^3} f_0 \tag{2.192}$$

光子数密度为

$$n_0 = \int f_0(t, \boldsymbol{r}, \boldsymbol{p}_0) \mathrm{d}\boldsymbol{p}_0 = \iint f_0 \frac{h^3\nu^2}{c^3} \mathrm{d}\nu \mathrm{d}\Omega = \iint f_\nu \mathrm{d}\nu \mathrm{d}\Omega \tag{2.193}$$

单色光子数密度 n_ν 为

$$n_\nu \equiv \int_{4\pi} f_\nu \mathrm{d}\Omega \tag{2.194}$$

总光子数密度 n_0 为

$$n_0 = \int_0^\infty n_\nu \mathrm{d}\nu \tag{2.195}$$

与光辐射有关的物理量 ϕ_0 的平均值定义为

$$\langle \phi_0 \rangle = \frac{1}{n_0} \int f_0 \phi_0 \mathrm{d}\boldsymbol{p}_0 \tag{2.196}$$

或者

$$\langle \phi_0 \rangle = \frac{1}{n_0} \iint f_\nu \phi_0 \mathrm{d}\nu \mathrm{d}\Omega \tag{2.197}$$

令 $\phi_0 = h\nu$, 即一个光子的能量时, 得单位体积平均辐射能 U_0 为

$$U_0 = n_0 \langle h\nu \rangle = \iint f_\nu h\nu \mathrm{d}\nu \mathrm{d}\Omega \tag{2.198}$$

定义光子流矢量, 即单位时间通过单位面积的与辐射相关的量为

$$\boldsymbol{\psi}_0 = n_0 \langle \phi_0 c\boldsymbol{\omega} \rangle \tag{2.199}$$

当 ϕ_0 为一个光子能量时, 即 $\phi_0 = hv$. $\boldsymbol{\psi}_0$ 为辐射热通量 $\boldsymbol{q}_0$ 则有

$$\boldsymbol{\psi}_0 = \boldsymbol{q}_0 = n_0 \langle h\nu c\boldsymbol{\omega} \rangle \tag{2.200}$$

当取 $\phi_0 = \dfrac{hv}{c}\boldsymbol{\omega}$ 时, $\boldsymbol{\psi}_0$ 为辐射应力张量 $\overrightarrow{\overrightarrow{\boldsymbol{p}_0}}$, 即

$$\boldsymbol{\psi}_0 = \overrightarrow{\overrightarrow{\boldsymbol{p}_0}} = n_0 \left\langle \frac{h\nu}{c} \boldsymbol{\omega} c\boldsymbol{\omega} \right\rangle = n_0 \langle h\nu \boldsymbol{\omega}\boldsymbol{\omega} \rangle \tag{2.201}$$

注意, $U_0, \boldsymbol{q}_0, \overrightarrow{\overrightarrow{\boldsymbol{p}_0}}$ 都是在实验室参照系中的量.

2. **辐射流体力学方程的概念**

在 2.4 节中, 由各阶矩方程对 α 求和, 推导出了流体力学的三个守恒方程. 在辐射流体力学中, 对 α 求和应将光子 $(\alpha = 0)$ 包括在内.

令式 (2.166) 中的下标 $\alpha = 0$, 将 $\boldsymbol{v}_\alpha$ 改为 $c\boldsymbol{\omega}$, 可得光子矩方程

$$\frac{\partial}{\partial t} n_0 \langle \phi_0 \rangle + \frac{\partial}{\partial \boldsymbol{r}} \cdot n_0 \langle \phi_0 c\boldsymbol{\omega} \rangle - n_0 \left\langle \frac{\partial \phi_0}{\partial t} \right\rangle - n_0 \left\langle c\boldsymbol{\omega} \cdot \frac{\partial \phi_0}{\partial \boldsymbol{r}} \right\rangle = 0 \tag{2.202}$$

式 (2.166) 中含 $\boldsymbol{a}_\alpha$ 的项为 0, 这是因为外场对光子无作用力. 将上式添加到流体力学守恒方程中, 即可得辐射流体力学方程.

但要注意, 原来流体力学方程是建立在随流参照系中的, 而光子矩方程是建立在实验室参照系中的, 在把光子矩方程加到流体力学守恒方程中之前, 应该进行坐标变换. 由于光子是相对论性粒子, 坐标变换要根据相对论 Lorentz 变换来进行.

3. 实验室参照系中光子气体矩方程

1) 零次矩

取 $\phi_0 = m_0 = 0$, 代入式 (2.202) 中, 方程恒为 0, 即辐射流体对连续方程无影响.

2) 一次矩

取 $\phi_0 = \boldsymbol{p}_0 = \dfrac{hv}{c}\boldsymbol{\omega}$, 代入式 (2.202) 中, 并注意到 $t, \boldsymbol{r}, \nu, \boldsymbol{\omega}$ 是独立变量, 得

$$\frac{\partial}{\partial t} n_0 \left\langle \frac{h\nu}{c}\boldsymbol{\omega} \right\rangle + \frac{\partial}{\partial \boldsymbol{r}} \cdot n_0 \left\langle \frac{h\nu}{c}\boldsymbol{\omega} c \boldsymbol{\omega} \right\rangle = 0 \tag{2.203}$$

$$\frac{\partial}{\partial t}\frac{1}{c^2} n_0 \langle h\nu c\boldsymbol{\omega} \rangle + \frac{\partial}{\partial \boldsymbol{r}} \cdot n_0 \langle h\nu \boldsymbol{\omega}\boldsymbol{\omega} \rangle = 0 \tag{2.204}$$

根据式 (2.200) 和式 (2.201), 式 (2.204) 又可改写为

$$\frac{1}{c^2}\frac{\partial}{\partial t} \cdot \boldsymbol{q}_0 + \frac{\partial}{\partial \boldsymbol{r}} \cdot \overrightarrow{\overrightarrow{p_0}} = 0 \tag{2.205}$$

3) 二次矩

取 $\phi_0 = h\nu$, 代入式 (2.202), 得

$$\frac{\partial}{\partial t} n_0 \langle h\nu \rangle + \frac{\partial}{\partial \boldsymbol{r}} \cdot n_0 \langle h\nu c\boldsymbol{\omega} \rangle = 0 \tag{2.206}$$

或者

$$\frac{\partial U_0}{\partial t} + \frac{\partial}{\partial \boldsymbol{r}} \cdot \boldsymbol{q}_0 = 0 \tag{2.207}$$

4. 辐射量的变换

以上有关辐射量和光子矩方程的讨论都是以实验室为参照系, 即在相对静止坐标系中. 在将光子矩方程与流体力学守恒方程相加时, 应进行坐标系的变换. 光子是相对论性的粒子, 其变换应按 Lorentz 变换法则进行.

1) 四维空间的能量–动量张量

引入四维动量 $p_{0\mu}$, 其中三个分量与空间动量分量一致

$$p_{0i} = \frac{h\nu}{c}\omega_i \quad (i = 1, 2, 3) \tag{2.208}$$

定义第四维分量

$$p_{04} = \frac{h\nu}{c}\hat{i} \tag{2.209}$$

其中, $\hat{i}$ 是复数. 于是

$$p_{0\mu} = \left(\boldsymbol{p}_0, \frac{\hat{i}}{c}h\nu\right) \tag{2.210}$$

定义四维能量–动量张量 $T_{\nu\mu}$ 为

$$T_{\nu\mu} = T_{\mu\nu} = \int cf_0 \frac{p_{0\nu}p_{0\mu}}{|\boldsymbol{p}_0|}\mathrm{d}\boldsymbol{p}_0 \quad (\nu,\mu = 1,2,3,4) \tag{2.211}$$

将式 (2.208) 代入上式, 可得

$$T_{ij} = \int cf_0 \frac{\dfrac{h\nu}{c}\omega_i\dfrac{h\nu}{c}\omega_j}{\dfrac{h\nu}{c}}\mathrm{d}\boldsymbol{p}_0 = \int h\nu\omega_i\omega_j f_0 \mathrm{d}\boldsymbol{p}_0 \quad (i,j = 1,2,3) \tag{2.212}$$

由式 (2.201) 辐射张量 $\overrightarrow{\overrightarrow{p_0}}$ 的定义可知

$$T_{ij} = p_{0ij} \quad (i,j = 1,2,3) \tag{2.213}$$

将式 (2.208) 和式 (2.209) 代入式 (2.211), 可得

$$T_{i4} = \int cf_0 \frac{\dfrac{h\nu}{c}\omega_i\dfrac{h\nu}{c}\hat{i}}{\dfrac{h\nu}{c}}\mathrm{d}\boldsymbol{p}_0 = \hat{\mathrm{i}}\int h\nu\omega_i f_0 \mathrm{d}\boldsymbol{p}_0 \quad (i = 1,2,3) \tag{2.214}$$

由式 (2.200) 辐射热通量 $\boldsymbol{q}_0$ 的定义可知

$$T_{i4} = \frac{\hat{i}}{c}q_{0i} \quad (i = 1,2,3) \tag{2.215}$$

将式 (2.209) 代入式 (2.211), 可得

$$T_{44} = \int cf_0 \frac{\dfrac{h\nu}{c}\hat{i}\dfrac{h\nu}{c}\hat{i}}{\dfrac{h\nu}{c}}\mathrm{d}\boldsymbol{p}_0 = -\int h\nu f_0 \mathrm{d}\boldsymbol{p}_0 \tag{2.216}$$

由式 (2.198) 单位体积平均辐射能 U_0 的定义有

$$T_{44} = -U_0 \tag{2.217}$$

所以张量 $\overrightarrow{\overrightarrow{T}}$ 可写成如下形式

$$\overrightarrow{\overrightarrow{T}} = \begin{pmatrix} p_{011} & p_{012} & p_{013} & \dfrac{\hat{i}}{c}q_{01} \\ p_{021} & p_{022} & p_{023} & \dfrac{\hat{i}}{c}q_{02} \\ p_{031} & p_{032} & p_{033} & \dfrac{\hat{i}}{c}q_{03} \\ \dfrac{\hat{i}}{c}q_{01} & \dfrac{\hat{i}}{c}q_{02} & \dfrac{\hat{i}}{c}q_{03} & -U_0 \end{pmatrix} \tag{2.218}$$

2) Lorentz 变换

假设坐标系 $(\overline{x_1}, \overline{x_2}, \overline{x_3}, \bar{t})$ 相对坐标系 (x_1, x_2, x_3, t) 的运动速度为 $\boldsymbol{u}$, 从随流坐标系 $(\overline{x_1}, \overline{x_2}, \overline{x_3}, \bar{t})$ 变换到静止坐标系 (x_1, x_2, x_3, t) 的相对论变换为

$$\begin{cases} x_1 = \dfrac{\overline{x_1} + u_1\bar{t}}{\sqrt{1 - \dfrac{u^2}{c^2}}} \\ x_2 = \dfrac{\overline{x_2} + u_2\bar{t}}{\sqrt{1 - \dfrac{u^2}{c^2}}} \\ x_3 = \dfrac{\overline{x_3} + u_3\bar{t}}{\sqrt{1 - \dfrac{u^2}{c^2}}} \\ t = \dfrac{\bar{t} + \dfrac{1}{c^2}\left(u_1\overline{x_1} + u_2\overline{x_2} + u_3\overline{x_3}\right)}{\sqrt{1 - \dfrac{u^2}{c^2}}} \end{cases} \tag{2.219}$$

其中, $u^2 = u_1^2 + u_2^2 + u_3^2$.

令四维坐标为: $(x_1, x_2, x_3, x_4) = (x_1, x_2, x_3, \hat{i}ct)$, 则式 (2.219) 的变换可以写成 Lorentz 变换的形式

$$\begin{cases} x_1 = \dfrac{1}{\sqrt{1 - \dfrac{u^2}{c^2}}}\overline{x_1} - \dfrac{\hat{i}}{c}\dfrac{u_1}{\sqrt{1 - \dfrac{u^2}{c^2}}}\overline{x_4} \\ x_2 = \dfrac{1}{\sqrt{1 - \dfrac{u^2}{c^2}}}\overline{x_2} - \dfrac{\hat{i}}{c}\dfrac{u_2}{\sqrt{1 - \dfrac{u^2}{c^2}}}\overline{x_4} \\ x_3 = \dfrac{1}{\sqrt{1 - \dfrac{u^2}{c^2}}}\overline{x_3} - \dfrac{\hat{i}}{c}\dfrac{u_3}{\sqrt{1 - \dfrac{u^2}{c^2}}}\overline{x_4} \\ x_4 = \dfrac{\hat{i}}{c}\dfrac{u_1}{\sqrt{1 - \dfrac{u^2}{c^2}}}\overline{x_1} + \dfrac{\hat{i}}{c}\dfrac{u_2}{\sqrt{1 - \dfrac{u^2}{c^2}}}\overline{x_2} + \dfrac{\hat{i}}{c}\dfrac{u_3}{\sqrt{1 - \dfrac{u^2}{c^2}}}\overline{x_3} + \dfrac{1}{\sqrt{1 - \dfrac{u^2}{c^2}}}\overline{x_4} \end{cases} \tag{2.220}$$

上式如表示为 $x_\mu=\beta_{\mu\nu}\bar{x}_\nu$ 的形式, 则 $\beta_{\mu\nu}$ 为

$$\beta_{\mu\nu}=\begin{pmatrix} \dfrac{1}{\sqrt{1-\dfrac{u^2}{c^2}}} & 0 & 0 & -\dfrac{\hat{i}}{c}\dfrac{u_1}{\sqrt{1-\dfrac{u^2}{c^2}}} \\ 0 & \dfrac{1}{\sqrt{1-\dfrac{u^2}{c^2}}} & 0 & -\dfrac{\hat{i}}{c}\dfrac{u_2}{\sqrt{1-\dfrac{u^2}{c^2}}} \\ 0 & 0 & \dfrac{1}{\sqrt{1-\dfrac{u^2}{c^2}}} & -\dfrac{\hat{i}}{c}\dfrac{u_3}{\sqrt{1-\dfrac{u^2}{c^2}}} \\ \dfrac{\hat{i}}{c}\dfrac{u_1}{\sqrt{1-\dfrac{u^2}{c^2}}} & \dfrac{\hat{i}}{c}\dfrac{u_2}{\sqrt{1-\dfrac{u^2}{c^2}}} & \dfrac{\hat{i}}{c}\dfrac{u_3}{\sqrt{1-\dfrac{u^2}{c^2}}} & \dfrac{1}{\sqrt{1-\dfrac{u^2}{c^2}}} \end{pmatrix} \tag{2.221}$$

在上述 Lorentz 变换下, 能量–动量张量 $\overrightarrow{\overrightarrow{T}}$ 的变换为

$$T_{\mu\nu}=\beta_{\mu\lambda}\beta_{\nu\tau}\overline{T_{\lambda\tau}}\quad(\lambda,\tau=1,2,3,4) \tag{2.222}$$

上式右边 $\overline{T_{\lambda\tau}}$ 为随流坐标系中的能量–动量张量.

具体变换举例如下

$$T_{12}=\beta_{1\lambda}\beta_{2\tau}\overline{T_{\lambda\tau}}\quad(\lambda,\tau=1,2,3,4) \tag{2.223}$$

即

$$T_{12}=\beta_{11}\beta_{22}\overline{T_{12}}+\beta_{11}\beta_{24}\overline{T_{14}}+\beta_{14}\beta_{22}\overline{T_{42}}+\beta_{14}\beta_{24}\overline{T_{44}} \tag{2.224}$$

由式 (2.213) 和式 (2.221) 可知

$$\begin{aligned} p_{012}=&\frac{1}{1-\dfrac{u^2}{c^2}}\overline{p_{012}}+\frac{i}{c}\frac{u_2}{1-\dfrac{u^2}{c^2}}\frac{i}{c}\overline{q_{01}}+\frac{i}{c}\frac{u_1}{1-\dfrac{u^2}{c^2}}\frac{i}{c}\overline{q_{02}}-\frac{1}{c^2}\frac{u_1u_2}{1-\dfrac{u^2}{c^2}}\overline{U_0} \\ =&\frac{1}{1-\dfrac{u^2}{c^2}}\left[\overline{p_{012}}+\frac{u_2}{c^2}\overline{q_{01}}+\frac{u_1}{c^2}\overline{q_{02}}-\frac{u_1u_2}{c^2}\overline{U_0}\right] \end{aligned} \tag{2.225}$$

因为 $|\boldsymbol{u}|\ll c$, 忽略上式中 $o\left(\dfrac{1}{c^2}\right)$ 项, 得

$$p_{012}\approx\overline{p_{012}} \tag{2.226}$$

同理可以证明下式成立

$$\overrightarrow{\overrightarrow{\boldsymbol{p}_0}}\approx\overline{\overrightarrow{\overrightarrow{\boldsymbol{p}_0}}} \tag{2.227}$$

$$U_0 \approx \overline{U_0} \tag{2.228}$$

$$\boldsymbol{q}_0 \approx \overline{\boldsymbol{q}_0} + \overline{U_0}\boldsymbol{u} + \overline{\overrightarrow{\overrightarrow{\boldsymbol{p}_0}}} \cdot \boldsymbol{u} \tag{2.229}$$

以后用 $\overrightarrow{\overrightarrow{\boldsymbol{p}}}^R, U^R$ 和 $\boldsymbol{q}^R$ 分别表示随流坐标系中的辐射量 $\overline{U_0}, \overline{\overrightarrow{\overrightarrow{\boldsymbol{p}_0}}}$ 和 $\overline{\boldsymbol{q}}_0$.

5. 辐射流体力学方程

把 $a=0$ 的光子矩方程与原来 $\alpha \neq 0$ 的实物粒子各矩方程相加, 即可得到描述有辐射场的辐射流体力学方程. 由前面的讨论可知, 有辐射时连续方程 (2.170) 不变, 下面讨论一次矩和二次矩方程.

静止参照系中的辐射量 $\overrightarrow{\overrightarrow{\boldsymbol{p}}}_0, U_0$ 和 $\boldsymbol{q}_0$ 与随流参照系中的辐射量 $\overrightarrow{\overrightarrow{\boldsymbol{p}}}^R, U^R$ 和 $\boldsymbol{q}^R$ 的变换满足式 (2.227)~ 式 (2.229). 于是, 光子的一次矩方程 (2.205) 和二次矩方程 (2.207) 在随流参照系中分别为

$$\frac{1}{c^2}\frac{\partial}{\partial t}\left(\boldsymbol{q}^R + U^R\boldsymbol{u} + \overrightarrow{\overrightarrow{\boldsymbol{p}}}^R \cdot \boldsymbol{u}\right) + \frac{\partial}{\partial \boldsymbol{r}} \cdot \overrightarrow{\overrightarrow{\boldsymbol{p}}}^R = 0 \tag{2.230}$$

$$\frac{\partial}{\partial t}U^R + \frac{\partial.}{\partial \boldsymbol{r}}\left(\boldsymbol{q}^R + U^R\boldsymbol{u} + \overrightarrow{\overrightarrow{\boldsymbol{p}}}^R \cdot \boldsymbol{u}\right) = 0 \tag{2.231}$$

将式 (2.230) 与一次矩方程 (2.174) 相加, 得有辐射场的一次矩方程

$$\rho\frac{\partial \boldsymbol{u}}{\partial t} + \frac{1}{c^2}\frac{\partial}{\partial t}\left(\boldsymbol{q}^R + U^R\boldsymbol{u} + \overrightarrow{\overrightarrow{\boldsymbol{p}}}^R \cdot \boldsymbol{u}\right) + \rho\boldsymbol{u}\cdot\frac{\partial}{\partial \boldsymbol{r}}\boldsymbol{u} + \frac{\partial}{\partial \boldsymbol{r}}\cdot\left(\overrightarrow{\overrightarrow{\boldsymbol{p}}} + \overrightarrow{\overrightarrow{\boldsymbol{p}}}^R\right) = \boldsymbol{X} \tag{2.232}$$

忽略上式中 $o\left(\dfrac{1}{c^2}\right)$ 项, 得

$$\frac{\partial \boldsymbol{u}}{\partial t} + \boldsymbol{u}\cdot\frac{\partial}{\partial \boldsymbol{r}}\boldsymbol{u} + \frac{1}{\rho}\frac{\partial}{\partial \boldsymbol{r}}\cdot\left(\overrightarrow{\overrightarrow{\boldsymbol{p}}} + \overrightarrow{\overrightarrow{\boldsymbol{p}}}^R\right) = \frac{1}{\rho}\boldsymbol{X} \tag{2.233}$$

将式 (2.231) 与二次矩方程 (2.179) 相加, 得有辐射场的二次矩方程

$$\begin{aligned}&\frac{\partial}{\partial t}\left(U_{\mathrm{tr}} + U^R\right) + \frac{\partial}{\partial \boldsymbol{r}}\cdot\left(\boldsymbol{q} + \boldsymbol{q}^R + U^R\boldsymbol{u} + \overrightarrow{\overrightarrow{\boldsymbol{p}}}^R \cdot \boldsymbol{u}\right) + \frac{\partial}{\partial \boldsymbol{r}}\cdot\left(U_{\mathrm{tr}}\boldsymbol{u}\right)\\&+ \overrightarrow{\overrightarrow{\boldsymbol{p}}} : \frac{\partial}{\partial \boldsymbol{r}}\boldsymbol{u} - \sum_{\alpha\neq 0}\boldsymbol{X}_\alpha \boldsymbol{V}_\alpha = 0\end{aligned} \tag{2.234}$$

利用连续方程和 $U_{\mathrm{tr}} = \rho E_{\mathrm{tr}}$, 上式可以化为

$$\begin{aligned}&\frac{\partial}{\partial t}\left(E_{\mathrm{tr}} + \frac{U^R}{\rho}\right) + \boldsymbol{u}\cdot\frac{\partial}{\partial \boldsymbol{r}}\left(E_{\mathrm{tr}} + \frac{U^R}{\rho}\right)\\&+ \frac{1}{\rho}\left(\overrightarrow{\overrightarrow{\boldsymbol{p}}} + \overrightarrow{\overrightarrow{\boldsymbol{p}}}^R\right) : \frac{\partial}{\partial \boldsymbol{r}}\boldsymbol{u} + \frac{1}{\rho}\frac{\partial}{\partial \boldsymbol{r}}\cdot\left(\boldsymbol{q} + \boldsymbol{q}^R\right) = \frac{1}{\rho}\sum_{\alpha\neq 0}\boldsymbol{X}_\alpha \cdot \boldsymbol{V}_\alpha\end{aligned} \tag{2.235}$$

若考虑内部自由度, 只需将上式中 E_{tr} 改为 E 即可.

最后得到描述有辐射场时的流体力学方程组

$$\begin{cases}\dfrac{\partial\rho}{\partial t}+\boldsymbol{u}\cdot\dfrac{\partial\rho}{\partial\boldsymbol{r}}+\rho\dfrac{\partial}{\partial\boldsymbol{r}}\cdot\boldsymbol{u}=0\\ \dfrac{\partial\boldsymbol{u}}{\partial t}+\boldsymbol{u}\cdot\dfrac{\partial}{\partial\boldsymbol{r}}\boldsymbol{u}+\dfrac{1}{\rho}\dfrac{\partial}{\partial\boldsymbol{r}}\cdot\left(\overrightarrow{\overrightarrow{\boldsymbol{p}}}^{R}\right)=\dfrac{\boldsymbol{X}}{\rho}\\ \dfrac{\partial}{\partial t}\left(E+\dfrac{U^R}{\rho}\right)+\boldsymbol{u}\cdot\dfrac{\partial}{\partial\boldsymbol{r}}\left(E+\dfrac{U^R}{\rho}\right)+\dfrac{1}{\rho}\left(\overrightarrow{\overrightarrow{p}}+\overrightarrow{\overrightarrow{\boldsymbol{p}}}^{R}\right):\dfrac{\partial}{\partial\boldsymbol{r}}\boldsymbol{u}\\ +\dfrac{1}{\rho}\dfrac{\partial}{\partial\boldsymbol{r}}\cdot\left(\boldsymbol{q}+\boldsymbol{q}^R\right)=\dfrac{1}{\rho}\sum\limits_{\alpha\neq0}\boldsymbol{X}_\alpha\cdot\boldsymbol{V}_\alpha\end{cases}\tag{2.236}$$

其中, $U^R,\boldsymbol{q}^R,\overrightarrow{\overrightarrow{\boldsymbol{p}}}^{R}$ 是随流参照系中的辐射量, 它们与分布函数的关系为

$$U^R=\int h\nu f_0\mathrm{d}\boldsymbol{p}_0=\int_0^\infty\mathrm{d}\nu\int_{4\pi}h\nu f_\nu\mathrm{d}\Omega\tag{2.237}$$

$$\boldsymbol{q}^R=c\int h\nu\boldsymbol{\omega}f_0\mathrm{d}\boldsymbol{p}_0=c\int_0^\infty\mathrm{d}\nu\int_{4\pi}h\nu\boldsymbol{\omega}f_\nu\mathrm{d}\Omega\tag{2.238}$$

$$\overrightarrow{\overrightarrow{\boldsymbol{p}}}^{R}=\int h\nu\boldsymbol{\omega}\boldsymbol{\omega}f_0\mathrm{d}\boldsymbol{p}_0=\int_0^\infty\mathrm{d}\nu\int_{4\pi}h\nu\boldsymbol{\omega}\boldsymbol{\omega}f_\nu\mathrm{d}\Omega\tag{2.239}$$

2.6 化学流体力学

1. 化学流体力学的概念

各种气体组分之间可能发生化学反应, 这种化学反应是广义的, 电离等都可以看成化学反应. 例如, $\nu_AA+\nu_BB\longrightarrow\nu_CC+\nu_DD,\nu_\alpha$ 是化学反应系数. 这时, Boltzmann 方程中 $\left(\dfrac{\partial f_\alpha}{\partial t}\right)_{\mathrm{coll}}$ 所表示的碰撞就有两种情况：一种是不发生化学反应的碰撞 $\left(\dfrac{\partial f_\alpha}{\partial t}\right)_{nc}$, 另一种是发生化学反应的碰撞 $\left(\dfrac{\partial f_\alpha}{\partial t}\right)_c$. 由此得到的矩方程就是化学流体力学守恒方程.

2. 化学反应气体

多组分气体中, α 粒子所占比例称为相对浓度, 可用克分子分数 x_α 表示

$$x_\alpha=\frac{n_\alpha}{n}\tag{2.240}$$

或者用质量分数 y_α 表示

$$y_\alpha=\frac{\rho_\alpha}{\rho}\tag{2.241}$$

x_α 和 y_α 之间有如下关系

$$y_\alpha = \frac{\rho_\alpha}{\sum\limits_\alpha \rho_\alpha} = \frac{n_\alpha m_\alpha}{\sum\limits_\alpha n_\alpha m_\alpha} = \frac{n x_\alpha m_\alpha}{n \sum\limits_\alpha x_\alpha m_\alpha} = \frac{x_\alpha m_\alpha}{\sum\limits_\alpha x_\alpha m_\alpha} \tag{2.242}$$

由化学反应引起 α 粒子的密度的变化率可用 $\dot{\boldsymbol{\omega}}_\alpha$ 表示

$$\dot{\boldsymbol{\omega}}_\alpha = \left(\frac{\partial \rho_\alpha}{\partial t}\right)_c = \rho \left(\frac{\partial y_\alpha}{\partial t}\right)_c = m_\alpha \left(\frac{\partial n_\alpha}{\partial t}\right)_c \tag{2.243}$$

单纯的化学反应不会使单位体积气体的总质量改变, 即

$$\left(\frac{\partial \rho}{\partial t}\right)_c = 0 \tag{2.2.44}$$

即

$$\sum_\alpha \dot{\boldsymbol{\omega}}_\alpha = \sum_\alpha \left(\frac{\partial \rho_\alpha}{\partial t}\right)_c = \left(\frac{\partial \rho}{\partial t}\right)_c = 0 \tag{2.245}$$

3. 化学反应气体的扩散方程

有化学反应的 α 粒子 Boltzmann 方程为

$$\frac{\partial f_\alpha}{\partial t} + \boldsymbol{v}_\alpha \cdot \frac{\partial f_\alpha}{\partial \boldsymbol{r}} + \boldsymbol{a}_\alpha \cdot \frac{\partial f_\alpha}{\partial \boldsymbol{v}_\alpha} = \left(\frac{\partial f_\alpha}{\partial t}\right)_{nc} + \left(\frac{\partial f_\alpha}{\partial t}\right)_c \tag{2.246}$$

相应的矩方程为

$$\begin{aligned} &\frac{\partial}{\partial t} n_\alpha \langle \phi_\alpha \rangle + \frac{\partial}{\partial \boldsymbol{r}} \cdot n_\alpha \langle \phi_\alpha \boldsymbol{v}_\alpha \rangle - n_\alpha \left\langle \frac{\partial \phi_\alpha}{\partial t} \right\rangle - n_\alpha \left\langle \boldsymbol{v}_\alpha \cdot \frac{\partial \phi_\alpha}{\partial \boldsymbol{r}} \right\rangle \\ &- n_\alpha \boldsymbol{a}_\alpha \cdot \left\langle \frac{\partial \phi_\alpha}{\partial \boldsymbol{v}_\alpha} \right\rangle = \int \phi_\alpha \left(\frac{\partial f_\alpha}{\partial t}\right)_{nc} \mathrm{d}\boldsymbol{v}_\alpha + \int \phi_\alpha \left(\frac{\partial f_\alpha}{\partial t}\right)_c \mathrm{d}\boldsymbol{v}_\alpha \end{aligned} \tag{2.247}$$

对于不发生化学反应的碰撞, $\int \phi_\alpha \left(\frac{\partial f_\alpha}{\partial t}\right)_{nc} \mathrm{d}\boldsymbol{v}_\alpha = 0$, 我们已在前面作了讨论, 而对有化学反应的碰撞, 气体组分在化学反应过程中会发生变化, 上式右边 $\int \phi_\alpha \left(\frac{\partial f_\alpha}{\partial t}\right)_c \mathrm{d}\boldsymbol{v}_\alpha \neq 0$. 但是化学反应不会改变单位气体的总质量, 即总质量、总动量和总能量是守恒的, 所以式 (2.247) 对 α 求和后得到的矩方程形式不变, 仍为原来的连续方程、运动方程和能量方程.

现在讨论化学反应引起 α 组分密度变化的情况, 令 $\phi_\alpha = m_\alpha$, 代入式 (2.247), 得

$$\frac{\partial}{\partial t} n_\alpha m_\alpha + \frac{\partial}{\partial \boldsymbol{r}} \cdot n_\alpha m_\alpha \langle \boldsymbol{v}_\alpha \rangle = \int m_\alpha \left(\frac{\partial f_\alpha}{\partial t}\right)_c \mathrm{d}\boldsymbol{v}_\alpha \tag{2.248}$$

或者

$$\frac{\partial}{\partial t}n_\alpha m_\alpha + \frac{\partial}{\partial \boldsymbol{r}} \cdot n_\alpha m_\alpha \left(\langle \boldsymbol{c}_\alpha \rangle + \boldsymbol{u}\right) = m_\alpha \left(\frac{\partial}{\partial t}\right)_c \int f_\alpha \mathrm{d}\boldsymbol{v}_\alpha \tag{2.249}$$

由于 $n_\alpha = \int f_\alpha \mathrm{d}\boldsymbol{v}_\alpha$, 上式可以写成

$$\frac{\partial}{\partial t}\rho_\alpha + \frac{\partial}{\partial \boldsymbol{r}} \cdot \rho_\alpha \left(\boldsymbol{V}_\alpha + \boldsymbol{u}\right) = m_\alpha \left(\frac{\partial n_\alpha}{\partial t}\right)_c = \dot{\boldsymbol{\omega}}_\alpha \tag{2.250}$$

即

$$\frac{\partial \rho_\alpha}{\partial t} + \frac{\partial}{\partial \boldsymbol{r}} \cdot \rho_\alpha \boldsymbol{V}_\alpha + \frac{\partial}{\partial \boldsymbol{r}} \cdot \rho_\alpha \boldsymbol{u} = \dot{\boldsymbol{\omega}}_\alpha \tag{2.251}$$

上式即为 α 组分的扩散方程, 对 α 取和, 计及 $\sum_\alpha \rho_\alpha \boldsymbol{V}_\alpha = 0$, $\sum_\alpha \dot{\boldsymbol{\omega}}_\alpha = 0$, 即可得连续方程.

利用式 (2.241) 质量分数的定义, 扩散方程 (2.251) 可改写成

$$\frac{\partial}{\partial t}\rho y_\alpha + \frac{\partial}{\partial \boldsymbol{r}} \cdot \rho y_\alpha \boldsymbol{V}_\alpha + \frac{\partial}{\partial \boldsymbol{r}} \cdot \rho y_\alpha \boldsymbol{u} = \dot{\boldsymbol{\omega}}_\alpha \tag{2.252}$$

利用连续方程, 上式可化为

$$\frac{\partial y_\alpha}{\partial t} + \boldsymbol{u} \cdot \frac{\partial}{\partial \boldsymbol{r}} y_\alpha + \frac{1}{\rho}\frac{\partial}{\partial \boldsymbol{r}} \cdot \boldsymbol{J}_\alpha = \frac{1}{\rho}\dot{\boldsymbol{\omega}}_\alpha \tag{2.253}$$

其中, $\boldsymbol{J}_\alpha = \rho_\alpha \boldsymbol{V}_\alpha$. 上式为扩散方程的另一种形式.

如果气体中有 N 种组分, 则扩散方程就有 N 个. 考虑到 $\sum_\alpha \dot{\boldsymbol{\omega}}_\alpha = 1$, 故独立的扩散方程仅有 $N-1$ 个.

4. Fick 定律

对于双组分气体, 有 Fick 定律

$$\boldsymbol{J}_1 = -\rho D_{12} \nabla y_1 \tag{2.254}$$

其中, D_{12} 为二元扩散系数.

当 $N > 2$, 求 $\boldsymbol{J}_\alpha$ 时, 可以把 α 以外组分近似地当成双组分气体中另一组分, 于是可以仍取 Fick 定律的形式

$$\boldsymbol{J}_\alpha = -\rho D_\alpha \nabla y_\alpha \tag{2.255}$$

由于 $\boldsymbol{J}_\alpha = \rho y_\alpha \boldsymbol{V}_\alpha$, 代入上式得

$$\boldsymbol{V}_\alpha = -D_\alpha \frac{\nabla y_\alpha}{y_\alpha} = -D_\alpha \nabla \ln y_\alpha = -D_\alpha \nabla \ln \frac{\rho_\alpha}{\rho} \tag{2.256}$$

上式即为 Maxwell-Stefan 形式的扩散定律. 利用上式, 扩散方程 (2.251) 又可写为

$$\frac{\partial \rho_\alpha}{\partial t} + \boldsymbol{u} \cdot \nabla \rho_\alpha + \rho_\alpha \nabla \cdot \boldsymbol{u} - \nabla \cdot \left(\rho_\alpha D_\alpha \nabla \ln \frac{\rho_\alpha}{\rho} \right) = \dot{\boldsymbol{\omega}}_\alpha \tag{2.257}$$

Fick 形式或 Maxwell-Stefan 形式的扩散定律, 都是一种本构方程.

5. **化学流体力学方程**

在流体力学的 Navier-Stokes 方程组中, 不考虑辐射场, 加上描述有化学反应组分变化的组分扩散方程 (2.257), 就构成了描述有化学反应存在时的流体力学方程组

$$\begin{cases} \dfrac{\partial \rho}{\partial t} + \boldsymbol{u} \cdot \dfrac{\partial \rho}{\partial \boldsymbol{r}} + \rho \dfrac{\partial}{\partial \boldsymbol{r}} \cdot \boldsymbol{u} = 0 \\ \dfrac{\partial \boldsymbol{u}}{\partial t} + \boldsymbol{u} \cdot \dfrac{\partial}{\partial \boldsymbol{r}} \boldsymbol{u} + \dfrac{1}{\rho} \dfrac{\partial}{\partial \boldsymbol{r}} \cdot \overset{\rightarrow\rightarrow}{p} = \dfrac{\boldsymbol{X}}{\rho} \\ \dfrac{\partial}{\partial t} E + \boldsymbol{u} \cdot \dfrac{\partial}{\partial \boldsymbol{r}} E + \dfrac{1}{\rho} \overset{\rightarrow\rightarrow}{p} : \dfrac{\partial}{\partial \boldsymbol{r}} \boldsymbol{u} + \dfrac{1}{\rho} \dfrac{\partial}{\partial \boldsymbol{r}} \cdot \boldsymbol{q} = \dfrac{1}{\rho} \sum_\alpha \boldsymbol{X}_\alpha \cdot \boldsymbol{V}_\alpha \\ \dfrac{\partial \rho_\alpha}{\partial t} + \boldsymbol{u} \cdot \dfrac{\partial}{\partial \boldsymbol{r}} \rho_\alpha + \rho_\alpha \dfrac{\partial}{\partial \boldsymbol{r}} \cdot \boldsymbol{u} - \dfrac{\partial}{\partial \boldsymbol{r}} \cdot \left(\rho_\alpha D_\alpha \dfrac{\partial}{\partial \boldsymbol{r}} \ln \dfrac{\rho_\alpha}{\rho} \right) = \dot{\boldsymbol{\omega}}_\alpha \end{cases} \tag{2.258}$$

其中, $\dot{\boldsymbol{\omega}}_\alpha$ 由化学反应速率确定.

第 3 章　气体的平衡性质

3.1　气体的平衡组分

1. 化学反应的平衡

对某一化学反应过程

$$\sum_\alpha \nu'_\alpha A_\alpha \underset{k_b}{\overset{k_f}{\rightleftarrows}} \sum_\alpha \nu''_\alpha A_\alpha \tag{3.1}$$

组分 α 的生成率为

$$\dot{\omega}_\alpha = (\nu''_\alpha - \nu'_\alpha) M_\alpha \left(k_f \prod_\alpha c_\alpha^{\nu'_\alpha} - k_b \prod_\alpha c_\alpha^{\nu''_\alpha} \right) \tag{3.2}$$

其中, k_f 和 k_b 分别为正反应和逆反应速率常数; ν'_α 和 ν''_α 分别为组分 A_α 的化学配比系数. 平衡时, $\dot{\omega}_\alpha = 0$, 代入式 (3.2), 得

$$k_f \prod_\alpha c_\alpha^{\nu'_\alpha} - k_b \prod_\alpha c_\alpha^{\nu''_\alpha} = 0 \tag{3.3}$$

定义化学平衡常数 K_c 为

$$K_c = \frac{k_f}{k_b} = \frac{\prod\limits_\alpha c_\alpha^{\nu''_\alpha}}{\prod\limits_\alpha c_\alpha^{\nu'_\alpha}} = \prod_\alpha c_\alpha{}^{(\nu''_\alpha - \nu'_\alpha)} \tag{3.4}$$

当系统达到热动平衡时, 分布函数 $f_\alpha(t, \boldsymbol{r}, \boldsymbol{v}_\alpha)$ 为零级近似分布函数, 因而有

$$p_\alpha = n_\alpha kT = \frac{n_\alpha}{N_\mathrm{A}} N_\mathrm{A} kT = c_\alpha R^0 T \tag{3.5}$$

其中, c_α 为 α 组分的摩尔浓度; $R^0 = N_\mathrm{A} k$ 为普适气体常数. 将式 (3.5) 代入式 (3.4), 得

$$K_c = \prod_\alpha \left(\frac{p_\alpha}{R^0 T} \right)^{(\nu''_\alpha - \nu'_\alpha)} = K_p \left(R^0 T \right)^{-\sum\limits_\alpha (\nu''_\alpha - \nu'_\alpha)} \tag{3.6}$$

其中, K_p 为物理平衡常数, 有

$$K_p = \prod_\alpha p_\alpha{}^{(\nu''_\alpha - \nu'_\alpha)} \tag{3.7}$$

由 Dalton 分压定律, 得

$$p_\alpha = x_\alpha p \tag{3.8}$$

其中, $p = \sum_\alpha p_\alpha$ 为总压, 利用式 (3.7), 物理平衡常数可写为

$$K_p = p^{\sum\limits_\alpha (\nu''_\alpha - \nu'_\alpha)} \prod_\alpha x_\alpha{}^{(\nu''_\alpha - \nu'_\alpha)} \tag{3.9}$$

上式称为质量作用定律.

2. 气体平衡组分的计算

现在求气体达到热动平衡时的各个组分x_α, 以 2×10^4K以下干燥空气为例. 在常温下, 干燥空气由O_2, N_2和Ar三种气体组成, 各组分的克分子分数为: $x^0_{O_2} = 0.2095$, $x^0_{N_2} = 0.7808$ 和 $x^0_{Ar} = 0.0097$, 上标 0 表示常温.

在高温下, 有如下 9 种反应:

$$O_2 \rightleftarrows 2O$$

$$N_2 \rightleftarrows 2N$$

$$N + O \rightleftarrows NO$$

$$O_2 \rightleftarrows O_2^+ + e^-$$

$$N_2 \rightleftarrows N_2^+ + e^-$$

$$Ar \rightleftarrows Ar^+ + e^-$$

$$O \rightleftarrows O^+ + e^-$$

$$N \rightleftarrows N^+ + e^-$$

$$NO \rightleftarrows NO^+ + e^-$$

共含 13 种组分, 用组分的克分子分数 x_α 表示, 分别为: x_{O_2}、x_{N_2}、x_{Ar}、x_O、x_N、x_{NO}、$x_{O_2^+}$、$x_{N_2^+}$、x_{Ar^+}、x_{O^+}、x_{N^+}、x_{NO^+} 和 x_{e^-}, 故需有 13 个独立方程, 联立求解.

对于每个反应, 由质量作用定律可得出一个方程, 9 个反应共 9 个方程:

$$O_2 \rightleftarrows 2O, \quad \frac{x_O^2}{x_{O_2}} = \frac{1}{p}K_{p1} \tag{3.10}$$

$$N_2 \rightleftharpoons 2N, \quad \frac{x_N^2}{x_{N_2}} = \frac{1}{p}K_{p2} \tag{3.11}$$

$$N + O \rightleftharpoons NO, \quad \frac{x_{NO}}{x_N x_O} = pK_{p3} \tag{3.12}$$

$$O_2 \rightleftharpoons O_2^+ + e^-, \quad \frac{x_{O_2^+} x_{e^-}}{x_{O_2}} = \frac{1}{p}K_{p4} \tag{3.13}$$

$$N_2 \rightleftharpoons N_2^+ + e^-, \quad \frac{x_{N_2^+} x_{e^-}}{x_{N_2}} = \frac{1}{p}K_{p5} \tag{3.14}$$

$$Ar \rightleftharpoons Ar^+ + e^-, \quad \frac{x_{Ar^+} x_{e^-}}{x_{Ar}} = \frac{1}{p}K_{p6} \tag{3.15}$$

$$O \rightleftharpoons O^+ + e^-, \quad \frac{x_{O^+} x_{e^-}}{x_O} = \frac{1}{p}K_{p7} \tag{3.16}$$

$$N \rightleftharpoons N^+ + e^-, \quad \frac{x_{N^+} x_{e^-}}{x_N} = \frac{1}{p}K_{p8} \tag{3.17}$$

$$NO \rightleftharpoons NO^+ + e^-, \quad \frac{x_{NO^+} x_{e^-}}{x_{NO}} = \frac{1}{p}K_{p9} \tag{3.18}$$

由物质守恒可知: 氧原子核与氮原子核之比、氮原子核与氩原子核之比以及氩原子核与氧原子核之比为不变量.

常温下:

氧原子核与氮原子核之比为 $\dfrac{2x_{O_2}^0}{2x_{N_2}^0} = 0.2684$;

氮原子核与氩原子核之比为 $\dfrac{2x_{N_2}^0}{x_{Ar}^0} = 161.0$;

氩原子核与氧原子核之比为 $\dfrac{x_{Ar}^0}{2x_{O_2}^0} = 0.02316$.

根据物质守恒, 高温下氧原子核与氮原子核之比、氮原子核与氩原子核之比以及氧原子核与氩原子核之比与常温下相同, 3 个等式中只有两个等式是独立的, 任选两个得

$$\frac{2x_{O_2} + x_O + x_{NO} + 2x_{O_2^+} + x_{O^+} + x_{NO^+}}{2x_{N_2} + x_N + x_{NO} + 2x_{N_2^+} + x_{N^+} + x_{NO^+}} = 0.2684 \tag{3.19}$$

$$\frac{x_{Ar} + x_{Ar^+}}{2x_{O_2} + x_O + x_{NO} + 2x_{O_2^+} + x_{O^+} + x_{NO^+}} = 0.02316 \tag{3.20}$$

此外, 由于电荷守恒, 系统应为电中性, 所以有

$$x_{O_2^+} + x_{N_2^+} + x_{Ar^+} + x_{O^+} + x_{N^+} + x_{NO^+} = x_{e^-} \tag{3.21}$$

再加上 x_α 的归一化条件, 有

$$x_{O_2}+x_{N_2}+x_{Ar}+x_N+x_O+x_{NO}+x_{O_2^+}+x_{N_2^+}+x_{Ar^+}+x_{N^+}+x_{O^+}+x_{NO^+}+x_{e^-}=1 \quad (3.22)$$

这样, 由式 (3.10)～ 式 (3.18)9 个方程加上式 (3.19)～ 式 (3.21)3 个守恒方程和式 (3.22) 归一化条件, 共得 13 个方程. 当 9 个反应的物理平衡常数 K_p 确定以后, 就可求出各组分 x_α.

3. 平衡常数

1) 平衡判据

首先讨论给定温度和压力下的平衡. 根据热力学第一定律可知, 体系吸收的热量等于体系内能的增加与对外做功之和. 对于等压过程有

$$\delta Q = \mathrm{d}U + p\mathrm{d}V \quad (3.23)$$

由热力学第二定律可知, 体系吸收热量熵不减, 即

$$\delta Q \leqslant T\mathrm{d}S \quad (3.24)$$

平衡时为准静态可逆过程, 式 (3.24) 取等号, 有

$$\mathrm{d}U - T\mathrm{d}S + p\mathrm{d}V = 0 \quad (3.25)$$

又由热力势 (Gibbs 自由能或 Gibbs 函数) 的定义

$$G = U - TS + pV \quad (3.26)$$

在温度和压力一定的条件下, 对上式微分有

$$\mathrm{d}G = \mathrm{d}U - T\mathrm{d}S + p\mathrm{d}V \quad (3.27)$$

由式 (3.25) 可知, 平衡时, 有 $\mathrm{d}G = 0$, 这就是平衡判据.

2) 平衡条件

下面讨论化学反应式 (3.1) 的平衡条件.

对于 α 组分, 如果参与化学反应的反应物有 $\nu'_\alpha\mathrm{d}\xi$(mol), 则必然生成 $\nu''_\alpha\mathrm{d}\xi$(mol) 的生成物, 反应后 α 组分的净变化为 $\left(\nu''_\alpha - \nu''_\alpha\right)\mathrm{d}\xi$(mol), 引起自由能的变化为 $\left(\nu''_\alpha - \nu'_\alpha\right)\mu_\alpha\mathrm{d}\xi$, 其中 μ_α 是 1 mol α 组分的自由能, 称为 α 的化学势.

由平衡条件得

$$\mathrm{d}G = \sum_\alpha \left(\nu''_\alpha - \nu'_\alpha\right)\mu_\alpha\mathrm{d}\xi = 0 \quad (3.28)$$

即

$$\sum_{\alpha}\left(v_{\alpha}^{''}-v_{\alpha}^{'}\right)\mu_{\alpha}=0 \tag{3.29}$$

式 (3.29) 就是化学反应的平衡条件.

3) 化学势的表达式

化学势 μ 是态函数, 与气体的状态有关. 下面为了讨论方便, 暂不写下标 α, 即

$$\mu=\mu\left(T,p\right) \tag{3.30}$$

对上式微分有

$$\mathrm{d}\mu=\left(\frac{\partial\mu}{\partial T}\right)_{p}\mathrm{d}T+\left(\frac{\partial\mu}{\partial p}\right)_{T}\mathrm{d}p \tag{3.31}$$

由热力学可知

$$\left(\frac{\partial\mu}{\partial T}\right)_{p}=-S,\quad\left(\frac{\partial\mu}{\partial p}\right)_{T}=V$$

故式 (3.31) 可化为

$$\mathrm{d}\mu=-S\mathrm{d}T+V\mathrm{d}p \tag{3.32}$$

其中, S 为 1 mol 气体的熵; V 为 1 mol 气体的体积.

对于 1 mol 的理想气体, 有

$$pV=R^{0}T \tag{3.33}$$

所以式 (3.32) 又可化为

$$\mathrm{d}\mu=-S\mathrm{d}T+R^{0}T\frac{\mathrm{d}p}{p} \tag{3.34}$$

对式 (3.34) 积分, 可求出任意指定温度和压力下的化学势.

用 μ^{0} 表示压力为一个大气压的化学势, 常称为标准化学势, 显然 $\mu^{0}=\mu^{0}\left(T\right)$. 先假设 μ^{0} 是已知的, 以后再介绍 μ^{0} 的计算方法. 由于 μ 是态函数, 它的值与积分路线无关, 所以如图 3.1 所示, 在求 II 处的 μ 时, 可选定积分路线为 I $\rightarrow$ II, 即 $T=$ 常数.

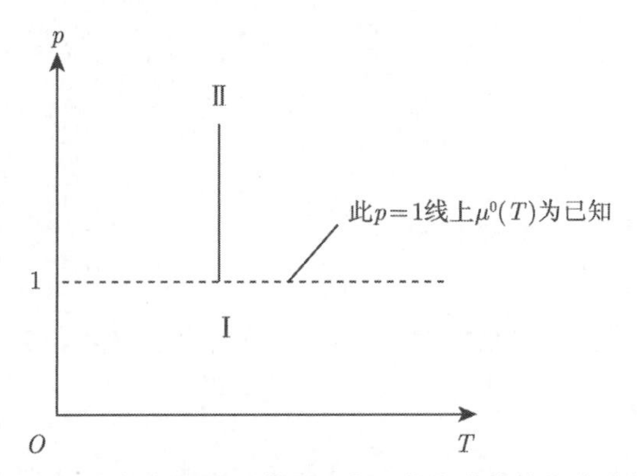

图 3.1　求任意指定温度和压力下的化学势的积分路线

对式 (3.34) 积分得

$$\mu = \mu^0(T) + R^0 T \int_1^p \frac{\mathrm{d}p}{p} = \mu^0 + R^0 T \ln p \tag{3.35}$$

于是化学势的表达式为

$$\mu_\alpha = \mu_\alpha^0 + R^0 T \ln p_\alpha \tag{3.36}$$

4) 平衡常数

由平衡条件式 (3.29) 和化学势的表达式 (3.36) 可得

$$\sum_\alpha \left(\nu_\alpha'' - \nu_\alpha'\right) \mu_\alpha^0 + R^0 T \sum_\alpha \left(\nu_\alpha'' - \nu_\alpha'\right) \ln p_\alpha = 0 \tag{3.37}$$

移项后, 得

$$\sum_\alpha \left(\nu_\alpha'' - \nu_\alpha'\right) \ln p_\alpha = -\frac{1}{R^0 T} \sum_\alpha \left(\nu_\alpha'' - \nu_\alpha'\right) \mu_\alpha^0 \tag{3.38}$$

即

$$\prod_\alpha p_\alpha^{\left(\nu_\alpha'' - \nu_\alpha'\right)} = \exp\left[-\frac{1}{R^0 T} \sum_\alpha (\nu_\alpha'' - \nu_\alpha') \mu_\alpha^0\right] \tag{3.39}$$

上式左边为平衡常数 K_p, 即

$$K_p = \exp\left[-\frac{1}{R^0 T} \sum_\alpha (\nu_\alpha'' - \nu_\alpha') \mu_\alpha^0\right] \tag{3.40}$$

4. 配分函数

下面讨论 μ^0 的计算, 它可由粒子的微观结构求出, 联系微观结构与宏观热力学性质的桥梁是配分函数.

1) 一个粒子的配分函数

设一个粒子处于第 i 个量子态的本征值为 ε_i, 而它占据 i 态的概率为 P_i, 若粒子是经典粒子, 热动平衡时服从 Maxwell-Boltzmann 统计, 即

$$P_1 : P_2 : P_3 : \cdots = \mathrm{e}^{-\frac{\varepsilon_1}{kT}} : \mathrm{e}^{-\frac{\varepsilon_2}{kT}} : \mathrm{e}^{-\frac{\varepsilon_3}{kT}} : \cdots \tag{3.41}$$

或者

$$P_i = \frac{\mathrm{e}^{-\frac{\varepsilon_i}{kT}}}{Q} \tag{3.42}$$

上式为 Boltzmann 定律. 其中, ε_i 为 i 态的能量本征值; Q 为该粒子的配分函数

$$Q = \sum_i \mathrm{e}^{-\frac{\varepsilon_i}{kT}} \tag{3.43}$$

其中, 求和是对所有量子态求和.

g_i 个量子态可能具有相同的能量本征值 ε_i , 这些态称为一个能级, 用 g_l 表示第 l 个能级的简并度, 其本征值为 ε_l , 则热动平衡时占据 l 能级的概率为

$$P_l = \frac{g_l \mathrm{e}^{-\frac{\varepsilon_l}{kT}}}{Q} \tag{3.44}$$

其中, Q 为考虑能级简并后的配分函数

$$Q = \sum_l g_l \mathrm{e}^{-\frac{\varepsilon_l}{kT}} \tag{3.45}$$

假定粒子处于平移自由度的第 m 个能级, 内部自由度的第 n 个能级, 共同构成粒子的第 l 个能级, 则有 $\varepsilon_l = \varepsilon_{\mathrm{tr}m} + \varepsilon_{\mathrm{in}n}$, 简并度为 $g_l = g_{\mathrm{tr}m} g_{\mathrm{in}n}$, 这时配分函数为

$$Q = \sum_{m,n} g_{\mathrm{tr}m} g_{\mathrm{in}n} \mathrm{e}^{-\frac{\varepsilon_{\mathrm{tr}m} + \varepsilon_{\mathrm{in}n}}{kT}} = \sum_m g_{\mathrm{tr}m} \mathrm{e}^{-\frac{\varepsilon_{\mathrm{tr}m}}{kT}} \cdot \sum_n g_{\mathrm{in}n} \mathrm{e}^{-\frac{\varepsilon_{\mathrm{in}n}}{kT}} = Q_{\mathrm{tr}} Q_{\mathrm{in}} \tag{3.46}$$

其中, Q_{tr} 为平移自由度的配分函数; Q_{in} 为内部自由度的配分函数.

2) 平移自由度配分函数

假定粒子在方箱子中做平移运动, 如图 3.2 所示.

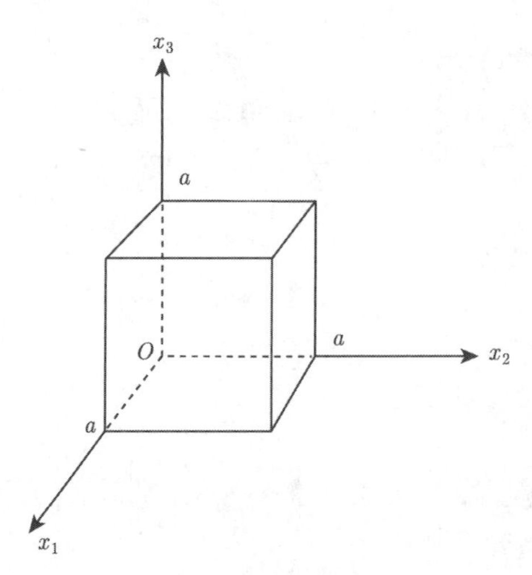

图 3.2　方形势阱

描述粒子运动的 Schrödinger 方程为

$$-\frac{h^2}{8\pi^2 m}\nabla^2\varphi(x_1,x_2,x_3)=\varepsilon\varphi(x_1,x_2,x_3) \tag{3.47}$$

应用分离变量法, 由边界条件可求得波函数为

$$\varphi(x_1,x_2,x_3)=A\sin\frac{n_1\pi}{a}x_1\sin\frac{n_2\pi}{a}x_2\sin\frac{n_3\pi}{a}x_3 \tag{3.48}$$

代入 Schrödinger 方程, 得本征能量 ε 为

$$\varepsilon=\frac{h^2}{8a^2 m}\left(n_1^2+n_2^2+n_3^2\right) \tag{3.49}$$

其中, $n_1,n_2,n_3=0,1,2,\cdots$. 每一组 (n_1,n_2,n_3) 对应一个量子态. 将上式代入式 (3.43), 可求得一个粒子平移自由度的配分函数

$$\begin{aligned} Q_{\text{tr}} &= \sum_{n_1=0}^{\infty}\sum_{n_2=0}^{\infty}\sum_{n_3=0}^{\infty}\mathrm{e}^{-\frac{h^2}{8a^2mkT}\left(n_1^2+n_2^2+n_3^2\right)} \\ &= \left(\sum_{n=0}^{\infty}\mathrm{e}^{-\frac{h^2}{8a^2mkT}n^2}\right)^3 \end{aligned} \tag{3.50}$$

当 n 趋于无穷大时, 求和可改为求积分. 于是一个粒子平移自由度的配分函数为

$$Q_{\text{tr}}=\left(\int_0^{\infty}\mathrm{e}^{-\frac{h^2}{8a^2mkT}n^2}\mathrm{d}n\right)^3=\left[a\left(\frac{2\pi mkT}{h^2}\right)^{\frac{1}{2}}\right]^3=a^3\left(\frac{2\pi mkT}{h^2}\right)^{\frac{3}{2}}=V\left(\frac{2\pi mkT}{h^2}\right)^{\frac{3}{2}} \tag{3.51}$$

其中, V 为系统的体积.

3) 内部自由度的配分函数

用 ε^0 表示粒子基态能量, 则激发态 l 的能量为 $\varepsilon_l = \varepsilon^0 + \in_l$, $\in_l$ 是以基态为参考点的能量, 则粒子内部自由度的配分函数为

$$Q_{\text{in}} = \sum_l g_l \mathrm{e}^{-\frac{\varepsilon^0 + \in_l}{kT}} = \mathrm{e}-\frac{\varepsilon^0}{kT}\sum_l g_l \mathrm{e}^{-\frac{\in_l}{kT}} = \mathrm{e}^{-\frac{\varepsilon^0}{kT}} Q_{\text{in}}^0 \tag{3.52}$$

其中, Q_{in} 仅是温度 T 的函数.

将式 (3.51) 和式 (3.52) 代入式 (3.46), 得出一个粒子的总配分函数为

$$Q = V\left(\frac{2\pi mkT}{h^2}\right)^{\frac{3}{2}} \mathrm{e}^{-\frac{\varepsilon^0}{kT}} Q_{\text{in}}^0 \tag{3.53}$$

4) 全同粒子的配分函数

设 a 和 b 两个粒子构成一个体系, 则有

$$Q_a = \sum_{la} g_{la} \mathrm{e}^{-\frac{\varepsilon_{la}}{kT}} \tag{3.54}$$

$$Q_b = \sum_{lb} g_{lb} \mathrm{e}^{-\frac{\varepsilon_{lb}}{kT}} \tag{3.55}$$

对体系而言, $\varepsilon_l = \varepsilon_{la} + \varepsilon_{lb}$, $g_l = g_{la} g_{lb}$, 体系的配分函数为

$$Z = \sum_l g_l \mathrm{e}^{-\frac{\varepsilon_l}{kT}} = \sum_{la} g_{la} \mathrm{e}^{-\frac{\varepsilon_{la}}{kT}} \sum_{lb} g_{lb} \mathrm{e}^{-\frac{\varepsilon_{lb}}{kT}} = Q_a Q_b \tag{3.56}$$

若 a 和 b 是全同粒子, $Q_a = Q_b = Q$, 表面上似乎 $Z = Q^2$, 但这是错误的. 因为这时 a 处于甲态、b 处于乙态和 a 处于乙态、b 处于甲态是同一个态, 只能算作体系的同一个态, 结果导致体系的简并度减少一半, 所以 $Z = \dfrac{Q^2}{2}$, 当有 N 个粒子时有

$$Z = \frac{Q^N}{N!} \tag{3.57}$$

对于 1 mol 的全同粒子有

$$Z = \frac{Q^{N_{\text{A}}}}{N_{\text{A}}!} \tag{3.58}$$

5. 化学势

由统计物理可知, 自由能 F 与配分函数之间有

$$F = -kT \ln Z \tag{3.59}$$

因此热力势为

$$G = F + pV = -kT \ln Z + pV \tag{3.60}$$

1 mol 粒子的热力势称为化学势 μ. 对于 1 mol 粒子的理想气体, 有

$$pV = N_{\mathrm{A}}kT \tag{3.61}$$

将式 (3.58) 得出的 1 mol 全同粒子的配分函数代入式 (3.60), 有

$$\mu = -kT\ln\frac{Q^{N_{\mathrm{A}}}}{N_{\mathrm{A}}!} + N_{\mathrm{A}}kT = -N_{\mathrm{A}}kT\ln Q + kT\ln N_{\mathrm{A}}! + N_{\mathrm{A}}kT \tag{3.62}$$

其中, N_{A} 表示 1 mol 粒子数. 由于 N_{A} 很大, 由 Stirling 公式得

$$\ln N_{\mathrm{A}}! = N_{\mathrm{A}}\left(\ln N_{\mathrm{A}} - 1\right) \tag{3.63}$$

将上式代入式 (3.61) 得

$$\mu = -N_{\mathrm{A}}kT\ln\frac{Q}{N_{\mathrm{A}}} \tag{3.64}$$

将一个粒子的配分函数式 (3.53) 代入上式中, 并利用 $pV = N_{\mathrm{A}}kT$, 消去 V, 得

$$\mu = -N_{\mathrm{A}}kT\ln\left[\frac{kT}{p}\left(\frac{2\pi mkT}{h^2}\right)^{\frac{3}{2}}\mathrm{e}^{-\frac{\varepsilon^0}{kT}}Q_{\mathrm{in}}^0\right] \tag{3.65}$$

令 p=1, 得

$$\mu^0 = N_{\mathrm{A}}\varepsilon^0 - N_{\mathrm{A}}kT\ln\left[kT\left(\frac{2\pi mkT}{h^2}\right)^{\frac{3}{2}}Q_{\mathrm{in}}^0\right] \tag{3.66}$$

由上式可见 μ^0 只是 T 的函数. 将上式代入式 (3.40), 得平衡常数为

$$K_p = \mathrm{e}^{-\frac{1}{kT}\sum\limits_{\alpha}\left(\nu_\alpha''-\nu_\alpha'\right)\varepsilon_\alpha^0}\prod_\alpha\left[kT\left(\frac{2\pi m_\alpha kT}{h^2}\right)^{\frac{3}{2}}Q_{\mathrm{in}\alpha}^0\right]^{\left(\nu_\alpha''-\nu_\alpha'\right)} \tag{3.67}$$

由此可见, 只要知道 ε_α^0 及 $Q_{\mathrm{in}\alpha}^0$, 即可求出平衡常数. 其中 $Q_{\mathrm{in}\alpha}^0$ 可从原子分子的能级结构求出.

6. Saha *方程*

电离反应为

$$A_i \longrightarrow A_{i+1} + \mathrm{e}^- \tag{3.68}$$

若用 n_i、n_{i+1} 和 n_{e^-} 分别表示 A_i、A_{i+1} 和电子 e^- 的粒子数密度, 由理想气体状态方程得

$$p_{i+1} = n_{i+1}kT,\quad p_{\mathrm{e}^-} = n_{\mathrm{e}^-}kT,\quad p_i = n_ikT \tag{3.69}$$

代入平衡常数定义式 (3.7), 有

$$K_p = \frac{p_{i+1}p_{\mathrm{e}^-}}{p_i} \tag{3.70}$$

由式 (3.67)、式 (3.69) 和式 (3.70) 可得

$$\begin{aligned}\frac{n_{i+1}n_{\mathrm{e}^-}}{n_i}kT &= \mathrm{e}^{-\frac{1}{kT}\sum\limits_{\alpha}\left(\nu_\alpha''-\nu_\alpha'\right)\varepsilon_\alpha^0}\prod_\alpha\left[kT\left(\frac{2\pi m_\alpha kT}{h^2}\right)^{\frac{3}{2}}Q_{\mathrm{in}\alpha}^0\right]^{\left(\nu_\alpha''-\nu_\alpha'\right)}\\ &= \mathrm{e}^{-\frac{\varepsilon_{i+1}^0+\varepsilon_{\mathrm{e}^-}^0-\varepsilon_i^0}{kT}}\frac{\dfrac{(2\pi m_{i+1})^{\frac{3}{2}}(kT)^{\frac{5}{2}}}{h^3}Q_{\mathrm{in}i+1}^0\dfrac{(2\pi m_{\mathrm{e}^-})^{\frac{3}{2}}(kT)^{\frac{5}{2}}}{h^3}Q_{\mathrm{ine}^-}^0}{\dfrac{(2\pi m_i)^{\frac{3}{2}}(kT)^{\frac{5}{2}}}{h^3}Q_{\mathrm{in}i}^0}\end{aligned} \tag{3.71}$$

式中, m_i、m_{i+1} 和 m_{e^-} 分别表示 A_i 、A_{i+1} 和电子 e^- 的质量; ε_i^0 、ε_{i+1}^0 和 $\varepsilon_{\mathrm{e}^-}^0$ 分别表示 A_i 、A_{i+1} 和电子 e^- 的基态能量. 又因为电离能 I_i 满足

$$\varepsilon_{i+1}^0+\varepsilon_i^0-\varepsilon_{\mathrm{e}^-}^0=I_i \tag{3.72}$$

而 A_i 和 A_{i+1} 的质量只差一个电子的质量 m_{e^-}, 由于离子的质量远大于电子的质量, 所以实际上可近似认为 $m_i\approx m_{i+1}$. 自由电子无所谓内部能级结构, 它只能处于内部能级的基态, 考虑到电子有两种自旋取向, 能级简并度为 2, 取电子的基态能量 $\varepsilon_{\mathrm{e}^-}^0=0$, 有

$$Q_{\mathrm{ine}^-}^0=2\mathrm{e}^{-\frac{\varepsilon_{\mathrm{e}^-}^0}{KT}}=2 \tag{3.73}$$

故式 (3.71) 可化为

$$\frac{n_{i+1}n_{\mathrm{e}^-}}{n_i}=\frac{2(2\pi m_{\mathrm{e}^-})^{\frac{3}{2}}}{h^3}(kT)^{\frac{3}{2}}\frac{Q_{\mathrm{in}i+1}^0}{Q_{\mathrm{in}i}^0}\mathrm{e}^{-\frac{I_i}{kT}} \tag{3.74}$$

上式给出了电离反应式 (3.68) 达到热动平衡时, 其反应物与生成物之间粒子数密度关系, 又称 Saha 方程. 由 Saha 方程可求得各阶电离的离子浓度 n_i.

3.2 独立粒子近似下的状态方程

1. 状态方程的概念

1) 温度状态方程

定义平均质量

$$m=\sum_\alpha x_\alpha m_\alpha \tag{3.75}$$

式中, m_α 为 α 组分的质量. 在平衡时有

$$p_\alpha=n_\alpha kT=nx_\alpha kT=\rho x_\alpha\frac{k}{m}T \tag{3.76}$$

其中, $\rho=nm$ 为平均密度. 独立粒子近似下有 $p=\sum\limits_\alpha p_\alpha$, 由上式对 α 求和有

$$p=\rho\frac{k}{m}T=\rho\frac{N_{\mathrm{A}}k}{N_{\mathrm{A}}m}T=\rho\frac{R^0}{M}T \tag{3.77}$$

其中, $M=N_{\mathrm{A}}m=\sum\limits_{\alpha}x_\alpha N_{\mathrm{A}}m_\alpha=\sum\limits_{\alpha}x_\alpha M_\alpha$ 为平均分子量. 由此可见, 只要求出系统的平衡组分 x_α, 就可以确定系统的温度状态方程.

2) 热量状态方程

用 $U_\alpha=U_{\mathrm{tr}\alpha}+U_{\mathrm{in}\alpha}$ 表示 1 个 α 粒子的内能, 在独立粒子近似下, 1 mol 多组分气体的平均内能为 $N_{\mathrm{A}}\sum\limits_{\alpha}x_\alpha U_\alpha$, 则单位质量内能为

$$E=\frac{N_{\mathrm{A}}\sum\limits_{\alpha}x_\alpha U_\alpha}{M}=\frac{N_{\mathrm{A}}\sum\limits_{\alpha}x_\alpha U_\alpha}{\sum\limits_{\alpha}x_\alpha M_\alpha} \tag{3.78}$$

由此可见, 只要求出系统的平衡组分 x_α 和 U_α, 就可以确定系统的热量状态方程. 因此, 问题在于求 U_α.

2. 内能

对于某一种成分, 用 U 表示一个粒子的内能, 由统计物理有

$$U=kT^2\left(\frac{\partial\ln Q}{\partial T}\right)_V \tag{3.79}$$

其中, Q 为一个粒子的配分函数, 将式 (3.53) 代入上式得

$$U=\frac{3}{2}kT+\varepsilon^0+kT^2\frac{\mathrm{d}\ln Q_{\mathrm{in}}^0}{\mathrm{d}T} \tag{3.80}$$

上式第一项是平移自由度对内能的贡献, 与能量均分定理所得结论一致; 第二项和第三项是内部自由度对内能的贡献, 第二项为基态对内能的贡献 ε^0, 第三项为激发态对内能的贡献.

热动平衡时, 由 Boltzmann 分布可知, 粒子占据第 l 个能级的概率为

$$P_l=\frac{g_l\mathrm{e}^{-\frac{\varepsilon_l}{kT}}}{\sum\limits_{l}g_l\mathrm{e}^{-\frac{\varepsilon_l}{kT}}}=\frac{g_l\mathrm{e}^{-\frac{\varepsilon_l}{kT}}}{Q_{\mathrm{in}}} \tag{3.81}$$

所以粒子的平均能量 $\bar{\varepsilon}$ 为

$$\bar{\varepsilon}=\sum_{l}\varepsilon_l P_l=\frac{\sum\limits_{l}\varepsilon_l g_l\mathrm{e}^{-\frac{\varepsilon_l}{kT}}}{Q_{\mathrm{in}}} \tag{3.82}$$

又

$$\frac{\mathrm{d}\ln Q_{\mathrm{in}}}{\mathrm{d}T}=\frac{1}{Q_{\mathrm{in}}}\frac{\mathrm{d}Q_{\mathrm{in}}}{\mathrm{d}T}=\frac{1}{kT^2}\frac{\sum\limits_{l}\varepsilon_l g_l\mathrm{e}^{-\frac{\varepsilon_l}{kT}}}{Q_{\mathrm{in}}} \tag{3.83}$$

比较式 (3.82) 和式 (3.83), 结合式 (3.80), 有

$$\bar{\varepsilon} = kT^2 \frac{\mathrm{d} \ln Q_{\mathrm{in}}}{\mathrm{d}T} = U_{\mathrm{in}} \tag{3.84}$$

即内部自由度对内能的贡献就是粒子的平均能量.

由式 (3.80) 可得一个 α 粒子的内能为

$$U_\alpha = \frac{3}{2}kT + \varepsilon_\alpha^0 + kT^2 \frac{\mathrm{d} \ln Q_{\mathrm{in}\alpha}^0}{\mathrm{d}T} \tag{3.85}$$

将上式代入式 (3.78), 得到混合气体单位质量的内能为

$$E = \frac{3}{2}\frac{R^0}{M}T + \frac{N_{\mathrm{A}}}{M}\sum_\alpha x_\alpha \varepsilon_\alpha^0 + \frac{R^0}{M}T^2 \sum_\alpha x_\alpha \frac{\mathrm{d} \ln Q_{\mathrm{in}\alpha}^0}{\mathrm{d}T} \tag{3.86}$$

3.3 真实气体状态方程

1. Virial 状态方程

真实气体与理想气体的不同之处在于气体分子之间存在相互作用. 对于理想气体, 气体分子之间不存在相互作用, 状态方程分别为

$$P = nkT \tag{3.87}$$

$$U = n\left(\frac{3}{2}kT + \varepsilon^0 + kT^2 \frac{\mathrm{d} \ln Q_{\mathrm{in}}^0}{\mathrm{d}T}\right) \tag{3.88}$$

真实气体需要考虑粒子间的相互作用, 在这种情况下, 计算单个粒子的配分函数以及单个粒子在某能级上的占据几率已经没有意义. 可以通过系综的配分函数, 把粒子的微观结构与宏观热力学量联系起来, 推导出真实气体的状态方程.

真实气体状态方程可以采用 Virial 形式表示, 即

$$p = nkT\left[1 + nB(T) + n^2 C(T) + \cdots\right] \tag{3.89}$$

$$U = n\left[\frac{3}{2}kT + \varepsilon^0 + kT^2 \frac{\mathrm{d} \ln Q_{\mathrm{in}}^0}{\mathrm{d}T} - nkT^2 \frac{\mathrm{d}B(T)}{\mathrm{d}T} + \cdots\right] \tag{3.90}$$

当 n 很小时, 即粒子间相互作用可以忽略, 略去 n 的高阶小量, 上述 Virial 形式状态方程就成为理想气体状态方程. 式 (3.89) 和式 (3.90) 中的 $B(T)$ 和 $C(T)$ 分别为第二 Virial 系数和第三 Virial 系数, 求得 Virial 系数, 也就确定了真实气体的状态方程.

2. 正则系综

当粒子间相互作用不能忽略时, 体系的能量不再是 N 个粒子的能量和, 为求这种系统的平衡性质, 需用正则系综.

设体系体积为 V, 其中含 N 个粒子, 处于温度 T, 粒子之间有相互作用. 设每个粒子有 f 个自由度, 其中 3 个为平移自由度, 其余 $(f-3)$ 个为内部自由度, 则体系的状态可用 $2Nf$ 维 Γ 空间中的一点 $(q_1, q_2, \cdots, q_{Nf}, p_1, p_2, \cdots, p_{Nf})$ 表示.

设系综中含 $W\,(W \to \infty)$ 个这样的系统, 若在某时刻, 在 Γ 空间第 l 个能级中占据 N_l 个相点, 则体系处于 l 能级的几率为

$$P_l = \frac{N_l}{W} \tag{3.91}$$

显然

$$\sum_l P_l = 1 \tag{3.92}$$

$$\sum_l N_l = W \tag{3.93}$$

设能级 l 的能量为 E_l, 则体系的平均能量为

$$\bar{E} = \sum_l P_l E_l \tag{3.94}$$

将式 (3.91) 代入上式, 得

$$W\bar{E} = \sum_l N_l E_l \tag{3.95}$$

设 l 能级的简并度为 ω_l, 占据数为 N_l. 现讨论把 W 个相点任意分配到 l 个能级中的可能分法, 即系统的微观状态数.

我们分步进行讨论.

1) 从 W 个相点中选出 N_1 个相点的选法

W 个点的任意排列, 共有 $W!$ 种排法, 取前 N_1 个就是所选定的, 但对不同的排列会选到相同的 N_1 个相点, 凡遇到这种排列, 有两种可能: 前 N_1 个互相交换位置, 共 $N_1!$ 种; 后 $(W-N_1)$ 个互相交换位置, 共 $(W-N_1)!$ 种. 所以, 从 W 个相点中选出 N_1 个相点的选法共有 $\dfrac{W!}{(W-N_1)!N_1!}$ 种.

2) 把 N_1 个相点分到 ω_1 个态中的分法

对第 1 个相点, 有 ω_1 种分法; 对第 2 个相点, 有 ω_1 种分法, $\cdots\cdots$. 共有 $\omega_1^{N_1}$ 种分法.

综上所述, 从 W 个相点中选出 N_1 个相点, 放入 ω_1 个态中, 共有 $\dfrac{W!\omega_1^{N_1}}{(W-N_1)!N_1!}$

种方法. 依此类推, 从 $(W-N_1)$ 个相点中选出 N_2 个相点, 放入 ω_2 个态中, 共有 $\dfrac{(W-N_1)!\omega_2^{N_2}}{(W-N_1-N_2)!N_2!}$ 种方法.

3) 系统的微观状态数

把 W 个相点任意分配到 l 个能级中的可能分法, 即系统的微观状态数 w 为

$$w=\frac{W!\omega_1^{N_1}}{(W-N_1)!N_1!}\cdot\frac{(W-N_1)!\omega_2^{N_2}}{(W-N_1-N_2)!N_2!}\cdot\cdots=W!\prod_l\frac{\omega_l^{N_l}}{N_l!} \tag{3.96}$$

ω 是 $\{N_l\}$ 的函数. 当系统达到平衡时, ω 达到极大值, 即最可几分布. 因此, 求平衡态的分布 $\{N_l\}$ 就变为求式 (3.96) 的极值问题, 而式 (3.93) 和式 (3.95) 为约束条件.

为了求式 (3.96) 的极值解, 定义

$$f=\ln w \tag{3.97}$$

$$g=\sum_l N_l-W \tag{3.98}$$

$$h=\sum_l N_lE_l-W\bar{E} \tag{3.99}$$

由 Lagrange 不定乘子法, 得极值条件为

$$\frac{\partial f}{\partial N_l}+\alpha\frac{\partial g}{\partial N_l}+\beta\frac{\partial h}{\partial N_l}=0\quad(l=1,2,3,\cdots) \tag{3.100}$$

其中, α,β 是待定的 Lagrange 乘子. 将式 (3.85)~ 式 (3.87) 代入上式, 应用 Stirling 公式 $N!=\left(\dfrac{N}{e}\right)^N$, 有

$$\ln w=\ln\left(W!\prod_l\frac{\omega_l^{N_l}}{N_l!}\right)=\ln\left[\left(\frac{W}{e}\right)^W\prod_l\left(\frac{\omega_le}{N_l}\right)^{N_l}\right]=W\ln\left(\frac{W}{e}\right)+\sum_l N_l\ln\left(\frac{\omega_le}{N_l}\right)$$

式 (3.100) 第一项为

$$\frac{\partial f}{\partial N_l}=\frac{\partial\ln w}{\partial N_l}=\frac{\partial N_l\ln\left(\dfrac{\omega_le}{N_l}\right)}{\partial N_l}=\ln\omega_l=\ln N_l$$

式 (3.100) 第二项为 α, 第三项为 βE_l, 得

$$N_l=\omega_l\mathrm{e}^{\alpha+\beta E_l} \tag{3.101}$$

将上式代入式 (3.93), 有

$$W=\mathrm{e}^{\alpha}\sum_{l}\omega_{l}\mathrm{e}^{\beta E_{l}} \tag{3.102}$$

即

$$\mathrm{e}^{\alpha}=\frac{W}{\sum\limits_{l}\omega_{l}\mathrm{e}^{\beta E_{l}}}=\frac{W}{Z} \tag{3.103}$$

其中, $Z=\sum\limits_{l}\omega_{l}\mathrm{e}^{\beta E_{l}}$ 为正则配分函数. 将上式代入式 (3.101) 中, 有

$$N_{l}=W\frac{\omega_{l}\mathrm{e}^{\beta E_{l}}}{Z} \tag{3.104}$$

现在再求 β. 由熵的定义 $S=k\ln w$, 熵的系综平均为 $\overline{S}=\dfrac{S}{W}$, 则

$$W\bar{S}=k\ln w \tag{3.105}$$

将式 (3.96) 代入上式, 应用 Stirling 公式, 有

$$W\bar{S}=k\ln\left[W!\prod_{l}\frac{\omega_{l}^{N_{l}}}{N_{l}!}\right]=k\ln\left[\left(\frac{W}{e}\right)^{W}\prod_{l}\left(\frac{\omega_{l}e}{N_{l}}\right)^{N_{l}}\right] \tag{3.106}$$

将式 (3.104) 代入上式, 有

$$W\bar{S}=k\ln\left[\left(\frac{W}{e}\right)^{W}\cdot\left(\frac{Ze}{W}\right)^{\sum\limits_{l}N_{l}}\cdot\mathrm{e}^{-\beta\sum\limits_{l}N_{l}E_{l}}\right]=k\ln\left(Z^{W}\mathrm{e}^{-\beta W\overline{E}}\right)=kW\left(\ln Z-\beta\bar{E}\right) \tag{3.107}$$

由上式可得

$$\bar{S}=k\left(\ln Z-\beta\bar{E}\right) \tag{3.108}$$

将上式代入热力学公式 $\dfrac{1}{T}=\left(\dfrac{\partial S}{\partial E}\right)_{V,N}$ 中, 得

$$\frac{1}{T}=\frac{\partial\bar{S}}{\partial\bar{E}}=-k\beta \tag{3.109}$$

得

$$\beta=-\frac{1}{kT} \tag{3.110}$$

最后得到正则配分函数

$$Z=\sum_{l}\omega_{l}\mathrm{e}^{-E_{l}/kT} \tag{3.111}$$

由此就可以求出正则系综的所有热力学性质.

3. 巨正则系综

在正则系综中, 设体系体积为 V, 其中含 N 个粒子. 如果体系的粒子数可变, 就成为巨正则系综. 设系统能级 E_l 的简并度为 ω_l, 占据数为 N_l. $\{E_l\}$、$\{\omega_l\}$ 和 $\{N_l\}$ 都是系统粒子数 N_α 的函数. 设系综中共有 W 个子系统, 但每个子系统中的 N_α 是可以变化的, W 个子系统在相空间中占据 W 个相点. 把 W 个相点任意分配到能级 $\{E_l\}$ 中去的可能分法为

$$w = W! \prod_l \prod_{N_\alpha} \frac{[\omega_l(N_\alpha)]^{N_l(N_\alpha)}}{[N_l(N_\alpha)]!} \tag{3.112}$$

此即系综的微观状态数. 系综达到平衡时, w 达到极大值, 即最可几分布. 因此, 求平衡态的分布 $\{N_l(N_\alpha)\}$, 就变为求式 (3.112) 的极值问题. 求极值的约束条件为

$$W = \sum_l \sum_{N_\alpha} N_l(N_\alpha) \tag{3.113}$$

$$W\bar{E} = \sum_l \sum_{N_\alpha} N_l(N_\alpha) E_l(N_\alpha) \tag{3.114}$$

$$W\overline{N_\alpha} = \sum_l \sum_{N_\alpha} N_l(N_\alpha) N_\alpha \tag{3.115}$$

为了求式 (3.112) 的极值, 定义

$$f = \ln w \tag{3.116}$$

$$g = \sum_l \sum_{N_\alpha} N_l(N_\alpha) - W \tag{3.117}$$

$$h = \sum_l \sum_{N_\alpha} N_l(N_\alpha) E_l(N_\alpha) - W\bar{E} \tag{3.118}$$

$$k = \sum_l \sum_{N_\alpha} N_l(N_\alpha) N_\alpha - W\overline{N_\alpha} \tag{3.119}$$

由 Lagrange 不定乘子法, 得极值条件为

$$\frac{\partial f}{\partial N_l(N_\alpha)} + \alpha \frac{\partial g}{\partial N_l(N_\alpha)} + \beta \frac{\partial h}{\partial N_l(N_\alpha)} + \alpha_\alpha \frac{\partial k}{\partial N_l(N_\alpha)} = 0 \tag{3.120}$$

将式 (3.112)、式 (3.116) ~ 式 (3.119) 代入上式, 得

$$N_l(N_\alpha) = \omega_l(N_\alpha) \mathrm{e}^{\alpha + \beta E_l(N_\alpha) + \alpha_\alpha N_\alpha} \tag{3.121}$$

将上式代入式 (3.113), 得

$$\mathrm{e}^\alpha = \frac{W}{\Xi} \tag{3.122}$$

其中, $\Xi=\sum\limits_{l}\sum\limits_{N_\alpha}\omega_l\left(N_\alpha\right)\mathrm{e}^{\beta E_l(N_\alpha)+\alpha_\alpha N_\alpha}$ 为巨正则配分函数. 利用正则配分函数的表达式, Ξ 又可以简化为

$$\Xi=\sum_{N_\alpha}\mathrm{Z}\left(T,V,N_\alpha\right)\mathrm{e}^{\alpha_\alpha N_\alpha} \tag{3.123}$$

将式 (3.122) 代入式 (3.121), 有

$$N_l\left(N_\alpha\right)=W\frac{\omega_l(N_\alpha)\mathrm{e}^{\beta E_l(N_\alpha)+\alpha_\alpha N_\alpha}}{\Xi} \tag{3.124}$$

考虑一个二组分体系的巨正则系综, 下面计算体系的 α 值和 β 值. 同样, 熵、内能和粒子数的系综平均定义为

$$\bar{S}=\frac{1}{W}k\ln w \tag{3.125}$$

$$\bar{E}=\frac{1}{W}\sum_{l}\sum_{N_\alpha N_\beta}N_l\left(N_\alpha,N_\beta\right)E_l\left(N_\alpha,N_\beta\right) \tag{3.126}$$

$$\overline{N_\alpha}=\frac{1}{W}\sum_{l}\sum_{N_\alpha N_\beta}N_l\left(N_\alpha,N_\beta\right)N_\alpha \tag{3.127}$$

$$\overline{N_\beta}=\frac{1}{W}\sum_{l}\sum_{N_\alpha N_\beta}N_l\left(N_\alpha,N_\beta\right)N_\beta \tag{3.128}$$

根据以上 $\bar{S},\bar{E}$ 的定义, 由式 (3.112) 和式 (3.124), 类似正则系综的推导方法, 可得

$$\bar{S}=k\left(\ln\Xi-\beta\bar{E}-\alpha_\alpha\overline{N}_\alpha-\alpha_\beta\overline{N}_\beta\right) \tag{3.129}$$

再由热力学公式 $\dfrac{1}{T}=\left(\dfrac{\partial S}{\partial E}\right)_{N_\alpha,N_\beta}$, 可得

$$\begin{cases}\dfrac{1}{T}=\left(\dfrac{\partial W\bar{S}}{\partial W\bar{E}}\right)_{N_\alpha,N_\beta}=\left(\dfrac{\partial\bar{S}}{\partial\bar{E}}\right)_{\overline{N}_\alpha,\overline{N}_\beta}=-k\beta\\ \beta=-\dfrac{1}{kT}\end{cases} \tag{3.130}$$

由热力学公式: $\mu_\alpha=-T\left(\dfrac{\partial S}{\partial N}\right)_{V,E}$, 可得

$$\mu_\alpha=-T\left(\frac{\partial\bar{S}}{\partial\overline{N}_\alpha}\right)_{\overline{V},\overline{E},\overline{N}_\beta} \tag{3.131}$$

将式 (3.129) 代入上式, 得

$$\mu_\alpha=-kT\left[\left(\frac{\partial\ln\Xi}{\partial\alpha_\alpha}-\overline{N}_\alpha\right)\frac{\partial\alpha_\alpha}{\partial\overline{N}_\alpha}+\left(\frac{\partial\ln\Xi}{\partial\alpha_\beta}-\overline{N}_\beta\right)\frac{\partial\alpha_\beta}{\partial\overline{N}_\alpha}-\alpha_\alpha\right]=\alpha_\alpha kT \tag{3.132}$$

同理可得

$$\mu_\beta = kT\alpha_\beta \tag{3.133}$$

代入式 (3.129) 得, 系综平均熵为

$$\overline{S} = k\ln\Xi + \frac{\overline{E}}{T} - \frac{\overline{N_\alpha}}{T}\mu_\alpha - \frac{\overline{N_\beta}}{T}\mu_\beta \tag{3.134}$$

其中, 巨正则配分函数 Ξ 可写为

$$\Xi = \sum_{N_\alpha, N_\beta} Z\left(T, V, N_\alpha, N_\beta\right)\mathrm{e}^{\frac{N_\alpha\mu_\alpha}{kT}}\mathrm{e}^{\frac{N_\beta\mu_\beta}{kT}} \tag{3.135}$$

由上式不难类推到多种组分的情况.

4. **用巨正则配分函数表示的热力学函数**

由统计物理有

$$N = -\frac{\partial}{\partial\alpha_a}\ln\Xi$$

$$E = \frac{\partial}{\partial\beta}\ln\Xi$$

$$P = -\frac{1}{\beta}\frac{\partial}{\partial V}\ln\Xi$$

即

$$N = kT\left(\frac{\partial\ln\Xi}{\partial\mu}\right)_{T,V} \tag{3.136}$$

$$E = kT^2\left(\frac{\partial\ln\Xi}{\partial T}\right)_{V,\frac{\mu}{kT}} \tag{3.137}$$

$$p = -kT\left(\frac{\partial\ln\Xi}{\partial V}\right)_{T,\mu} \tag{3.138}$$

由于巨正则配分函数与宏观热力学量之间存在上述函数关系, 只要求得真实气体的配分函数, 就可求得真实气体的状态方程.

5. **真实气体的配分函数**

1) Γ 空间中的正则配分函数

对有 N 个粒子的 $2Nf$ 维 Γ 空间, 体系能量为 $E\left(q_1, q_2, \cdots, q_{Nf}, p_1, p_2, \cdots, p_{Nf}\right)$. 由测不准关系, 对每一对广义坐标和广义动量, 有

$$\delta q_i\delta p_i = h \tag{3.139}$$

故在 $\delta q_1\delta q_2\cdots\delta q_{Nf}\delta p_1\delta p_2\cdots\delta p_{Nf} = h^{Nf}$ 的相体积内, 只能视为同一个态, 在 $\mathrm{d}\Gamma$ 范

围中, 共有 $\mathrm{d}w = \dfrac{\mathrm{d}\Gamma}{h^{Nf}} = \dfrac{1}{h^{Nf}}\mathrm{d}q_1\cdots\mathrm{d}q_{Nf}\mathrm{d}p_1\cdots\mathrm{d}p_{Nf}$ 个量子态, $\mathrm{d}w$ 就是简并度.

由正则系综的配分函数式 (3.111), 有

$$Z = \frac{1}{h^{Nf}}\int\cdots\int \mathrm{e}^{-\frac{E\left(q_1,\cdots,q_{Nf},p_1,\cdots,p_{Nf}\right)}{kT}}\mathrm{d}q_1\ldots\mathrm{d}q_{Nf}\mathrm{d}p_1\ldots\mathrm{d}p_{Nf} \tag{3.140}$$

若这 N 个粒子是全同粒子, 则

$$Z = \frac{1}{N!h^{Nf}}\int\cdots\int \mathrm{e}^{-\frac{E(q_1,\cdots,q_{Nf},p_1,\cdots,p_{Nf})}{kT}}\mathrm{d}q_1\cdots\mathrm{d}q_{Nf}\mathrm{d}p_1\cdots\mathrm{d}p_{Nf} \tag{3.141}$$

2) 真实气体的配分函数

N 个全同粒子体系的能量为

$$E = \frac{1}{2m}\sum_{i=1}^{N}p_i^2 + \sum_{i,j=1}^{N}{}'V\left(r_{ij}\right) + \sum_{i=1}^{N}U_{\text{in}i} \tag{3.142}$$

上式右边第一项为平动能, 与 $\boldsymbol{p}_i$ 有关; 第二项为粒子间的相互作用能, 求和上标的撇号表示 $i \neq j$, 与 r_{ij} 有关; 第三项为内部自由度能量, 与 $\boldsymbol{r}_i$ 和 $\boldsymbol{p}_i$ 都无关.

选择 Γ 空间为: $(\boldsymbol{r}_1,\boldsymbol{r}_2,\cdots,\boldsymbol{r}_N,\boldsymbol{p}_1,\boldsymbol{p}_2,\cdots,\boldsymbol{p}_N,\varpi_1,\varpi_2,\cdots,\varpi_N)$, 其中 $\{\boldsymbol{r}_i\}$ 和 $\{\boldsymbol{p}_i\}$ 为 $6N$ 维, 内部自由度 $\{\varpi_i\}$ 为 $2N(f-3)$ 维, 共 $2Nf$ 维. 将式(3.142) 代入式 (3.141), 得

$$Z = \frac{1}{N!}\left[\frac{1}{h^3}\int \mathrm{e}^{-\frac{p^2}{2mkT}}\mathrm{d}\boldsymbol{p}\right]^N\int\cdots\int \mathrm{e}^{-\frac{1}{kT}\sum\limits_{i,j}{}'V(r_{ij})}\mathrm{d}\boldsymbol{r}_1\cdots\mathrm{d}\boldsymbol{r}_N\left[\frac{1}{h^{f-3}}\int \mathrm{e}^{-\frac{U_{\text{in}}}{kT}}\mathrm{d}\varpi\right]^N \tag{3.143}$$

将 $\frac{1}{h^3}\int \mathrm{e}^{-\frac{p^2}{2mkT}}\mathrm{d}\boldsymbol{p} = \left(\dfrac{2\pi mkT}{h^2}\right)^{\frac{3}{2}}$ 代入上式, 并定义位形积分 φ_k 和内部自由度配分函数 Q_{in} 为

$$\varphi_k = \int\cdots\int \mathrm{e}^{-\frac{1}{kT}\sum\limits_{i,j}{}'V(r_{ij})}\mathrm{d}\boldsymbol{r}_1\ldots\mathrm{d}\boldsymbol{r}_N \tag{3.144}$$

$$Q_{\text{in}} = \frac{1}{h^{f-3}}\int \mathrm{e}^{-\frac{U_{\text{in}}}{kT}}\mathrm{d}\varpi = \sum_l g_l\mathrm{e}^{-\frac{U_{\text{in}l}}{kT}},\quad g_l = \frac{\delta\varpi}{h^{f-3}} \tag{3.145}$$

得

$$Z = \frac{1}{N!}\left(\frac{2\pi mkT}{h^2}\right)^{\frac{3}{2}N}\varphi_k Q_{\text{in}}^N \tag{3.146}$$

为了计算位形积分 φ_k, 定义 Mayer f 函数 f_{ij} 为

$$f_{ij} = \mathrm{e}^{-\frac{1}{kT}V(r_{ij})} - 1 \tag{3.147}$$

图 3.3 给出了 $V\left(r_{ij}\right)$, $\mathrm{e}^{-\frac{1}{kT}V(r_{ij})}$ 和 f_{ij} 函数的轮廓曲线.

利用 Mayer f 函数 f_{ij}, 能够克服势函数 $V(r_{ij})$ 在 r_{ij} 接近于 0 时趋于无穷的不足. 将式 (3.147) 代入式 (3.144), 有

$$\varphi_k=\int\cdots\int\prod_{i,j}{}'(1+f_{ij})\,\mathrm{d}\boldsymbol{r}_1\cdots\mathrm{d}\boldsymbol{r}_N \tag{3.148}$$

下面讨论 φ_k 的求解.

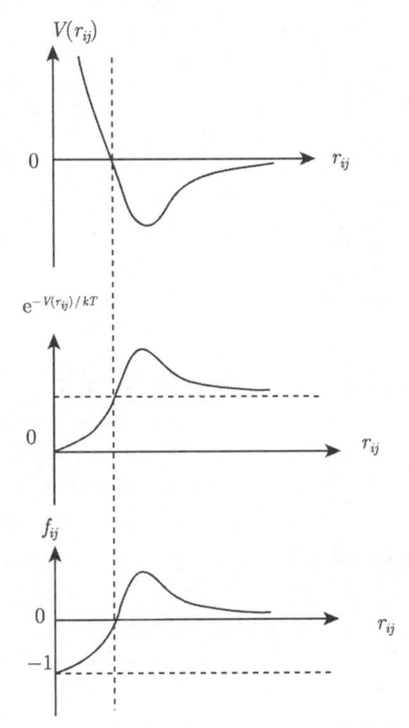

图 3.3 $V(r_{ij})$、$\mathrm{e}^{-\frac{1}{kT}V(r_{ij})}$ 和 f_{ij} 函数的轮廓

6. 集团方法

1) 集团分割

位形积分式 (3.148) 中的连积可展开为

$$\prod_{i,j}{}'(1+f_{ij})=1+\sum_{i,j}{}'f_{ij}+\sum_{i,j}{}'\sum_{i',j'}{}'f_{ij}f_{i'j'}+\cdots\quad\left(i,j,i',j'=1,2,\cdots,N\right) \tag{3.149}$$

上式共有 $2^{\frac{1}{2}N(N-1)}$ 项.

现用集团分割法表示上式各项的意义. 当 N=3 时, 共有 8 项

$$\prod_{i,j}{}'(1+f_{i,j})=1+f_{12}+f_{13}+f_{23}+f_{12}f_{13}+f_{12}f_{23}+f_{13}f_{23}+f_{12}f_{13}f_{23} \tag{3.150}$$

上式右边每一项称为一种集团. 集团可用图形表示, 上式 8 项可分为三类, 如表 3.1 所示. 表中 $f_{12}f_{13}f_{23}$ 为不可约粒子团, 当拿掉一根相互作用线时, 它仍为三粒子团, 其余均为可约粒子团, 即去掉一根相互作用线时, 粒子团的粒子数减少. 表 3.1 中 $\{m_l\}$ 称为集团分布, 或称为一种分割, 而 m_l 表示 l 个粒子相互作用的集团分布数.

表 3.1　N=3 时的集团分布

函数	图示	集团分布
1	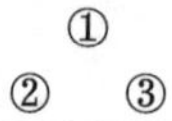 ① ②　③	3 个单粒子 $\{m_1=3, m_2=0, m_3=0\}$
f_{12}	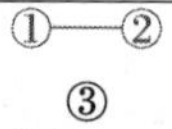 ①—② ③	1 个单粒子, 1 个双粒子 $\{m_1=1, m_2=1, m_3=0\}$
f_{13}	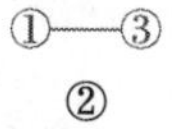 ①—③ ②	
f_{23}	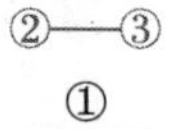 ②—③ ①	
$f_{12}f_{23}$	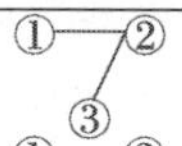 ①—② ③	0 个双粒子, 0 个双粒子, 1 个 3 粒子 $\{m_1=0, m_2=0, m_3=1\}$
$f_{12}f_{23}$	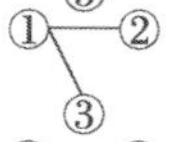 ①—② ③	
$f_{13}f_{23}$	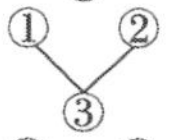 ①　② ③	
$f_{12}f_{23}f_{23}$	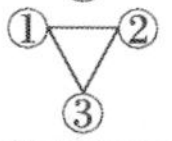 ①—② ③	不可约

集团分布数满足

$$\sum_l lm_l = N \tag{3.151}$$

为了更好地理解 m_l 的意义, 以 N=4 为例, 作集团分布. 如表 3.2 所示, 当 N=4 时, 共有 $2^{\frac{1}{2}\times4\times3}=2^6=64$ 项, 即 64 种集团.

表 3.2　N=4 时的集团分布

函数	图示举例	集团分布
1	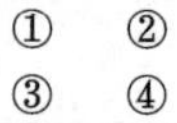 ①　② ③　④	$\{m_1=4, m_2=0,$ $m_3=0, m_4=0\}$
$f_{12}, f_{13}, f_{14}, f_{23}, f_{24}, f_{34}$	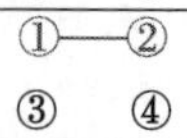 ①—② ③　④	$\{m_1=2, m_2=1,$ $m_3=0, m_4=0\}$
$f_{12}f_{34}, f_{13}f_{24}, f_{14}f_{23}$	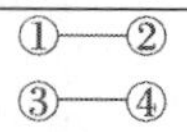 ①—② ③—④	$\{m_1=0, m_2=2,$ $m_3=0, m_4=0\}$
$f_{12}f_{13}, f_{12}f_{14}, f_{12}f_{23}, f_{12}f_{24}, f_{13}f_{14}, f_{13}f_{23},$ $f_{13}f_{34}, f_{14}f_{24}, f_{14}f_{34}, f_{23}f_{24}, f_{23}f_{34}, f_{24}f_{34},$ $f_{12}f_{13}f_{23}, f_{12}f_{14}f_{24}, f_{13}f_{14}f_{34}, f_{23}f_{24}f_{34},$	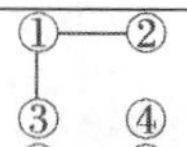 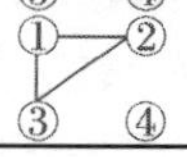 ①—② ③　④ ①—② ③　④	$\{m_1=1, m_2=0,$ $m_3=1, m_4=0\}$

续表

函数	图示举例	集团分布
$f_{12}f_{13}f_{14}, f_{12}f_{13}f_{24}, f_{12}f_{13}f_{34}, f_{12}f_{14}f_{23}, f_{12}f_{14}f_{34}, f_{12}f_{23}f_{24}, f_{12}f_{23}f_{34}, f_{12}f_{24}f_{34}, f_{13}f_{14}f_{23}, f_{13}f_{14}f_{24}, f_{13}f_{23}f_{24}, f_{13}f_{23}f_{34}, f_{13}f_{24}f_{34}, f_{14}f_{23}f_{24}, f_{14}f_{23}f_{34}, f_{14}f_{24}f_{34}, f_{12}f_{13}f_{14}f_{23}, f_{12}f_{13}f_{14}f_{24}, f_{12}f_{13}f_{14}f_{34}$	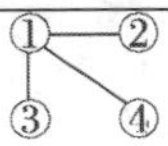 ①②③④	$\{m_1=0, m_2=0, m_3=0, m_4=1\}$
$f_{12}f_{13}f_{23}f_{24}, f_{12}f_{13}f_{23}f_{34}, f_{12}f_{13}f_{24}f_{34}, f_{12}f_{14}f_{23}f_{34}, f_{12}f_{14}f_{23}f_{34}, f_{12}f_{14}f_{24}f_{34}, f_{12}f_{23}f_{24}f_{34}, f_{13}f_{14}f_{23}f_{24}, f_{13}f_{14}f_{23}f_{34}, f_{13}f_{14}f_{24}f_{34}, f_{13}f_{23}f_{24}f_{34}, f_{14}f_{23}f_{24}f_{34}, f_{12}f_{13}f_{14}f_{23}f_{24}, f_{12}f_{13}f_{14}f_{23}f_{34}, f_{12}f_{13}f_{14}f_{24}f_{34}, f_{12}f_{13}f_{23}f_{24}f_{34}, f_{12}f_{14}f_{23}f_{24}f_{34}, f_{13}f_{14}f_{23}f_{24}f_{34}, f_{12}f_{13}f_{14}f_{23}f_{24}f_{34}$	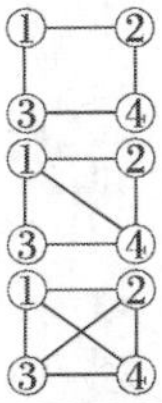 ①②③④ ①②③④ ①②③④	$\{m_1=0, m_2=0, m_3=0, m_4=1\}$

2) 集团函数

在某一分布 $\{m_l\}$ 中, 又可再区分为若干个集团组合. 定义集团函数 S, 现以 $N=4$ 为例, 给出集团函数的定义, 如表 3.3 所示.

表 3.3 N=4 时的集团函数

	集团函数	对应的图示
单粒子	$S_1 \equiv 1$	①
	$S_2 \equiv 1$	②
	$S_3 \equiv 1$	③
	$S_4 \equiv 1$	④
双粒子	$S_{12} = f_{12}$	①—②
	$S_{13} = f_{13}$	①—③
	$S_{14} = f_{14}$	①—④
	$S_{23} = f_{23}$	②—③
	$S_{24} = f_{24}$	②—④
	$S_{34} = f_{34}$	③—④
三粒子	$S_{123} = f_{12}f_{13} + f_{12}f_{23} + f_{13}f_{23} + f_{12}f_{13}f_{23}$	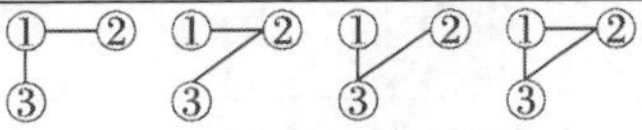 ①②③ ①②③ ①②③ ①②③
	$S_{124} = f_{12}f_{14} + f_{12}f_{24} + f_{14}f_{24} + f_{12}f_{14}f_{24}$	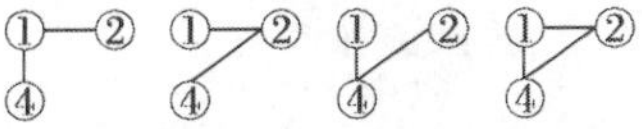 ①②④ ①②④ ①②④ ①②④
	$S_{134} = f_{13}f_{14} + f_{13}f_{34} + f_{14}f_{34} + f_{13}f_{14}f_{34}$	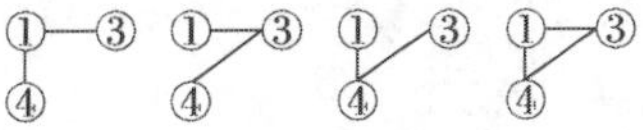 ①③④ ①③④ ①③④ ①③④
	$S_{234} = f_{23}f_{24} + f_{23}f_{34} + f_{24}f_{34} + f_{23}f_{24}f_{34}$	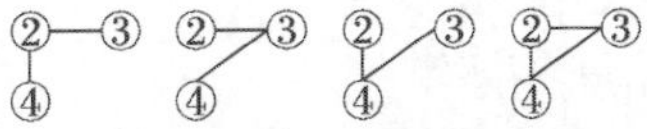 ②③④ ②③④ ②③④ ②③④

续表

	集团函数	对应的图示
四粒子	$S_{1234}=f_{12}f_{34}+f_{13}f_{24}+f_{14}f_{23}+f_{12}f_{13}f_{14}$ $+f_{12}f_{13}f_{24}+f_{12}f_{13}f_{34}+f_{12}f_{14}f_{23}+f_{12}f_{14}f_{34}$ $+f_{13}f_{14}f_{23}+f_{13}f_{14}f_{24}+f_{12}f_{23}f_{24}+f_{12}f_{23}f_{34}$ $+f_{12}f_{24}f_{34}+f_{13}f_{23}f_{24}+f_{13}f_{23}f_{34}+f_{13}f_{24}f_{34}$ $+f_{14}f_{23}f_{24}+f_{14}f_{23}f_{34}+f_{14}f_{24}f_{34}+f_{12}f_{13}f_{14}f_{23}$ $+f_{12}f_{13}f_{14}f_{24}+f_{12}f_{13}f_{14}f_{34}+f_{12}f_{13}f_{23}f_{24}$ $+f_{12}f_{13}f_{23}f_{34}+f_{12}f_{13}f_{24}f_{34}+f_{12}f_{14}f_{23}f_{34}$ $+f_{12}f_{14}f_{24}f_{34}+f_{13}f_{14}f_{23}f_{34}+f_{13}f_{14}f_{24}f_{34}$ $+f_{13}f_{23}f_{24}f_{34}+f_{14}f_{23}f_{24}f_{34}+f_{12}f_{13}f_{14}f_{23}f_{24}$ $+f_{12}f_{13}f_{14}f_{23}f_{34}+f_{12}f_{13}f_{14}f_{24}f_{34}$ $+f_{12}f_{13}f_{23}f_{24}f_{34}+f_{12}f_{14}f_{23}f_{24}f_{34}$ $+f_{13}f_{14}f_{23}f_{24}f_{34}+f_{12}f_{13}f_{14}f_{23}f_{24}f_{34}$	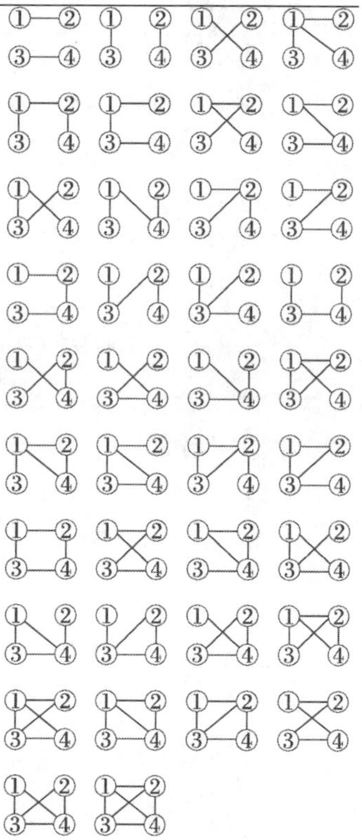 ①—②　①　②　①　②　①—② ③—④　③　④　③　④　③　④ ①—②　①—②　①　②　①—② ③　④　③—④　③　④　③—④ ①　②　①　②　①—②　①—② ③　④　③　④　③　④　③—④ ①—②　①　②　①　②　①　② ③—④　③　④　③—④　③—④ ①　②　①　②　①　②　①—② ③　④　③—④　③—④　③　④ ①—②　①—②　①—②　①—② ③　④　③—④　③　④　③—④ ①—②　①—②　①—②　①　② ③—④　③—④　③—④　③—④ ①　②　①　②　①　②　①—② ③—④　③—④　③—④　③　④ ①—②　①—②　①—②　①—② ③—④　③—④　③—④　③—④ ①　②　①—② ③—④　③—④

3) 集团组合

仍以 N=4 为例讨论集团组合. 根据集团函数的定义, 集团组合如表 3.4 所示.

表 3.4　$N=4$ 时的集团组合

集团分布	集团函数及集团组合	图示
$\{m_1=4, m_2=0,$ $m_3=0, m_4=0\}$	$S_1S_2S_3S_4=1$ 1 种组合	①　②　③　④
$\{m_1=2, m_2=1,$ $m_3=0, m_4=0\}$	$S_3S_4S_{12}=f_{12}$	①—②　③　④
	$S_2S_4S_{13}=f_{13}$	①—③　②　④
	$S_2S_3S_{14}=f_{14}$	①—④　③　②
	$S_1S_4S_{23}=f_{23}$	②—③　①　④
	$S_1S_3S_{24}=f_{24}$	②—④　③　①
	$S_1S_2S_{34}=f_{34}$ 共 6 种组合	④—③　②　①

续表

集团分布	集团函数及集团组合	图示
$\{m_1=0,m_2=2,$	$S_{12}S_{34}=f_{12}f_{34}$	①—② ③—④
$m_3=0,m_4=0\}$	$S_{13}S_{24}=f_{13}f_{24}$	①—③ ②—④
	$S_{14}S_{23}=f_{14}f_{23}$	①—④ ②—③
	共 3 种组合	
$\{m_1=1,m_2=0,$	$S_4S_{123}=f_{12}f_{13}+f_{12}f_{23}$	
$m_3=1,m_4=0\}$	$+f_{13}f_{23}+f_{12}f_{13}f_{23}$	
	$S_4S_{124}=f_{12}f_{14}+f_{12}f_{24}$	
	$+f_{14}f_{24}+f_{12}f_{14}f_{24}$	
	$S_2S_{134}=f_{13}f_{14}+f_{13}f_{34}$	
	$+f_{14}f_{34}+f_{13}f_{14}f_{34}$	
	$S_2S_{234}=f_{23}f_{24}+f_{23}f_{24}$	
	$+f_{24}f_{34}+f_{23}f_{24}f_{34}$	
	共 4 种组合	
$\{m_1=0,m_2=0,$	$S_{1234}=f_{12}f_{13}f_{14}+\cdots$	参见表 3.3
$m_3=0,m_4=1\}$	$+f_{12}f_{13}f_{14}f_{23}f_{24}f_{34}$	
	参见表 3.3, 1 种组合	

由表可知, 当 N=4 时, 共有 15 种集团组合. 现讨论 $\{m_l\}$ 分布共包含多少种集团组合.

以 N=9 的集团分布 $\{m_1=3,m_3=2,m_2=m_4=\cdots=0\}$ 为例进行计算. 图 3.4 表示该集团的一种组合: $S_1S_3S_7S_{245}S_{689}$.

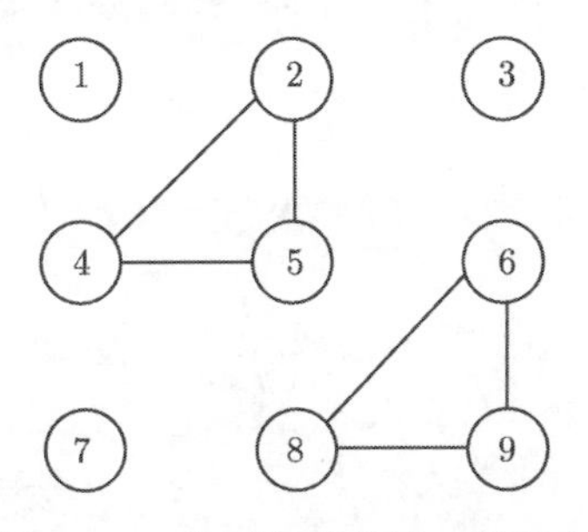

图 3.4 9 粒子体系的某一种组合

由图可知, 该集团分布的组合数等于把 9 个编号的球放入 5 个没有编号的箱子中, 其中 3 个箱子每个只装 1 个, 其余两个箱子每个装 3 个.

我们分步进行讨论:

(1) 先任意排列 9 个球, 共有 9! 种方法.

(2) 前 3 个箱子中各只装 1 个球, 后两个箱子中各装 3 个球, 由于箱中的球可以任意排列, 故可能的方法有 $\dfrac{9!}{(1!)^3(3!)^2}$ 种.

(3) 由于 3 个装 1 个球的箱子没有编号,2 个装 3 个球的箱子也没有编号, 所以共有 $\dfrac{9!}{(1!)^3(3!)^2 3!2!}$ 种装法.

对于这样一个 9 粒子体系来说, 当集团分布数为 $\{m_1=3, m_2=0, m_3=2\}$ 时, 所拥有的集团组合数为

$$\frac{9!}{(1!)^3(2!)^0(3!)^2 \quad 3! \quad 0! \quad 2!}$$

由此可见, 分母中 $(1!)^3$ 对应装 1 个球的 3 个箱子, $(3!)^2$ 对应装 3 个球的 2个箱子. 一般地, 对任一种分布 $\{m_l\}$, 集团组合数为 $\dfrac{N!}{\prod\limits_l (l!)^{m_l} m_l!}$.

4) 集团积分

现在回到位形积分的计算. 下面证明同一种集团分布 $\{m_l\}$ 中的不同集团组合对位形积分 φ_k 的贡献相同.

仍以 N=9 的粒子系统为例, 当集团分布为 $\{m_1=3, m_3=2, m_2=m_4=\cdots=0\}$ 时, 有 $S_1S_3S_7S_{245}S_{689}, S_1S_6S_9S_{235}S_{478}, \cdots$, 共计 $\dfrac{9!}{3!^2 3!2!}$ 种集团组合. 第一种集团组合对 φ_k 的贡献为

$$\begin{aligned}&\int\cdots\int S_1S_3S_7S_{245}S_{689}\mathrm{d}\boldsymbol{r}_1\cdots\mathrm{d}\boldsymbol{r}_9\\&=\int S_1\mathrm{d}\boldsymbol{r}_1\int S_3\mathrm{d}\boldsymbol{r}_3\int S_7\mathrm{d}\boldsymbol{r}_7\iiint S_{245}\mathrm{d}\boldsymbol{r}_2\mathrm{d}\boldsymbol{r}_4\mathrm{d}\boldsymbol{r}_5\iiint S_{689}\mathrm{d}\boldsymbol{r}_6\mathrm{d}\boldsymbol{r}_8\mathrm{d}\boldsymbol{r}_9\end{aligned} \tag{3.152}$$

根据集团函数的定义, 不难证明

$$\int S_1\mathrm{d}\boldsymbol{r}_1=\int S_3\mathrm{d}\boldsymbol{r}_3=\int S_7\mathrm{d}\boldsymbol{r}_7 \tag{3.153}$$

$$\iiint S_{245}\mathrm{d}\boldsymbol{r}_2\mathrm{d}\boldsymbol{r}_4\mathrm{d}\boldsymbol{r}_5=\iiint S_{689}\mathrm{d}\boldsymbol{r}_6\mathrm{d}\boldsymbol{r}_8\mathrm{d}\boldsymbol{r}_9 \tag{3.154}$$

于是式 (3.148) 可以化为

$$\int\cdots\int S_1S_3S_7S_{245}S_{689}\mathrm{d}\boldsymbol{r}_1\cdots\mathrm{d}\boldsymbol{r}_9=\left(\int S_1\mathrm{d}\boldsymbol{r}_1\right)^3\left(\iiint S_{123}\mathrm{d}\boldsymbol{r}_1\mathrm{d}\boldsymbol{r}_2\mathrm{d}\boldsymbol{r}_3\right)^2 \tag{3.155}$$

同样, 第二种集团组合对 φ_k 的贡献也是如此, 因此体系的集团分布中的各个集团组合对 φ_k 的贡献都相同.

定义集团积分 b_l, 下标 l 代表粒子个数:

$$b_1=\frac{1}{1!V}\int S_1\mathrm{d}\boldsymbol{r}_1 \tag{3.156}$$

$$b_2 = \frac{1}{2!V}\iint S_{12}\mathrm{d}\boldsymbol{r}_1\mathrm{d}\boldsymbol{r}_2 \tag{3.157}$$

$$b_3 = \frac{1}{3!V}\iiint S_{123}\mathrm{d}\boldsymbol{r}_1\mathrm{d}\boldsymbol{r}_2\mathrm{d}\boldsymbol{r}_3 \tag{3.158}$$

$$\cdots\cdots$$

$$b_l = \frac{1}{l!V}\int\cdots\int S_{12\cdots l}\mathrm{d}\boldsymbol{r}_1\mathrm{d}\boldsymbol{r}_2\cdots\mathrm{d}\boldsymbol{r}_l \tag{3.159}$$

则集团分布 $\{m_l\}$ 中的一个集团组合对 φ_k 的贡献为

$$(1!Vb_1)^{m_1}(2!Vb_2)^{m_2}\cdots = \prod_l (l!Vb_l)^{m_l} \tag{3.160}$$

由于 $\{m_l\}$ 中共有 $\dfrac{N!}{\prod\limits_l (l!)^{m_l} m_l!}$ 个组合, 故集团分布 $\{m_l\}$ 对 φ_k 的总贡献为

$$\frac{N!}{\prod\limits_l (l!)^{m_l} m_l!}\cdot\prod_l (l!Vb_l)^{m_l} = N!\prod_l \frac{(Vb_l)^{m_l}}{m_l!} \tag{3.161}$$

由上式对所有集团分布 $\{m_l\}$ 取和, 最后得到位形积分为

$$\varphi_k = N!\sum_{\{m_l\}}\prod_l \frac{(Vb_l)^{m_l}}{m_l!} \tag{3.162}$$

其中, 对 $\{m_l\}$ 取和时, m_l 必须满足 $\sum\limits_l lm_l = N$ 条件. 由式 (3.162) 可见, 只要求出集团积分 b_l, 就可求得位形积分 φ_k. 下面就对 b_l 的计算进行讨论.

由集团函数和集团积分的定义可知, 当 $l=1$ 时, 单粒子集团的集团积分为

$$b_1 = \frac{1}{1!V}\int S_1\mathrm{d}\boldsymbol{r}_1 = 1 \tag{3.163}$$

当 $l=2$ 时, 双粒子集团的集团积分为

$$\begin{aligned} b_2 &= \frac{1}{2!V}\iint S_{12}\mathrm{d}\boldsymbol{r}_1\mathrm{d}\boldsymbol{r}_2 \\ &= \frac{1}{2V}\iint f_{12}\mathrm{d}\boldsymbol{r}_1\mathrm{d}\boldsymbol{r}_2 \\ &= \frac{1}{2V}\iint \left[\mathrm{e}^{-\frac{1}{kT}V(r_{12})} - 1\right]\mathrm{d}\boldsymbol{r}_1\mathrm{d}\boldsymbol{r}_2 \end{aligned} \tag{3.164}$$

为了简化上式, 作坐标变换, 选择粒子 1 为坐标原点, 如图 3.5 所示.

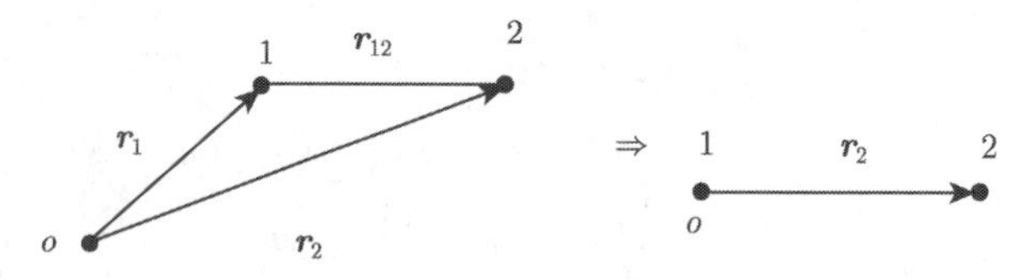

图 3.5　粒子 1 和 2 的相对位矢

式 (3.164) 可化为

$$b_2=\frac{1}{2V}\int \mathrm{d}\boldsymbol{r}_1\int\left[\mathrm{e}^{-\frac{1}{kT}V(r_2)}-1\right]\mathrm{d}\boldsymbol{r}_2=\frac{1}{2}\int\left[\mathrm{e}^{-\frac{1}{kT}V(r)}-1\right]\mathrm{d}\boldsymbol{r}=\frac{1}{2}\int f(r)\,\mathrm{d}\boldsymbol{r}=\frac{1}{2}\beta_1 \tag{3.165}$$

其中

$$\beta_1=\int f(r)\mathrm{d}\boldsymbol{r} \tag{3.166}$$

当 $l=3$ 时, 三粒子集团的集团积分为

$$\begin{aligned} b_3&=\frac{1}{3!V}\iiint S_{123}\mathrm{d}\boldsymbol{r}_1\mathrm{d}\boldsymbol{r}_2\mathrm{d}\boldsymbol{r}_3\\ &=\frac{1}{3!V}\iiint(f_{12}f_{13}+f_{12}f_{23}+f_{13}f_{23}+f_{12}f_{13}f_{23})\,\mathrm{d}\boldsymbol{r}_1\mathrm{d}\boldsymbol{r}_2\mathrm{d}\boldsymbol{r}_3 \end{aligned} \tag{3.167}$$

上式积分中的前三项为可约积分, 后一项为不可约积分. 三个可约积分相等, 即

$$\iiint f_{12}f_{13}\mathrm{d}\boldsymbol{r}_1\mathrm{d}\boldsymbol{r}_2\mathrm{d}\boldsymbol{r}_3=\iiint f_{12}f_{23}\mathrm{d}\boldsymbol{r}_1\mathrm{d}\boldsymbol{r}_2\mathrm{d}\boldsymbol{r}_3=\iiint f_{13}f_{23}\mathrm{d}\boldsymbol{r}_1\mathrm{d}\boldsymbol{r}_2\mathrm{d}\boldsymbol{r}_3 \tag{3.168}$$

且

$$\iiint f_{12}f_{13}\mathrm{d}\boldsymbol{r}_1\mathrm{d}\boldsymbol{r}_2\mathrm{d}\boldsymbol{r}_3=\int\mathrm{d}\boldsymbol{r}_2\int f(r_1)\,\mathrm{d}\boldsymbol{r}_1\int f(r_3)\,\mathrm{d}\boldsymbol{r}_3=V\beta_1^2 \tag{3.169}$$

最后一项集团积分不能化为双粒子集团积分 β_1 的函数. 定义不可约积分 β_2, 满足

$$\iiint f_{12}f_{13}f_{23}\mathrm{d}\boldsymbol{r}_1\mathrm{d}\boldsymbol{r}_2\mathrm{d}\boldsymbol{r}_3=2!V\beta_2 \tag{3.170}$$

将式 (3.169) 和式 (3.170) 代入式 (3.167), 最后可得

$$b_3=\frac{1}{2}\beta_1^2+\frac{1}{3}\beta_2 \tag{3.171}$$

一般地, 称 β_ν 为不可约积分, 而 l 个粒子的集团积分 b_l 可用 β_ν 的组合表示. 由以上讨论可见, b_l 和 β_ν 都是 T 的函数.

7. 用集团积分表示的配分函数

1) 正则配分函数

将位形积分式 (3.162) 代入正则配分函数式 (3.146) 中得

$$\begin{aligned} Z &= \frac{1}{N!}\left(\frac{2\pi mkT}{h^2}\right)^{\frac{3N}{2}} N! \sum_{\{m_l\}} \prod_l \frac{(Vb_l)^{m_l}}{m_l!} Q_{\text{in}}^N \\ &= \sum_{\{m_l\}} \left[\left(\frac{2\pi mkT}{h^2}\right)^{\frac{3}{2}} Q_{\text{in}}\right]^N \prod_l \frac{(Vb_l)^{m_l}}{m_l!} \end{aligned} \tag{3.172}$$

由式 (3.151) 可得

$$[A]^N = [A]^{\sum_l lm_l} = \prod_l [A]^{lm_l} \tag{3.173}$$

所以式 (3.172) 可化为

$$Z = \sum_{\{m_l\}} \prod_l \frac{1}{m_l!}\left\{\left[\left(\frac{2\pi mkT}{h^2}\right)^{\frac{3}{2}} Q_{\text{in}}\right]^l Vb_l\right\}^{m_l} \tag{3.174}$$

由于对 $\{m_l\}$ 求和很困难, 为此要用巨正则配分函数.

2) 巨正则配分函数

将正则配分函数式 (3.174) 代入巨正则配分函数式 (3.135) 得

$$\Xi = \sum_N \sum_{\{m_l\}} \prod_l \frac{1}{m_l!}\left\{\left[\left(\frac{2\pi mkT}{h^2}\right)^{\frac{3}{2}} Q_{\text{in}}\right]^l Vb_l\right\}^{m_l} \mathrm{e}^{\frac{N\mu}{kT}} \tag{3.175}$$

上式对 N 求和是从 0 到无穷大, 此时 $\sum\limits_N \sum\limits_{\{m_l\}} = \sum\limits_{m_l}$, 这样就没有式 (3.151) 的条件限制了, m_l 可以从 0 到无穷大, 上式又可化为

$$\Xi = \prod_l \sum_{m_l} \frac{1}{m_l!}\left[Vb_l\left(\frac{2\pi mkT}{h^2}\right)^{\frac{3}{2}l} Q_{\text{in}}^l \left(\mathrm{e}^{\frac{\mu}{kT}}\right)^l\right]^{m_l} \tag{3.176}$$

令

$$q_l(T) = b_l\left(\frac{2\pi mkT}{h^2}\right)^{\frac{3}{2}l} Q_{\text{in}}^l \tag{3.177}$$

$$\lambda(\alpha_\alpha) = \lambda\left(\frac{\mu}{kT}\right) = \mathrm{e}^{\frac{\mu}{kT}} \tag{3.178}$$

代入式 (3.176), 可得

$$\Xi = \prod_l \sum_{m_l} \frac{1}{m_l!}\left(Vq_l\lambda^l\right)^{m_l} = \prod_l \mathrm{e}^{Vq_l\lambda^l} \tag{3.179}$$

根据巨正则配分函数与热力学函数之间的关系, 将上式代入式 (3.136)~式 (3.138), 可得

$$N = V\sum_{l} lq_l\lambda^l \tag{3.180}$$

即

$$n = \frac{N}{V} = \sum_{l} lq_l\lambda^l \tag{3.181}$$

$$E = kT^2V\sum_{l} \frac{\mathrm{d}q_l}{\mathrm{d}T}\lambda^l \tag{3.182}$$

相应的单位体积的内能为

$$U = \frac{E}{V} = kT^2\sum_{l} \frac{\mathrm{d}q_l}{\mathrm{d}T}\lambda^l \tag{3.183}$$

$$p = kT\sum_{l} q_l\lambda^l \tag{3.184}$$

8. 温度状态方程

当 n 很小时, 即稀薄气体, λ 可按 n 的幂指数展开

$$\lambda = a_1n + a_2n^2 + a_3n^3 + \cdots \tag{3.185}$$

代入式 (3.181), 得

$$\begin{aligned} n &= q_1\left(a_1n + a_2n^2 + \cdots\right) + 2q_2\left(a_1n + a_2n^2 + \cdots\right)^2 + \cdots \\ &= a_1q_1n + (a_2q_1 + 2a_1^2q_2)n^2 + (a_3q_3 + 4a_1a_2q_2 + 3a_1^3q_3)n^3 + \cdots \end{aligned} \tag{3.186}$$

比较上式两边的系数, 得

$$\begin{cases} a_1q_1 = 1 \\ a_2q_1 + 2a_1^2q_2 = 0 \\ a_3q_1 + 4a_1a_2q_2 + 3a_1^3q_3 = 0 \end{cases} \tag{3.187}$$

解方程组 (3.187), 可得

$$a_1 = \frac{1}{q_1}, \quad a_2 = -\frac{2q_2}{q_1^3}, \quad a_3 = \frac{8q_2^2}{q_1^5} - \frac{3q_3}{q_1^4}$$

将 a_1、a_2 和 a_3 代入式 (3.185), 得

$$\lambda = \frac{1}{q_1}n + \left(-\frac{2q_2}{q_1^3}\right)n^2 + \left(\frac{8q_2^2}{q_1^5} - \frac{3q_3}{q_1^4}\right)n^3 + \cdots \tag{3.188}$$

再将上式代入式 (3.184), 得

$$p = kT\left[n + \left(-\frac{q_2}{q_1^2}\right)n^2 + \left(\frac{4q_2^2}{q_1^4} - \frac{2q_3}{q_1^3}\right)n^3 + \cdots\right] \tag{3.189}$$

又由式 (3.177) 的定义和集团积分的定义, 得

$$-\frac{q_2}{q_1^2} = -\frac{b_2}{b_1^2} = -\frac{1}{2}\beta_1 \tag{3.190}$$

$$\frac{4q_2^2}{q_1^4} - \frac{2q_3}{q_1^3} = \frac{4b_2^2}{b_1^4} - \frac{2b_3}{b_1^3} = 4b_2^2 - 2b_3 = \beta_1^2 - \left(\beta_1^2 + \frac{2}{3}\beta_2\right) = -\frac{2}{3}\beta_2 \tag{3.191}$$

将式 (3.190) 和式 (3.191) 代入式 (3.189), 得

$$p = nkT\left(1 - \frac{1}{2}\beta_1 n - \frac{2}{3}\beta_2 n^2 + \cdots\right) \tag{3.192}$$

将上式与 Virial 方程 (3.89) 比较, 有 $B = -\frac{1}{2}\beta_1$, $C = -\frac{2}{3}\beta_2$. 由此可见, Virial 系数可用不可约积分表示. 今后的讨论将只考虑到第二 Virial 系数.

由式 (3.166), 得

$$B(T) = -\frac{1}{2}\beta_1 = \frac{1}{2}\int\left[1 - \mathrm{e}^{-\frac{V(r)}{kT}}\right]\mathrm{d}\boldsymbol{r} = 2\pi\int_0^\infty\left[1 - \mathrm{e}^{-\frac{V(r)}{kT}}\right]r^2\mathrm{d}r \tag{3.193}$$

当系统由多种组分组成时, 状态方程 (3.89) 可推广为

$$p = \sum_\alpha n_\alpha kT + \sum_{\alpha,\beta} n_\alpha n_\beta B_{\alpha\beta}(T)\, kT \tag{3.194}$$

其中, $B_{\alpha\beta}(T)$ 为

$$B_{\alpha\beta}(T) = 2\pi\int_0^\infty\left[1 - \mathrm{e}^{-\frac{V_{\alpha\beta}(r)}{kT}}\right]r^2\mathrm{d}r \tag{3.195}$$

式中, $V_{\alpha\beta}(r)$ 为 α 与 β 间的相互作用势. 利用 $nk = \rho\frac{k}{m} = \rho\frac{kN_\mathrm{A}}{mN_\mathrm{A}} = \rho\frac{R^0}{M}$, 并定义 1 mol 的第二 Virial 系数 $B_{\alpha\beta} = 2\pi N_\mathrm{A}\int_0^\infty\left[1 - \mathrm{e}^{-\frac{V_{\alpha\beta}(r)}{kT}}\right]r^2\mathrm{d}r$, 则式 (3.194) 又可写为

$$p = nkT + n^2kT\sum_{\alpha,\beta} x_\alpha x_\beta B_{\alpha\beta}(T) = \rho\frac{R^0}{M}T + \rho^2 N_A\frac{R^0}{M^2}T\sum_{\alpha,\beta} x_\alpha x_\beta B_{\alpha\beta} \tag{3.196}$$

上式右边第一项是独立粒子近似下的状态方程, 第二项就是 Virial 修正项, 记为 $\Delta p^{\mathrm{virial}}$. $\Delta p^{\mathrm{virial}}$ 的计算需要第二 Virial 系数 $B_{\alpha\beta}(T)$, 它的计算可通过对势函数 $V_{\alpha\beta}(r)$ 的积分得到, 而势函数的计算则属于原子分子物理问题.

9. 热量状态方程

将 λ 的表达式 (3.188) 代入式 (3.183), 得

$$U = kT^2\left\{\left(\frac{1}{q_1}\frac{\mathrm{d}q_1}{\mathrm{d}T}\right)n + \left(-\frac{2q_2}{q_1^3}\frac{\mathrm{d}q_1}{\mathrm{d}T} + \frac{1}{q_1^2}\frac{\mathrm{d}q_2}{\mathrm{d}T}\right)n^2 + \left[\left(\frac{8q_2^2}{q_1^5} - \frac{3q_3}{q_1^4}\right)\frac{\mathrm{d}q_1}{\mathrm{d}T} - \frac{4q_2}{q_1^4}\frac{\mathrm{d}q_2}{\mathrm{d}T} + \frac{1}{q_1^3}\frac{\mathrm{d}q_3}{\mathrm{d}T}\right]n^3 + \cdots\right\} \tag{3.197}$$

令

$$q^* = \left(\frac{2\pi mkT}{h^2}\right)^{\frac{3}{2}} Q_{\text{in}} \tag{3.198}$$

代入式 (3.177), 有

$$q_l = {q^*}^l b_l \tag{3.199}$$

当 $l=$ 1 时, 有 $q_1 = q^*$, 式 (3.197) 第一项为

$$\frac{1}{q_1}\frac{\mathrm{d}q_1}{\mathrm{d}T} = \frac{\mathrm{d}}{\mathrm{d}T}\ln q^* \tag{3.200}$$

当 $l=$ 2 时, 有 $q_2 = q^{*2}b_2$, 式 (3.197) 第二项为

$$\begin{aligned}
&-\frac{2q_2}{q_1^3}\frac{\mathrm{d}q_1}{\mathrm{d}T} + \frac{1}{q_1^2}\frac{\mathrm{d}q_2}{\mathrm{d}T} = -\frac{2q^{*2}b_2}{q^{*3}}\frac{\mathrm{d}q^*}{\mathrm{d}T} + \frac{1}{q^{*2}}\frac{\mathrm{d}q^{*2}b_2}{\mathrm{d}T}\\
&= -2b_2\frac{\mathrm{d}}{\mathrm{dT}}\ln q^* + \frac{1}{q^{*2}}2b_2q^*\frac{\mathrm{d}q^*}{\mathrm{d}T} + \frac{1}{q^{*2}}q^{*2}\frac{\mathrm{d}b_2}{\mathrm{d}T}\\
&= -2b_2\frac{\mathrm{d}}{\mathrm{dT}}\ln q^* + 2b_2\frac{\mathrm{d}}{\mathrm{dT}}\ln q^* + \frac{\mathrm{d}b_2}{\mathrm{d}T} = \frac{\mathrm{d}b_2}{\mathrm{d}T}
\end{aligned} \tag{3.201}$$

当 $l=$ 3 时, 有 $q_3 = q^{*3}b_3$, 式 (3.197) 第三项为

$$\begin{aligned}
&\left(\frac{8q_2^2}{q_1^5} - \frac{3q_3}{q_1^4}\right)\frac{\mathrm{d}q_1}{\mathrm{d}T} - \frac{4q_2}{q_1^4}\frac{\mathrm{d}q_2}{\mathrm{d}T} + \frac{1}{q_1^3}\frac{\mathrm{d}q_3}{\mathrm{d}T}\\
&= \left(\frac{8q^{*4}b_2^2}{q^{*5}} - \frac{3q^{*3}b_3}{q^{*4}}\right)\frac{\mathrm{d}q^*}{\mathrm{d}T} - \frac{4q^{*2}b_2}{q^{*4}}\frac{\mathrm{d}}{\mathrm{dT}}q^{*2}b_2 + \frac{1}{q^{*3}}\frac{\mathrm{d}}{\mathrm{dT}}q^{*3}b_3\\
&= \left(8b_2^2 - 3b_3\right)\frac{\mathrm{d}}{\mathrm{d}T}\ln q^* - \frac{4b_2}{q^{*2}}\left(2q^*b_2\frac{\mathrm{d}q^*}{\mathrm{d}}T + q^{*2}\frac{\mathrm{d}b_2}{\mathrm{d}T}\right) + \frac{1}{q^{*3}}\left(3q^{*2}b_3\frac{\mathrm{d}q^*}{\mathrm{d}T} + q^{*3}\frac{\mathrm{d}b_3}{\mathrm{d}T}\right)\\
&= \left(8b_2^2 - 3b_3 - 8b_2^2 + 3b_3\right)\frac{\mathrm{d}q^*}{\mathrm{d}T} - 4b_2\frac{\mathrm{d}b_2}{\mathrm{d}T} + \frac{\mathrm{d}b_3}{\mathrm{d}T}\\
&= -4b_2\frac{\mathrm{d}b_2}{\mathrm{d}T} + \frac{\mathrm{d}b_3}{\mathrm{d}T}
\end{aligned} \tag{3.202}$$

于是式 (3.197) 化为

$$U = kT^2\left[\left(\frac{\mathrm{d}\ln q^*}{\mathrm{d}T}\right)n + \frac{\mathrm{d}b_2}{\mathrm{d}T}n^2 + \left(-4b_2\frac{\mathrm{d}b_2}{\mathrm{d}T} + \frac{\mathrm{d}b_3}{\mathrm{d}T}\right)n^3 + \cdots\right] \tag{3.203}$$

将式 (3.165) 和式 (3.171) 代入上式, 得

$$U = kT^2\left[\left(\frac{\mathrm{d}\ln q^*}{\mathrm{d}T}\right)n + \frac{1}{2}\frac{\mathrm{d}\beta_1}{\mathrm{d}T}n^2 + \frac{1}{3}\frac{\mathrm{d}\beta_2}{\mathrm{d}T}n^3 + \cdots\right] \tag{3.204}$$

由式 (3.198) 两边取对数, 对 T 求导, 并利用 $Q_{\mathrm{in}} = \mathrm{e}^{-\frac{\varepsilon^0}{kT}}Q_{\mathrm{in}}^0$, 可得

$$\frac{\mathrm{d}\ln q^*}{\mathrm{d}T} = \frac{3}{2}\frac{1}{T} + \frac{\varepsilon^0}{kT^2} + \frac{\mathrm{d}\ln Q_{\mathrm{in}}^0}{\mathrm{d}T} \tag{3.205}$$

将上式代入式 (3.204), 得

$$U = n\left(\frac{3}{2}kT + \varepsilon^0 + kT^2\frac{\mathrm{d}\ln Q_{\mathrm{in}}^0}{\mathrm{d}T} + nkT^2\frac{1}{2}\frac{\mathrm{d}\beta_1}{\mathrm{d}T} + n^2kT^2\frac{1}{3}\frac{\mathrm{d}\beta_2}{\mathrm{d}T} + \cdots\right) \tag{3.206}$$

如仅考虑到二级 Virial 修正, 由 $B = -\dfrac{1}{2}\beta_1$, 上式可写为

$$U = n\left(\frac{3}{2}kT + \varepsilon^0 + kT^2\frac{\mathrm{d}\ln Q_{\mathrm{in}}^0}{\mathrm{d}T}\right) - n^2kT^2\frac{\mathrm{d}B}{\mathrm{d}T} \tag{3.207}$$

上式第二项即为 Virial 修正, 推广到多种粒子系统有

$$U = \sum_{\alpha} n_\alpha\left(\frac{3}{2}kT + \varepsilon_\alpha^0 + kT^2\frac{\mathrm{d}\ln Q_{\mathrm{in}\alpha}^0}{\mathrm{d}T}\right) - \sum_{\alpha,\beta} n_\alpha n_\beta kT^2\frac{\mathrm{d}B_{\alpha\beta}}{\mathrm{d}T} \tag{3.208}$$

或者

$$U = \frac{3}{2}nkT + n\sum_{\alpha} x_\alpha\varepsilon_\alpha^0 + nkT^2\sum_{\alpha} x_\alpha\frac{\mathrm{d}\ln Q_{\mathrm{in}\alpha}^0}{\mathrm{d}T} - n^2kT^2\sum_{\alpha,\beta} x_\alpha x_\alpha\frac{\mathrm{d}B_{\alpha\beta}}{\mathrm{d}T} \tag{3.209}$$

其中, $n = \sum\limits_{\alpha} n_\alpha$. 由 $\rho = nm$ 和 $M = N_A m$, 单位质量的内能可写为

$$\begin{aligned} E =& \frac{3}{2}\frac{k}{m}T + \frac{1}{m}\sum_{\alpha} x_\alpha\varepsilon_\alpha^0 + \frac{k}{m}T^2\sum_{\alpha} x_\alpha\frac{\mathrm{d}\ln Q_{\mathrm{in}\alpha}^{\,0}}{\mathrm{d}T} - n\frac{k}{m}T^2\sum_{\alpha,\beta} x_\alpha x_\beta\frac{\mathrm{d}B_{\alpha\beta}}{\mathrm{d}T} \\ =& \frac{3}{2}\frac{R^0}{M}T + \frac{N_A}{M}\sum_{\alpha} x_\alpha\varepsilon_\alpha^0 + \frac{R^0}{M}T^2\sum_{\alpha} x_\alpha\frac{\mathrm{d}\ln Q_{\mathrm{in}\alpha}^{\,0}}{\mathrm{d}T} \\ & - \rho\frac{N_A R^0}{M^2}T^2\sum_{\alpha,\beta} x_\alpha x_\beta\frac{\mathrm{d}B_{\alpha\beta}}{\mathrm{d}T} \end{aligned} \tag{3.210}$$

其中, $B_{\alpha\beta}$ 为 1 mol 的量. 上式中最后一项为 Virial 修正项

$$\Delta E^{\mathrm{Virial}} = -\rho\frac{R^0}{M^2}T^2\sum_{\alpha,\beta} x_\alpha x_\beta\frac{\mathrm{d}B_{\alpha\beta}}{\mathrm{d}T} \tag{3.211}$$

至此, 我们得到了真实气体的温度状态方程和热量状态方程.

3.4　导电气体状态方程

1. 导电气体的特点

在高温条件下, 构成气体的分子和原子将发生离解或电解, 气体中含有中性原子、分子、离子和自由电子. 由于高温气体中含有离子和电子, 所以高温气体是导电的. 带电粒子之间的相互作用主要是 Coulomb 作用, 即 $V_{\alpha\beta}(r)=\dfrac{C}{r}$, 当 $C>0$ 时, 表示粒子间相互排斥; 当 $C<0$ 时, 表示粒子间相互吸引. 下面证明, 导电气体的二级 Virial 系数将趋向 $\pm\infty$.

1) 当 $C>0$ 时

若 r 较大, 则有

$$1-\mathrm{e}^{-\frac{C}{kTr}}\approx\frac{C}{kTr}\tag{3.212}$$

代入式 (3.195), 有

$$B_{\alpha\beta}=2\pi\int_0^\infty\left(1-\mathrm{e}^{-\frac{C}{kTr}}\right)r^2\mathrm{d}r\approx 2\pi\frac{C}{kT}\int_0^\infty r\mathrm{d}r\to\infty\tag{3.213}$$

2) 当 $C<0$ 时

若 r 较小, 则有

$$1-\mathrm{e}^{-\frac{C}{kTr}}\approx-\mathrm{e}^{-\frac{C}{kTr}}\tag{3.214}$$

于是

$$B_{\alpha\beta}=2\pi\int_0^\infty\left(1-\mathrm{e}^{-\frac{C}{kTr}}\right)r^2\mathrm{d}r\approx 2\pi\int_0^\infty -r^2\mathrm{e}^{-\frac{C}{kTr}}\mathrm{d}r\to-\infty\tag{3.215}$$

由此可见, 对于导电气体不能用 Virial 修正. 这表明在 $\Delta p^{\mathrm{Virial}}$ 和 $\Delta E^{\mathrm{Virial}}$ 中, α 和 β 不能同时为带电粒子, 带电粒子之间的 Coulomb 长程作用要用 Debye-Hückel 方法修正.

2. Debye 理论

由电荷密度分布可求平衡时的电势

$$\nabla^2V(r)=-4\pi\rho\tag{3.216}$$

假定第 α 种带电粒子的数密度为 n_α, 所带电荷数为 $z_\alpha e$. (对于离子, $z_\alpha=Z_\alpha-N_\alpha$, 其中, Z_α 为原子序数, N_α 为束缚电子的个数, 对于电子, $z_\alpha=-1$). 则电荷密度为

$$\rho=\sum_\alpha n_\alpha z_\alpha e\tag{3.217}$$

用 $V_\beta(r)$ 表示 β 粒子附近的电势, 则

$$\nabla^2 V_\beta(r) = -4\pi \sum_\alpha n_\alpha(r) z_\alpha e \tag{3.218}$$

α 粒子在 β 粒子附近, 相互作用势能为 $z_\alpha e V_\beta(r)$, 由 Boltzmann 分布, 得

$$n_\alpha(r) = \overline{n}_\alpha \mathrm{e}^{-\frac{z_\alpha e V_\beta(r)}{kT}} \tag{3.219}$$

其中, $\overline{n}_\alpha$ 为平均粒子数密度. 当 $V_\beta(r) = 0$, 即无相互作用时, 由上式可得 α 粒子的数密度为 $\overline{n}_\alpha$. 将式 (3.219) 代入式 (3.218), 有

$$\nabla^2 V_\beta(r) = -4\pi\mathrm{e} \sum_\alpha \overline{n}_\alpha z_\alpha \mathrm{e}^{-\frac{z_\alpha e V_\beta(r)}{kT}} \tag{3.220}$$

对于等离子体, 粒子的动能远大于势能, 故可作以下近似

$$\mathrm{e}^{-\frac{z_\alpha e V_\beta(r)}{kT}} \approx 1 - \frac{z_\alpha e V_\beta(r)}{kT} \tag{3.221}$$

将上式代入式 (3.220) 中, 得

$$\nabla^2 V_\beta(r) = -4\pi e \sum_\alpha \overline{n}_\alpha z_\alpha + \frac{4\pi e^2}{kT} V_\beta(r) \sum_\alpha \overline{n}_\alpha z_\alpha^2 \tag{3.222}$$

利用电中性条件

$$\sum_\alpha \overline{n}_\alpha z_\alpha = 0 \tag{3.223}$$

代入式 (3.222), 并令 $\overline{n}_\alpha = n_\alpha$, 得

$$\nabla^2 V_\beta(r) = \left(\frac{4\pi e^2}{kT} \sum_\alpha n_\alpha z_\alpha^2\right) V_\beta(r) \tag{3.224}$$

定义 Debye 半径 r_D 为

$$r_\mathrm{D} = \left(\frac{4\pi e^2}{kT} \sum_\alpha n_\alpha z_\alpha^2\right)^{-\frac{1}{2}} \tag{3.225}$$

于是式 (3.224) 可化为

$$\nabla^2 V_\beta(r) = \frac{1}{r_\mathrm{D}^2} V_\beta(r) \tag{3.226}$$

在球坐标系中, 上式可化为

$$\frac{1}{r^2}\frac{\mathrm{d}}{\mathrm{d}r}\left[r^2 \frac{\mathrm{d}V_\beta(r)}{\mathrm{d}r}\right] = \frac{1}{r_\mathrm{D}^2} V_\beta(r) \tag{3.227}$$

上式的通解为

$$V_{\beta}(r)=\frac{C_1}{r}\mathrm{e}^{-\frac{r}{r_{\mathrm{D}}}}+\frac{C_2}{r}\mathrm{e}^{\frac{r}{r_{\mathrm{D}}}} \tag{3.228}$$

考虑到当 $r\to\infty$ 时, $V_{\beta}(r)$ 必须有限, 所以上式中 $C_2=0$. 下面求 C_1.

当 r 很小时, 即 $r\ll r_{\mathrm{D}}$, $V_{\beta}(r)$ 就是 β 粒子的 Coulomb 势, 即

$$V_{\beta}(r)\approx\frac{C_1}{r}=\frac{ez_{\beta}}{r} \tag{3.229}$$

所以

$$C_1=ez_{\beta} \tag{3.230}$$

代入式 (3.228), 最后可得

$$V_{\beta}(r)=\frac{ez_{\beta}}{r}\mathrm{e}^{-\frac{r}{r_{\mathrm{D}}}} \tag{3.231}$$

通常 r_{D} 比离子间距离大得多, 所以在 β 粒子附近, 即 r/r_{D} 较小处, 有

$$V_{\beta}(r)=\frac{ez_{\beta}}{r}\left(1-\frac{r}{r_{\mathrm{D}}}\right)=\frac{ez_{\beta}}{r}-\frac{ez_{\beta}}{r_{\mathrm{D}}} \tag{3.232}$$

令

$$V_{\beta}^{*}=-\frac{ez_{\beta}}{r_{\mathrm{D}}} \tag{3.233}$$

则式 (3.216) 又可写为

$$V_{\beta}(r)=\frac{ez_{\beta}}{r}+V_{\beta}^{*} \tag{3.234}$$

上式即为屏蔽 Coulomb 势, 其中右边第一项为 β 粒子本身的 Coulomb 势, 第二项为 β 粒子附近 “离子球” 内所有其余离子在 β 处所产生的电势.

3. 内能的 Debye-Hückel 修正

由于 V_{β}^{*} 的存在, β 粒子具有势能

$$z_{\beta}eV_{\beta}^{*}=-\frac{e^2z_{\beta}^2}{r_{\mathrm{D}}} \tag{3.235}$$

气体中共有 $N_{\beta}=n_{\beta}V$ 个 β 粒子, 共引起内能的增加

$$\Delta U^{\mathrm{DH}}=\frac{1}{2}\sum_{\beta}N_{\beta}\left(-\frac{e^2z_{\beta}^2}{r_{\mathrm{D}}}\right)=-\frac{Ve^2}{2r_{\mathrm{D}}}\sum_{\beta}n_{\beta}z_{\beta}^2 \tag{3.236}$$

由于对 β 粒子取和时每一对粒子相互作用势都被计算了两次, 故求和时要乘以 $1/2$ 因子.

根据 Debye 半径的定义式 (3.225), 式 (3.236) 可化为

$$\Delta U^{\mathrm{DH}} = -V\frac{kT}{8\pi r_{\mathrm{D}}^3} \tag{3.237}$$

对单位质量内能的修正量为

$$\Delta E^{\mathrm{DH}} = \frac{\Delta U^{\mathrm{DH}}}{\rho V} = -\frac{kT}{8\pi\rho r_{\mathrm{D}}^3} = -\frac{R^0 T}{8\pi N_{\mathrm{A}}\rho r_{\mathrm{D}}^3} \tag{3.238}$$

4. **压力的 Debye-Hückel 修正**

根据热力学公式

$$p = -\left(\frac{\partial F}{\partial V}\right)_{T,N_\alpha} \tag{3.239}$$

可求得

$$\Delta p^{\mathrm{DH}} = -\left(\frac{\partial \Delta F^{\mathrm{DH}}}{\partial V}\right)_{T,N_\alpha} \tag{3.240}$$

而

$$\left[\frac{\partial}{\partial T}\left(\frac{F}{T}\right)\right]_{V,N_\alpha} = -\frac{U}{T^2} \tag{3.241}$$

对上式积分, 可得

$$\frac{F}{T} = -\int \frac{U}{T^2}\mathrm{d}T + C \tag{3.242}$$

由上式有

$$\frac{\Delta F^{\mathrm{DH}}}{T} = -\int \frac{\Delta U^{\mathrm{DH}}}{T^2}\mathrm{d}T + C \tag{3.243}$$

将式 (3.237) 代入上式, 可得

$$\frac{\Delta F^{\mathrm{DH}}}{T} = -\frac{2}{3T^{\frac{3}{2}}}\left(\frac{\pi}{kV}\right)^{\frac{1}{2}}\left(\sum_\alpha N_\alpha z_\alpha^2 e^2\right)^{\frac{3}{2}} + C \tag{3.244}$$

要求 $T\to\infty$ 时, ΔF^{DH} 有界, 即 $\dfrac{\Delta F^{\mathrm{DH}}}{T}\to 0$, 也即 $C=0$.

于是式 (3.244) 为

$$\Delta F^{\mathrm{DH}} = -\frac{2}{3}\left(\frac{\pi}{kTV}\right)^{\frac{1}{2}}\left(\sum_\alpha N_\alpha z_\alpha^2 e^2\right)^{\frac{3}{2}} \tag{3.245}$$

将上式代入式 (3.240) 中, 可求得压力的 Debye-Hückel 修正

$$\Delta p^{\mathrm{DH}} = -\frac{1}{3V}\left(\frac{\pi}{kTV}\right)^{\frac{1}{2}}\left(\sum_\alpha N_\alpha z_\alpha^2 e^2\right)^{\frac{3}{2}} \tag{3.246}$$

根据 Debye 半径的定义式 (3.225), 式 (3.246) 可化为

$$\Delta p^{\mathrm{DH}} = -\frac{kT}{24\pi r_{\mathrm{D}}^3} = -\frac{R^0 T}{24\pi N_{\mathrm{A}} r_{\mathrm{D}}^3} \tag{3.247}$$

5. 电离能的下降

首先讨论化学势的 Debye-Hückel 修正. 由热力学关系, 有

$$\mu_\alpha = \left(\frac{\partial F}{\partial N_\alpha}\right)_{T,V,N_\beta} \tag{3.248}$$

得

$$\Delta\mu_\alpha^{\mathrm{DH}} = \left(\frac{\partial \Delta F^{\mathrm{DH}}}{\partial N_\alpha}\right)_{T,V,N_\beta} \tag{3.249}$$

将式 (3.244) 代入上式, 得

$$\Delta\mu_\alpha^{\mathrm{DH}} = -\left(\frac{\pi}{kTV}\right)^{\frac{1}{2}} \left(\sum_\beta N_\beta z_\beta^2 e^2\right)^{\frac{1}{2}} z_\alpha^2 e^2 = -\frac{e^2 z_\alpha^2}{2r_{\mathrm{D}}} \tag{3.250}$$

最后得到化学势为

$$\mu_\alpha = \mu_\alpha^0 + N_{\mathrm{A}} kT \ln p_\alpha + \Delta\mu_\alpha^{\mathrm{DH}} \tag{3.251}$$

由上式可得平衡常数

$$K_p = \exp\left[-\frac{\sum\limits_j \gamma_j\left(\mu_j^0 + \Delta\mu_j^{\mathrm{DH}}\right) - \sum\limits_i \gamma_i\left(\mu_i^0 + \Delta\mu_i^{\mathrm{DH}}\right)}{N_{\mathrm{A}} kT}\right] \tag{3.252}$$

由 K_p 就可求出考虑 Debye-Hückel 修正后的平衡气体组分 x_α.

对于电离反应: $A_i \to A_{i+1} + \mathrm{e}$, 考虑 Debye-Hückel 修正后, 式 (3.74) 的 Saha 方程变成

$$\frac{n_{i+1}}{n_i} = \frac{2\left(2\pi m_{\mathrm{e}} - kT\right)^{\frac{3}{2}}}{n_{\mathrm{e}} - h^3} \frac{Q_{\mathrm{in}i+1}^0}{Q_{\mathrm{in}i}^0} \mathrm{e}^{-\frac{1}{kT}\left(I_i + \Delta I_i^{\mathrm{DH}}\right)} \tag{3.253}$$

其中, ΔI_i^{DH} 为 Debye-Hückel 修正项.

由式 (3.250) 得

$$\begin{aligned}\Delta I_i^{\mathrm{DH}} &= \Delta\mu_{i+1}^{\mathrm{DH}} + \Delta\mu_{\mathrm{e}^-}^{\mathrm{DH}} - \Delta\mu_i^{\mathrm{DH}} = -\frac{e^2}{2r_{\mathrm{D}}}\left(z_{i+1}^2 + z_{\mathrm{e}^-}^2 - z_i^2\right) \\ &= -\frac{e^2}{2r_{\mathrm{D}}}\left[(i+1)^2 + (-1)^2 - i^2\right] = -(i+1)\frac{e^2}{r_{\mathrm{D}}}\end{aligned} \tag{3.254}$$

由此可见, 带电体系的 Debye-Hückel 修正总是使电离能下降. 上式同时还表明, 由于原子受到周围带电粒子的影响, 束缚电子易于离化.

由于相互作用引起内部自由度的变化, 电离能下降, K_p 发生变化, 因而可以这样计算气体成分:

(1) 先不考虑 ΔI^{DH}, 求出零级近似的气体组分 x_α;

(2) 由各个带电粒子的 x_α, 求 Debye 半径 r_{D};

(3) 由 Debye 半径 r_{D}, 求电离能的 Debye-Hückel 修正 ΔI_i^{DH};

(4) 由计及修正后的 Saha 方程再求一级近似的气体组分 x_α;

(5) 如此迭代计算下去, 直到 x_α 收敛为止.

6. 高温气体状态方程

在高温气体中, 需要同时考虑 Virial 修正和 Debye-Hückel 修正. 于是高温气体的温度状态方程为

$$
\begin{aligned}
p &= p_0 + \Delta p^{\mathrm{Virial}} + \Delta p^{\mathrm{DH}} \\
&= \rho \frac{R^0}{M} T + \rho^2 \frac{N_{\mathrm{A}} R^0}{M^2} T \sum_{\alpha,\beta} x_\alpha x_\beta B_{\alpha\beta} - \frac{R^0 T}{24\pi N_{\mathrm{A}} r_{\mathrm{D}}^3}
\end{aligned} \tag{3.255}
$$

热量状态方程为

$$
\begin{aligned}
E =& E_0 + \Delta E^{\mathrm{Virial}} + \Delta E^{\mathrm{DH}} \\
=& \frac{3}{2} \frac{R^0}{M} T + \frac{N_{\mathrm{A}}}{M} \sum_{\alpha} x_\alpha \varepsilon_\alpha^0 + \frac{R^0}{M} T^2 \sum_{\alpha} x_\alpha \frac{\mathrm{d} \ln Q_{\mathrm{in}\alpha}^0}{\mathrm{d}T} \\
& - \rho \frac{N_A R^0}{M^2} T^2 \sum_{\alpha,\beta} x_\alpha x_\beta \frac{\mathrm{d}B_{\alpha,\beta}}{\mathrm{d}T} - \frac{R^0 T}{8\pi N_{\mathrm{A}} \rho r_{\mathrm{D}}^3}
\end{aligned} \tag{3.256}
$$

上式右边前三项为 E_0, 第四项为 Virial 修正, 第五项为 Debye-Hückel 修正. 对于给定的气体分子成分, 可通过原子分子物理知识求出 $B_{\alpha\beta}$ 和 Q_{in}^0, 从而求得气体的状态方程.

第 4 章　气体的输运性质

前面讨论了气体处于热平衡时的性质. 气体通常处于非平衡状态, 即气体分子的宏观运动速度、气体温度和密度分布在整体上是不均匀的. 非平衡状态是不稳定的, 气体在由非平衡态向平衡态过渡过程中, 会引起分子质量、动量和能量由一处向另一处输运. 这就是气体的输运现象.

4.1　非均匀气体

1. Enskog 展开

假设非均匀分布函数 f_α 可以用一个无穷级数表示: $f_\alpha = f_\alpha^{(0)} + \varepsilon f_\alpha^{(1)} + \varepsilon^2 f_\alpha^{(2)} + \cdots$, 其中 ε 是一个微扰参数, 同时将第 2 章得到的 Boltzmann 方程 (2.84) 改写为

$$\frac{\partial f_\alpha}{\partial t} + \boldsymbol{v}_\alpha \cdot \frac{\partial f_\alpha}{\partial \boldsymbol{r}} + \boldsymbol{a}_\alpha \cdot \frac{\partial f_\alpha}{\partial \boldsymbol{v}_\alpha} = \frac{1}{\varepsilon} \sum_\beta J\left(f_\alpha f_\beta\right) \tag{4.1}$$

当 $\varepsilon = 1$ 时, 上式即为 Boltzmann 方程 (2.84).

将 f_α 的无穷级数代入式 (4.1) 中, 由于

$$\begin{aligned} J\left(f_\alpha f_\beta\right) =& J\left[\left(f_\alpha^{(0)} + \varepsilon f_\alpha^{(1)} + \varepsilon^2 f_\alpha^{(2)} + \cdots\right)\left(f_\beta^{(0)} + \varepsilon f_\beta^{(1)} + \varepsilon^2 f_\beta^{(2)} + \cdots\right)\right] \\ =& J\left(f_\alpha^{(0)} f_\beta^{(0)}\right) + \varepsilon\left[J\left(f_\alpha^{(1)} f_\beta^{(0)}\right) + J\left(f_\alpha^{(0)} f_\beta^{(1)}\right)\right] \\ &+ \varepsilon^2\left[J\left(f_\alpha^{(0)} f_\beta^{(2)}\right) + J\left(f_\alpha^{(1)} f_\beta^{(1)}\right) + J\left(f_\alpha^{(2)} f_\beta^{(0)}\right)\right] + \cdots \end{aligned} \tag{4.2}$$

方程 (4.1) 变为

$$\begin{aligned} &\left(\frac{\partial f_\alpha^{(0)}}{\partial t} + \boldsymbol{v}_\alpha \cdot \frac{\partial f_\alpha^{(0)}}{\partial \boldsymbol{r}} + \boldsymbol{a}_\alpha \cdot \frac{\partial f_\alpha^{(0)}}{\partial \boldsymbol{v}_\alpha}\right) + \varepsilon\left(\frac{\partial f_\alpha^{(1)}}{\partial t} + \boldsymbol{v}_\alpha \cdot \frac{\partial f_\alpha^{(1)}}{\partial \boldsymbol{r}} + \boldsymbol{a}_\alpha \cdot \frac{\partial f_\alpha^{(1)}}{\partial \boldsymbol{v}_\alpha}\right) \\ &+ \varepsilon^2\left(\frac{\partial f_\alpha^{(2)}}{\partial t} + \boldsymbol{v}_\alpha \cdot \frac{\partial f_\alpha^{(2)}}{\partial \boldsymbol{r}} + \boldsymbol{a}_\alpha \cdot \frac{\partial f_\alpha^{(2)}}{\partial \boldsymbol{v}_\alpha}\right) + \cdots \\ =& \frac{1}{\varepsilon}\sum_\beta J\left(f_\alpha^{(0)} f_\beta^{(0)}\right) + \sum_\beta\left[J\left(f_\alpha^{(1)} f_\beta^{(0)}\right) + J\left(f_\alpha^{(0)} f_\beta^{(1)}\right)\right] \\ &+ \varepsilon\sum_\beta\left[J\left(f_\alpha^{(2)} f_\beta^{(0)}\right) + J\left(f_\alpha^{(1)} f_\beta^{(1)}\right) + J\left(f_\alpha^{(0)} f_\beta^{(2)}\right)\right] + \cdots \end{aligned} \tag{4.3}$$

对比上式中 ε 的各次幂, 可得

$$\sum_{\beta} J\left(f_{\alpha}^{(0)} f_{\beta}^{(0)}\right)=0 \tag{4.4}$$

$$\frac{\partial f_{\alpha}^{(0)}}{\partial t}+\boldsymbol{v}_{\alpha} \cdot \frac{\partial f_{\alpha}^{(0)}}{\partial \boldsymbol{r}}+\boldsymbol{a}_{\alpha} \cdot \frac{\partial f_{\alpha}^{(0)}}{\partial \boldsymbol{v}_{\alpha}}=\sum_{\beta}\left[J\left(f_{\alpha}^{(1)} f_{\beta}^{(0)}\right)+J\left(f_{\alpha}^{(0)} f_{\beta}^{(1)}\right)\right] \tag{4.5}$$

$$\begin{aligned}&\frac{\partial f_{\alpha}^{(1)}}{\partial t}+\boldsymbol{v}_{\alpha} \cdot \frac{\partial f_{\alpha}^{(1)}}{\partial \boldsymbol{r}}+\boldsymbol{a}_{\alpha} \cdot \frac{\partial f_{\alpha}^{(1)}}{\partial \boldsymbol{v}_{\alpha}}\\ =&\sum_{\beta}\left[J\left(f_{\alpha}^{(2)} f_{\beta}^{(0)}\right)+J\left(f_{\alpha}^{(1)} f_{\beta}^{(1)}\right)+J\left(f_{\alpha}^{(0)} f_{\beta}^{(2)}\right)\right]\end{aligned} \tag{4.6}$$

$$\cdots\cdots$$

这样可以依次逐个求出 $f_{\alpha}^{(0)}, f_{\alpha}^{(1)}, f_{\alpha}^{(2)}, \cdots$, 最后得到

$$f_{\alpha}=f_{\alpha}^{(0)}+f_{\alpha}^{(1)}+f_{\alpha}^{(2)}+\cdots \tag{4.7}$$

所求得的解必须满足如下辅助条件

$$\int f_{\alpha} \mathrm{d} \boldsymbol{v}_{\alpha}=n_{\alpha} \tag{4.8}$$

$$\sum_{\alpha} m_{\alpha} \int f_{\alpha} \boldsymbol{v}_{\alpha} \mathrm{d} \boldsymbol{v}_{\alpha}=\rho \boldsymbol{u} \tag{4.9}$$

$$\sum_{\alpha} \frac{1}{2} m_{\alpha} \int f_{\alpha}\left(\boldsymbol{v}_{\alpha}-\boldsymbol{u}\right)^{2} \mathrm{d} \boldsymbol{v}_{\alpha}=\frac{3}{2} n k T \tag{4.10}$$

这种求分布函数的近似方法称为 Chapman-Enskog 方法. 为了简单起见, 我们先考虑单组分气体, 对于单组分, 下标 α 可以省略, 则由方程 (4.4) 可得

$$J\left(f^{(0)} f_{1}^{(0)}\right)=0 \tag{4.11}$$

即

$$f^{(0)} f_{1}^{(0)}=f^{(0)\prime} f_{1}^{(0)\prime} \tag{4.12}$$

这正是我们在第 2 章已经讨论过的零级近似分布函数, 即气体平衡的 Maxwell 分布函数.

$$f^{(0)}=n\left(\frac{m}{2 \pi k T}\right)^{\frac{3}{2}} \mathrm{e}^{-\frac{m(\boldsymbol{v}-\boldsymbol{u})^{2}}{2 k T}} \tag{4.13}$$

2. 一级微扰

下面讨论一级微扰解

$$f=f^{(0)}+f^{(1)} \tag{4.14}$$

为了简单起见, 不考虑体力的影响, 这样由式 (4.6) 可得

$$\frac{\partial f^{(0)}}{\partial t}+\boldsymbol{v}\cdot\frac{\partial f^{(0)}}{\partial \boldsymbol{r}}=J\left(f^{(0)}f_1^{(1)}\right)+J\left(f^{(1)}f_1^{(0)}\right) \tag{4.15}$$

由辅助条件式 (4.8) 可得

$$n=\int f\mathrm{d}\boldsymbol{v}=\int f^{(0)}\mathrm{d}\boldsymbol{v}+\int f^{(1)}\mathrm{d}\boldsymbol{v}=n+\int f^{(1)}\mathrm{d}\boldsymbol{v}$$

即

$$\int f^{(1)}\mathrm{d}\boldsymbol{v}=0 \tag{4.16}$$

由辅助条件式 (4.9) 可得

$$\boldsymbol{u}=\frac{1}{n}\int f\boldsymbol{v}\mathrm{d}\boldsymbol{v}=\frac{1}{n}\int f^{(0)}\boldsymbol{v}\mathrm{d}\boldsymbol{v}+\frac{1}{n}\int f^{(1)}\boldsymbol{v}\mathrm{d}\boldsymbol{v}=\boldsymbol{u}+\frac{1}{n}\int f^{(1)}\boldsymbol{v}\mathrm{d}\boldsymbol{v}$$

即

$$\int f^{(1)}\boldsymbol{v}\mathrm{d}\boldsymbol{v}=0 \tag{4.17}$$

将 $\boldsymbol{v}=\boldsymbol{c}+\boldsymbol{u}$ 代入上式中, 得

$$\int f^{(1)}(\boldsymbol{c}+\boldsymbol{u})\mathrm{d}\boldsymbol{v}=\int f^{(1)}\boldsymbol{c}\mathrm{d}\boldsymbol{v}+\boldsymbol{u}\int f^{(1)}\mathrm{d}\boldsymbol{v}=0$$

即

$$\int f^{(1)}\boldsymbol{c}\mathrm{d}\boldsymbol{v}=0 \tag{4.18}$$

由辅助条件式 (4.10) 可得

$$\begin{aligned}\frac{3}{2}nkT&=\int f\frac{1}{2}mc^2\mathrm{d}\boldsymbol{v}=\int f^{(0)}\frac{1}{2}mc^2\mathrm{d}\boldsymbol{v}+\int f^{(1)}\frac{1}{2}mc^2\mathrm{d}\boldsymbol{v}\\&=\frac{3}{2}nkT+\int f^{(1)}\frac{1}{2}mc^2\mathrm{d}\boldsymbol{v}\end{aligned}$$

即

$$\int f^{(1)}c^2\mathrm{d}\boldsymbol{v}=0 \tag{4.19}$$

令 $f=f^{(0)}(1+\Phi)$, 则 $f^{(1)}=f^{(0)}\Phi$, 其中 Φ 是 $(t,\boldsymbol{r},\boldsymbol{c})$ 的函数, 将 $\Phi=\Phi(t,\boldsymbol{r},\boldsymbol{c})$ 代入式 (4.16)、式 (4.18) 和式 (4.19), 相应辅助条件变为

$$\int f^{(0)}\Phi\mathrm{d}\boldsymbol{v}=0 \tag{4.20}$$

$$\int f^{(0)}\Phi\boldsymbol{c}\mathrm{d}\boldsymbol{v}=0 \tag{4.21}$$

$$\int f^{(0)}\Phi c^2 \mathrm{d}\boldsymbol{v}=0 \tag{4.22}$$

而由式 (2.83) 可得

$$J\left(f^{(0)}f_1^{(1)}\right)+J\left(f^{(1)}f_1^{(0)}\right)=\iiint f^{(0)}f_1^{(0)}\left(\Phi'+\Phi_1'-\Phi-\Phi_1\right)gb\mathrm{d}b\mathrm{d}\phi\mathrm{d}\boldsymbol{v}_1 \tag{4.23}$$

这里已用到了 $f^{(0)\prime}f_1^{(0)\prime}=f^{(0)}f_1^{(0)}$, 代入方程 (4.15), 得

$$\frac{\partial f^{(0)}}{\partial t}+\boldsymbol{v}\cdot\frac{\partial f^{(0)}}{\partial \boldsymbol{r}}=\iiint f^{(0)}f_1^{(0)}\left(\Phi'+\Phi_1'-\Phi-\Phi_1\right)gb\mathrm{d}b\mathrm{d}\phi\mathrm{d}\boldsymbol{v}_1 \tag{4.24}$$

这样, 求分布函数 f 的微分积分方程就化成了求 Φ 的线性非齐次积分方程. 这里要注意的是 Φ 很小, 表明这样的非平衡态并未远离平衡态.

式 (4.24) 也可改写为

$$f^{(0)}\left\{\frac{\partial}{\partial t}+\boldsymbol{u}\cdot\frac{\partial}{\partial \boldsymbol{r}}+\boldsymbol{c}\cdot\frac{\partial}{\partial \boldsymbol{r}}\right\}\ln f^{(0)}=\iiint f^{(0)}f_1^{(0)}\left(\Phi'+\Phi_1'-\Phi-\Phi_1\right)gb\mathrm{d}b\mathrm{d}\phi\mathrm{d}\boldsymbol{v}_1 \tag{4.25}$$

3. Φ 的积分方程

由于 $f^{(0)}$ 常作为热运动速度 $\boldsymbol{c}$ 的函数, 因此要把方程 (4.25) 中 $f^{(0)}$ 的变量 $\boldsymbol{v}$ 变为 $\boldsymbol{c}$, 其中要注意的是

$$\left.\frac{\partial f^{(0)}}{\partial t}\right|_{\boldsymbol{r},\boldsymbol{v}}=\left.\frac{\partial f^{(0)}}{\partial t}\right|_{\boldsymbol{r},\boldsymbol{c}}+\frac{\partial f^{(0)}}{\partial \boldsymbol{c}}\cdot\frac{\partial \boldsymbol{c}}{\partial t}=\left.\frac{\partial f^{(0)}}{\partial t}\right|_{\boldsymbol{r},\boldsymbol{c}}-\frac{\partial f^{(0)}}{\partial \boldsymbol{c}}\cdot\frac{\partial \boldsymbol{u}}{\partial t} \tag{4.26}$$

$$\left.\frac{\partial f^{(0)}}{\partial \boldsymbol{r}}\right|_{\boldsymbol{v},t}=\left.\frac{\partial f^{(0)}}{\partial \boldsymbol{r}}\right|_{\boldsymbol{c},t}+\frac{\partial f^{(0)}}{\partial \boldsymbol{c}}\cdot\frac{\partial \boldsymbol{c}}{\partial \boldsymbol{r}}=\left.\frac{\partial f^{(0)}}{\partial \boldsymbol{r}}\right|_{\boldsymbol{c},t}-\frac{\partial f^{(0)}}{\partial \boldsymbol{c}}\cdot\frac{\partial \boldsymbol{u}}{\partial \boldsymbol{r}} \tag{4.27}$$

于是式 (4.25) 为

$$\begin{aligned}&\frac{\partial f^{(0)}}{\partial t}-\frac{\partial f^{(0)}}{\partial \boldsymbol{c}}\cdot\frac{\partial \boldsymbol{u}}{\partial t}+\boldsymbol{u}\cdot\frac{\partial f^{(0)}}{\partial \boldsymbol{r}}-\boldsymbol{u}\cdot\frac{\partial f^{(0)}}{\partial \boldsymbol{c}}\cdot\frac{\partial \boldsymbol{u}}{\partial \boldsymbol{r}}+\boldsymbol{c}\cdot\frac{\partial f^{(0)}}{\partial \boldsymbol{r}}-\boldsymbol{c}\cdot\frac{\partial f^{(0)}}{\partial \boldsymbol{c}}\cdot\frac{\partial \boldsymbol{u}}{\partial \boldsymbol{r}}\\&=\iiint f^{(0)}f_1^{(0)}\left(\Phi'+\Phi_1'-\Phi-\Phi_1\right)gb\mathrm{d}b\mathrm{d}\phi\mathrm{d}\boldsymbol{v}_1\end{aligned} \tag{4.28}$$

根据式 (1.16) 物质导数的定义, 式 (4.28) 的左边可写为

$$\begin{aligned}&f^{(0)}\left[\frac{\mathrm{D}\ln f^{(0)}}{\mathrm{D}t}-\frac{\mathrm{D}\boldsymbol{u}}{\mathrm{D}t}\cdot\frac{\partial \ln f^{(0)}}{\partial \boldsymbol{c}}+\boldsymbol{c}\cdot\frac{\partial \ln f^{(0)}}{\partial \boldsymbol{r}}-\boldsymbol{c}\cdot\frac{\partial \ln f^{(0)}}{\partial \boldsymbol{c}}\cdot\frac{\partial \boldsymbol{u}}{\partial \boldsymbol{r}}\right]\\=&f^{(0)}\left\{\frac{\mathrm{D}\ln f^{(0)}}{\mathrm{D}t}-\frac{\mathrm{D}\boldsymbol{u}}{\mathrm{D}t}\cdot\frac{\partial \ln f^{(0)}}{\partial \boldsymbol{c}}+\boldsymbol{c}\cdot\frac{\partial \ln f^{(0)}}{\partial \boldsymbol{r}}-\frac{\partial \ln f^{(0)}}{\partial \boldsymbol{c}}\boldsymbol{c}:\frac{\partial \boldsymbol{u}}{\partial \boldsymbol{r}}\right\}\end{aligned}$$

由式 (4.13) 取对数, 可得

$$\ln f^{(0)} = \ln n - \frac{3}{2}\ln T - \frac{mc^2}{2kT} + \frac{3}{2}\ln\frac{m}{2\pi k} \tag{4.29}$$

由上式对时间求物质导数, 可得

$$\frac{\mathrm{D}\ln f^{(0)}}{\mathrm{D}t} = \frac{1}{n}\frac{\mathrm{D}n}{\mathrm{D}t} + \left(\frac{mc^2}{2kT} - \frac{3}{2}\right)\frac{1}{T}\frac{\mathrm{D}T}{\mathrm{D}t} \tag{4.30}$$

$$\frac{\partial \ln f^{(0)}}{\partial \boldsymbol{c}} = -\frac{m}{kT}\boldsymbol{c} \tag{4.31}$$

$$\frac{\partial \ln f^{(0)}}{\partial \boldsymbol{r}} = \frac{\partial \ln n}{\partial \boldsymbol{r}} + \left(\frac{mc^2}{2kT} - \frac{3}{2}\right)\frac{\partial \ln T}{\partial \boldsymbol{r}} \tag{4.32}$$

于是式 (4.28) 可化为

$$\begin{aligned}&f^{(0)}\left[\frac{1}{n}\frac{\mathrm{D}n}{\mathrm{D}t} + \left(\frac{mc^2}{2kT} - \frac{3}{2}\right)\frac{1}{T}\frac{\mathrm{D}T}{\mathrm{D}t} + \frac{m}{kT}\boldsymbol{c}\cdot\frac{\mathrm{D}\boldsymbol{u}}{\mathrm{D}t} + \boldsymbol{c}\cdot\frac{\ln n}{\partial \boldsymbol{r}} + \left(\frac{mc^2}{2kT} - \frac{3}{2}\right)\boldsymbol{c}\cdot\frac{\partial \ln T}{\partial \boldsymbol{r}}\right.\\&\left.+\frac{m}{kT}\boldsymbol{c}\boldsymbol{c}:\frac{\partial \boldsymbol{u}}{\partial \boldsymbol{r}}\right] = \iiint f^{(0)} f_1^{(0)}\left(\Phi' + \Phi_1' - \Phi - \Phi_1\right) g b \mathrm{d}b \mathrm{d}\phi \mathrm{d}\boldsymbol{v}_1\end{aligned} \tag{4.33}$$

利用三个守恒方程可对上式作进一步化简.

由连续方程 (2.170) 可得

$$\frac{\mathrm{D}\rho}{\mathrm{D}t} + \rho\frac{\partial}{\partial \boldsymbol{r}}\cdot\boldsymbol{u} = 0 \tag{4.34}$$

将 $\rho = nm$ 代入式 (4.34), 得

$$\frac{1}{n}\frac{\mathrm{D}n}{\mathrm{D}t} + \frac{\partial}{\partial \boldsymbol{r}}\cdot\boldsymbol{u} = 0$$

即

$$\frac{1}{n}\frac{\mathrm{D}n}{\mathrm{D}t} = -\frac{\partial}{\partial \boldsymbol{r}}\cdot\boldsymbol{u} \tag{4.35}$$

由运动方程 (2.175), 忽略体力, 可得

$$\frac{\mathrm{D}\boldsymbol{u}}{\partial t} + \frac{1}{\rho}\frac{\partial}{\partial \boldsymbol{r}} : \overrightarrow{\overrightarrow{p}} = 0 \tag{4.36}$$

在零级近似下, $\overrightarrow{\overrightarrow{p}} = p = nkT$, 上式可化为

$$\frac{\mathrm{D}\boldsymbol{u}}{\partial t} = -\frac{1}{\rho}\frac{\partial}{\partial \boldsymbol{r}}p \tag{4.37}$$

由能量方程 (2.187), 忽略体力, 可得

$$\frac{\partial E}{\partial t} + \boldsymbol{u}\cdot\frac{\partial E}{\partial \boldsymbol{r}} + \frac{1}{\rho}\overrightarrow{\overrightarrow{p}} : \frac{\partial}{\partial \boldsymbol{r}}\boldsymbol{u} + \frac{1}{\rho}\frac{\partial}{\partial \boldsymbol{r}}\cdot\boldsymbol{q} = 0 \tag{4.38}$$

在零级近似下, $\overset{\rightarrow\rightarrow}{p} = p = nkT$, $\boldsymbol{q} = 0$, 上式可化为

$$\frac{\mathrm{D}E}{\mathrm{D}t} = -\frac{p}{\rho}\frac{\partial}{\partial \boldsymbol{r}} \cdot \boldsymbol{u} \tag{4.39}$$

若不考虑内部自由度, $E = \dfrac{3}{2m}kT$, 代入上式中, 得

$$\frac{\mathrm{D}T}{\mathrm{D}t} = -\frac{2m}{3k}\frac{p}{\rho}\frac{\partial}{\partial \boldsymbol{r}} \cdot \boldsymbol{u} = -\frac{2}{3}T\frac{\partial}{\partial \boldsymbol{r}} \cdot \boldsymbol{u} \tag{4.40}$$

把上述关系式代入式 (4.33), 最后 $\varPhi$ 的积分方程化为

$$\begin{aligned} &f^{(0)}\left[\left(\frac{mc^2}{2kT} - \frac{5}{2}\right)\boldsymbol{c} \cdot \frac{\partial}{\partial \boldsymbol{r}}\ln T + \frac{m}{kT}\left(\boldsymbol{cc} - \frac{1}{3}c^2\overset{\rightarrow\rightarrow}{I}\right) : \frac{\partial \boldsymbol{u}}{\partial \boldsymbol{r}}\right] \\ &= \iiint f^{(0)} f_1^{(0)}\left(\varPhi' + \varPhi_1' - \varPhi - \varPhi_1\right) gb\mathrm{d}b\mathrm{d}\phi\mathrm{d}\boldsymbol{v}_1 \end{aligned} \tag{4.41}$$

这就是 $\varPhi$ 的线性非齐次方程, 对应的 $\varPhi$ 的齐次方程为

$$\iiint f^{(0)} f_1^{(0)}\left(\varPhi' + \varPhi_1' - \varPhi - \varPhi_1\right) gb\mathrm{d}b\mathrm{d}\phi\mathrm{d}\boldsymbol{v}_1 = 0 \tag{4.42}$$

$\varPhi$ 应满足式 (4.20)~式 (4.22) 辅助条件, $\varPhi$ 的非齐次方程 (4.41) 的解为齐次方程 (4.42) 的通解加非齐次方程的特解.

4. $\varPhi$ 的齐次积分方程

定义积分算符 J, 则

$$J\phi = \frac{1}{n}\iiint f_1^{(0)}(\phi + \phi_1 - \phi' - \phi_1')gb\mathrm{d}b\mathrm{d}\varphi\mathrm{d}\boldsymbol{v}_1 \tag{4.43}$$

再定义内积 (φ, ϕ) 为

$$(\varphi, \phi) = \frac{1}{n}\int f^{(0)}\varphi \otimes \phi\mathrm{d}\boldsymbol{v} = \langle\varphi \otimes \phi\rangle \tag{4.44}$$

即零级近似下 $\varphi \otimes \phi$ 的统计平均值. 当 φ, ϕ 为标量时, $\varphi \otimes \phi = \varphi\phi$; 当 φ, ϕ 为矢量时, $\varphi \otimes \phi = \boldsymbol{\varphi} \cdot \cdot \boldsymbol{\phi}$; 当 φ, ϕ 为张量时, $\varphi \otimes \phi = \overset{\rightarrow\rightarrow}{\varphi} : \overset{\rightarrow\rightarrow}{\phi}$.

由式 (4.43) 和式 (4.44) 的定义, 可得

$$\begin{aligned} (\varphi, J\phi) =& \frac{1}{n^2}\iiiint f^{(0)} f_1^{(0)}\varphi \otimes \left(\phi + \phi_1 - \phi' - \phi_1'\right) gb\mathrm{d}b\mathrm{d}\varphi\mathrm{d}\boldsymbol{v}\mathrm{d}\boldsymbol{v}_1 \\ =& \frac{1}{4n^2}\iiiint f^{(0)} f_1^{(0)}\left(\varphi + \varphi_1 - \varphi' - \varphi_1'\right) \\ &\otimes \left(\phi + \phi_1 - \phi' - \phi_1'\right) gb\mathrm{d}b\mathrm{d}\varphi\mathrm{d}\boldsymbol{v}\mathrm{d}\boldsymbol{v}_1 \end{aligned} \tag{4.45}$$

上式的变换与第 2 章中推导矩方程式 (2.165) 时采用的方法相同.

由式 (4.45) 可见,

$$(\varphi, J\phi) = (J\phi, \varphi) \tag{4.46}$$

将 Φ 的齐次方程式 (4.42) 左边积分号内的 $f^{(0)}$ 提到积分号外, 可得

$$f^{(0)} \iiint f_1^{(0)} \left(\Phi' + \Phi_1' - \Phi - \Phi_1\right) gb\mathrm{d}b\mathrm{d}\varphi\mathrm{d}\boldsymbol{v}_1 = 0 \tag{4.47}$$

根据积分算符的定义, 上式可简写为

$$-nf^{(0)} J\Phi = 0 \tag{4.48}$$

上式乘 Φ 并对 $\boldsymbol{v}$ 积分, 得

$$-n \int f^{(0)} \Phi J \Phi \mathrm{d}\boldsymbol{v} = 0 \tag{4.49}$$

根据内积的定义, 上式可写为

$$\begin{aligned} &-n^2 \left(\Phi, J\Phi\right) = 0 \\ &\left(\Phi, J\Phi\right) = 0 \end{aligned} \tag{4.50}$$

即

$$\iiiint f^{(0)} f_1^{(0)} \left(\Phi + \Phi_1 - \Phi' - \Phi_1'\right)^2 gb\mathrm{d}b\mathrm{d}\varphi\mathrm{d}\boldsymbol{v}\mathrm{d}\boldsymbol{v}_1 = 0 \tag{4.51}$$

由于 $\left(\Phi + \Phi_1 - \Phi' - \Phi_1'\right)^2 \geqslant 0$, 得出 $\Phi + \Phi_1 - \Phi' - \Phi_1' = 0$, 即 Φ 为碰撞前后的守恒量, 所以齐次方程 (4.42) 的通解为: $\alpha_0 m + \boldsymbol{\alpha}_1 \cdot m\boldsymbol{c} + \alpha_2 \frac{1}{2} mc^2$, 其中 $\alpha_0, \boldsymbol{\alpha}_1$和$\alpha_2$ 是常数.

5. Φ **积分方程的解**

考虑到非齐次方程中非齐次项的形式, 假设方程的特解具有以下形式

$$-\frac{1}{n}\left(\frac{2kT}{m}\right)^{\frac{1}{2}} \boldsymbol{A} \cdot \frac{\partial}{\partial \boldsymbol{r}} \ln T - \frac{1}{n} \overset{\rightarrow\rightarrow}{B} : \frac{\partial}{\partial \boldsymbol{r}} \boldsymbol{u}$$

其中

$$\boldsymbol{A} = A \left(\frac{2kT}{m}\right)^{-\frac{1}{2}} \boldsymbol{c} \tag{4.52}$$

$$\boldsymbol{B} = B \left(\frac{2kT}{m}\right)^{-1} \left(\boldsymbol{cc} - \frac{1}{3} c^2 \overset{\rightarrow\rightarrow}{I}\right) \tag{4.53}$$

A、B 为 $\left(\frac{2kT}{m}\right)^{-\frac{1}{2}}\boldsymbol{c}$ 的标量函数. 于是 $\varPhi$ 非齐次积分方程 (4.41) 的解为

$$\varPhi=-\frac{A}{n}\boldsymbol{c}\cdot\frac{\partial}{\partial\boldsymbol{r}}\ln T-\frac{B}{n}\frac{m}{2kT}\left(\boldsymbol{cc}-\frac{1}{3}c^2\overrightarrow{\overrightarrow{I}}\right):\frac{\partial}{\partial\boldsymbol{r}}\boldsymbol{u}+\alpha_0 m+\boldsymbol{\alpha}_1\cdot m\boldsymbol{c}+\alpha_2\frac{1}{2}mc^2 \quad (4.54)$$

下面由辅助条件确定常数 $\alpha_0,\boldsymbol{\alpha}_1$和$\alpha_2$.

将式 (4.54) 代入式 (4.20), 可得

$$\begin{aligned}&\int f^{(0)}\left[-\frac{A}{n}\boldsymbol{c}\cdot\frac{\partial}{\partial\boldsymbol{r}}\ln T-\frac{B}{n}\frac{m}{2kT}\left(\boldsymbol{cc}-\frac{1}{3}c^2\overrightarrow{\overrightarrow{I}}\right):\frac{\partial}{\partial\boldsymbol{r}}\boldsymbol{u}\right]\mathrm{d}\boldsymbol{v}\\&+\int f^{(0)}\left(\alpha_0 m+\boldsymbol{\alpha}_1\cdot m\boldsymbol{c}+\alpha_2\frac{1}{2}mc^2\right)\mathrm{d}\boldsymbol{v}=0\end{aligned}\quad (4.55)$$

式中, $\boldsymbol{c}$ 的奇函数项积分后为零, 可得

$$\int f^{(0)}\left(\alpha_0 m+\alpha_2\frac{1}{2}mc^2\right)\mathrm{d}\boldsymbol{v}=0 \quad (4.56)$$

将式 (4.54) 代入式 (4.21), $\boldsymbol{c}$ 的奇函数项积分后为零, 可得

$$\int f^{(0)}\left(-\frac{A}{n}\boldsymbol{c}\cdot\frac{\partial}{\partial\boldsymbol{r}}\ln T+\boldsymbol{\alpha}_1\cdot m\boldsymbol{c}\right)\boldsymbol{c}\mathrm{d}\boldsymbol{v}=0 \quad (4.57)$$

假设 $F(c)$ 是 c 的任意函数, $\boldsymbol{G}$ 为任意矢量, 由于

$$\int F(c)\left(\boldsymbol{G}\cdot\boldsymbol{c}\right)\boldsymbol{c}\mathrm{d}\boldsymbol{v}=\boldsymbol{G}\cdot\int F(c)\boldsymbol{cc}\mathrm{d}\boldsymbol{v}=\boldsymbol{G}\cdot\int F(c)\begin{pmatrix}c_1^2 & c_1c_2 & c_1c_3\\ c_2c_1 & c_2^2 & c_2c_3\\ c_3c_1 & c_3c_2 & c_3^2\end{pmatrix}\mathrm{d}\boldsymbol{v} \quad (4.58)$$

其中, 非对角项是 c_1,c_2或c_3 的一次函数, 积分为零; 对角项是 c_1,c_2或c_3 的二次函数, 积分不为零, 有

$$\int F(c)c_1^2\mathrm{d}\boldsymbol{v}=\int F(c)c_2^2\mathrm{d}\boldsymbol{v}=\int F(c)c_3^2\mathrm{d}\boldsymbol{v}=\frac{1}{3}\int F(c)c^2\mathrm{d}\boldsymbol{v} \quad (4.59)$$

将上式代入式 (4.58), 得

$$\int F(c)\left(\boldsymbol{G}\cdot\boldsymbol{c}\right)\boldsymbol{c}\mathrm{d}\boldsymbol{v}=\frac{1}{3}\boldsymbol{G}\cdot\begin{pmatrix}1&0&0\\0&1&0\\0&0&1\end{pmatrix}\int F(c)c^2\mathrm{d}\boldsymbol{v}=\frac{1}{3}\int F(c)\boldsymbol{G}c^2\mathrm{d}\boldsymbol{v} \quad (4.60)$$

利用上式, 式 (4.57) 可化为

$$\int f^{(0)}\left(-\frac{A}{n}\frac{\partial}{\partial\boldsymbol{r}}\ln T+\boldsymbol{\alpha}_1 m\right)c^2\mathrm{d}\boldsymbol{v}=0 \quad (4.61)$$

将式 (4.54) 代入式 (4.22), $\boldsymbol{c}$ 的奇函数项积分后为零, 可得

$$\int f^{(0)}\left(\alpha_0 m+\alpha_2\frac{1}{2}mc^2\right)c^2\mathrm{d}\boldsymbol{v}=0 \tag{4.62}$$

这样, 由辅助条件得到了式 (4.56)、式 (4.61) 和式 (4.62). 下面先确定 α_0和α_2.

由式 (4.56) 可得

$$\alpha_0 m\int f^{(0)}\mathrm{d}\boldsymbol{v}+\alpha_2\int f^{(0)}\frac{1}{2}mc^2\mathrm{d}\boldsymbol{v}=0$$

积分后为

$$\alpha_0 mn+\alpha_2\frac{3}{2}nkT=0 \tag{4.63}$$

由式 (4.62) 可得

$$\alpha_0 m\int f^{(0)}c^2\mathrm{d}\boldsymbol{v}+\alpha_2\int f^{(0)}\frac{1}{2}mc^4\mathrm{d}\boldsymbol{v}=0$$

积分后为

$$\alpha_0 3nkT+\alpha_2\frac{15}{8}\frac{nk^2T^2}{m}=0 \tag{4.64}$$

联立方程 (4.63) 和 (4.64), 由于系数行列式不为零, 故

$$\alpha_0=0 \tag{4.65}$$

$$\alpha_2=0 \tag{4.66}$$

由式 (4.61) 可知, 矢量 $\boldsymbol{\alpha}_1$ 与 $\dfrac{\partial}{\partial\boldsymbol{r}}\ln T$ 是平行的, 因此两项可合并, 不妨令 $\boldsymbol{\alpha}_1=0$. 于是辅助条件简化为

$$\int f^{(0)}Ac^2\mathrm{d}\boldsymbol{v}=0 \tag{4.67}$$

最后得到 $\varPhi$ 的解为

$$\varPhi=-\frac{A}{n}\boldsymbol{c}\cdot\frac{\partial}{\partial\boldsymbol{r}}\ln T-\frac{B}{n}\frac{m}{2kT}\left(\boldsymbol{cc}-\frac{1}{3}c^2\overset{\rightarrow\rightarrow}{I}\right):\frac{\partial}{\partial\boldsymbol{r}}\boldsymbol{u} \tag{4.68}$$

其中, A 满足辅助条件式 (4.67).

由于 $\varPhi$ 的积分方程是线性的, 所以

$$\varPhi=-\frac{A}{n}\boldsymbol{c}\cdot\frac{\partial}{\partial\boldsymbol{r}}\ln T \tag{4.69}$$

$$\varPhi=\frac{B}{n}\frac{m}{2kT}\left(\boldsymbol{cc}-\frac{1}{3}c^2\overset{\rightarrow\rightarrow}{I}\right):\frac{\partial}{\partial\boldsymbol{r}}\boldsymbol{u} \tag{4.70}$$

都是 Φ 的积分方程的解.

下面我们来推导两个重要的关系式.

利用积分算符的定义, 将 Φ 的积分方程式 (4.41) 改写为

$$f^{(0)}\left[\left(\frac{mc^2}{2kT}-\frac{5}{2}\right)\boldsymbol{c}\cdot\frac{\partial}{\partial \boldsymbol{r}}\ln T+\frac{m}{kT}\left(\boldsymbol{cc}-\frac{1}{3}c^2\overrightarrow{\overrightarrow{I}}\right):\frac{\partial \boldsymbol{u}}{\partial \boldsymbol{r}}\right]=-f^{(0)}nJ\Phi \tag{4.71}$$

即

$$\left(\frac{mc^2}{2kT}-\frac{5}{2}\right)\boldsymbol{c}\cdot\frac{\partial}{\partial \boldsymbol{r}}\ln T+\frac{m}{kT}\left(\boldsymbol{cc}-\frac{1}{3}c^2\overrightarrow{\overrightarrow{I}}\right):\frac{\partial \boldsymbol{u}}{\partial \boldsymbol{r}}=-nJ\Phi \tag{4.72}$$

将 Φ 的解式 (4.68) 代入上式中, 得

$$\begin{aligned}&\left[\left(\frac{mc^2}{2kT}-\frac{5}{2}\right)\boldsymbol{c}-J\left(A\boldsymbol{c}\right)\right]\cdot\frac{\partial}{\partial \boldsymbol{r}}\ln T\\&+\left\{\frac{m}{kT}\left(\boldsymbol{cc}-\frac{1}{3}c^2\overrightarrow{\overrightarrow{I}}\right)-J\left[B\frac{m}{2kT}\left(\boldsymbol{cc}-\frac{1}{3}c^2\overrightarrow{\overrightarrow{I}}\right)\right]\right\}:\frac{\partial \boldsymbol{u}}{\partial \boldsymbol{r}}=0\end{aligned} \tag{4.73}$$

式 (4.73) 恒成立的条件为

$$J\left(A\boldsymbol{c}\right)=\left(\frac{mc^2}{2kT}-\frac{5}{2}\right)\boldsymbol{c} \tag{4.74}$$

$$J\left[B\frac{m}{2kT}\left(\boldsymbol{cc}-\frac{1}{3}c^2\overrightarrow{\overrightarrow{I}}\right)\right]=\frac{m}{kT}\left(\boldsymbol{cc}-\frac{1}{3}c^2\overrightarrow{\overrightarrow{I}}\right) \tag{4.75}$$

式 (4.74) 和式 (4.75) 是两个重要关系式, 在后面的计算中还会用到.

4.2 碰撞积分

Φ 的解确定之后, 就可以求一级近似分布函数 $f=f^{(0)}(1+\Phi)$, 并由此进一步计算一级近似非均匀气体的输运系数. 目前尚需确定 Φ 的两个系数: A 和 B, 这要用到 Sonine 多项式.

1. Sonine 多项式

定义 Sonine 多项式

$$S_m^{(n)}(x)=\sum_{i=0}^{n}\frac{\Gamma(m+n+1)}{(m+i)!\,(n-i)!i!}x^i \tag{4.76}$$

其中, n 为整数; m 为实数. 根据上式的定义, 有

$$S_m^{(0)}(x)=1 \tag{4.77}$$

$$S_m^{(1)}(x)=m+1-x \tag{4.78}$$

下面讨论与 Sonine 多项式有关的一些性质. Sonine 多项式满足如下正交关系

$$\int_0^\infty S_m^{(p)}(x)\,S_m^{(q)}(x)\,x^m \mathrm{e}^{-x}\mathrm{d}x = \frac{\Gamma(m+p+1)}{p!}\delta(p,q) \tag{4.79}$$

令

$$\varphi^{(r)} = \left(\frac{m}{2kT}\right)^{\frac{1}{2}} \boldsymbol{c} S_{\frac{3}{2}}^{(r)}\left(\frac{mc^2}{2kT}\right) \quad (r=0,1,\cdots) \tag{4.80}$$

则内积为

$$\left(\varphi^{(r)},\varphi^{(s)}\right) = \frac{1}{n}\int f^{(0)}\frac{mc^2}{2kT}S_{\frac{3}{2}}^{(r)}\left(\frac{mc^2}{2kT}\right)S_{\frac{3}{2}}^{(s)}\left(\frac{mc^2}{2kT}\right)\mathrm{d}\boldsymbol{v} \tag{4.81}$$

利用 Sonine 多项式正交关系式 (4.79), 上式可化为

$$\begin{aligned}\left(\varphi^{(r)},\varphi^{(s)}\right) &= \frac{1}{n}\int n\left(\frac{m}{2\pi kT}\right)^{\frac{3}{2}}\mathrm{e}^{-\frac{m}{2kT}c^2}\frac{mc^2}{2kT}S_{\frac{3}{2}}^{(r)}\left(\frac{mc^2}{2kT}\right)S_{\frac{3}{2}}^{(s)}\left(\frac{mc^2}{2kT}\right)\mathrm{d}\boldsymbol{v}\\ &= \frac{2}{\sqrt{\pi}}\int_0^\infty\left(\frac{mc^2}{2\pi kT}\right)^{\frac{3}{2}}\mathrm{e}^{-\frac{m}{2kT}c^2}S_{\frac{3}{2}}^{(r)}\left(\frac{mc^2}{2kT}\right)S_{\frac{3}{2}}^{(s)}\left(\frac{mc^2}{2kT}\right)\mathrm{d}\left(\frac{mc^2}{2kT}\right)\\ &= \frac{2}{\sqrt{\pi}}\frac{\Gamma\left(\frac{5}{2}+r\right)}{r!}\delta(r,s)\end{aligned} \tag{4.82}$$

令

$$\phi^{(r)} = \frac{m}{2kT}\left(\boldsymbol{cc}-\frac{1}{3}c^2\overrightarrow{\overrightarrow{I}}\right)S_{\frac{5}{2}}^{(r)}\left(\frac{mc^2}{2kT}\right) \tag{4.83}$$

则内积为

$$\begin{aligned}\left(\phi^{(r)},\phi^{(s)}\right) =& \frac{1}{n}\int f^{(0)}\left(\frac{m}{2kT}\right)^2\left(\boldsymbol{cc}-\frac{1}{3}c^2\overrightarrow{\overrightarrow{I}}\right)\\ &:\left(\boldsymbol{cc}-\frac{1}{3}c^2\overrightarrow{\overrightarrow{I}}\right)S_{\frac{5}{2}}^{(r)}\left(\frac{mc^2}{2kT}\right)S_{\frac{5}{2}}^{(s)}\left(\frac{mc^2}{2kT}\right)\mathrm{d}\boldsymbol{v}\end{aligned} \tag{4.84}$$

利用 Sonine 多项式正交关系式 (4.79), 上式可化为

$$\left(\phi^{(r)},\phi^{(s)}\right) = \frac{4}{3}\frac{1}{\sqrt{\pi}}\frac{\Gamma\left(r+\frac{7}{2}\right)}{r!}\delta(r,s) \tag{4.85}$$

2. 碰撞积分的定义

根据 $\phi^{(r)}$(式 (4.83)) 的定义, 当 $r=0$ 时, 有

$$\phi^{(0)} = \frac{m}{2kT}\left(\boldsymbol{cc}-\frac{1}{3}c^2\overrightarrow{\overrightarrow{I}}\right)S_{\frac{5}{2}}^{(0)}\left(\frac{mc^2}{2kT}\right) \tag{4.86}$$

由式 (4.77) 可得

$$\phi^{(0)}=\frac{m}{2kT}\left(\boldsymbol{cc}-\frac{1}{3}c^2\overset{\rightarrow\rightarrow}{I}\right) \tag{4.87}$$

下面计算内积 $(\phi^{(0)}, J\phi^{(0)})$.

$$\begin{aligned}(\phi^{(0)}, J\phi^{(0)})=&\frac{1}{4n^2}\iiiint f^{(0)}f_1^{(0)}\left(\phi^{(0)}+\phi_1^{(0)}-\phi'^{(0)}-\phi'^{(0)}_1\right)\\&:\left(\phi^{(0)}+\phi_1^{(0)}-\phi'^{(0)}-\phi'^{(0)}_1\right)gb\mathrm{d}b\mathrm{d}\varphi\mathrm{d}\boldsymbol{v}\mathrm{d}\boldsymbol{v}_1\end{aligned} \tag{4.88}$$

将式 (4.87) 代入上式, 可得

$$\begin{aligned}\left(\phi^{(0)}, J\phi^{(0)}\right)=&\frac{1}{4n^2}\iiiint f^{(0)}f_1^{(0)}\left(\frac{m}{2kT}\right)^2(\boldsymbol{cc}+\boldsymbol{c}_1\boldsymbol{c}_1-\boldsymbol{c}'\boldsymbol{c}'-\boldsymbol{c}_1{}'\boldsymbol{c}_1{}')\\&:(\boldsymbol{cc}+\boldsymbol{c}_1\boldsymbol{c}_1-\boldsymbol{c}'\boldsymbol{c}'-\boldsymbol{c}_1{}'\boldsymbol{c}_1{}')\,gb\mathrm{d}b\mathrm{d}\varphi\mathrm{d}\boldsymbol{v}\mathrm{d}\boldsymbol{v}_1\end{aligned} \tag{4.89}$$

下面用相对速度 $\boldsymbol{g}$ 和质心速度 $\boldsymbol{G}$ 替换粒子速度 $\boldsymbol{c}$ 和 $\boldsymbol{c}_1$, 对式 (4.89) 中的变量进行变换.

$$\boldsymbol{g}=\boldsymbol{c}-\boldsymbol{c}_1 \tag{4.90}$$

$$\boldsymbol{g}'=\boldsymbol{c}'-\boldsymbol{c}_1{}' \tag{4.91}$$

$$\boldsymbol{G}=\frac{1}{2}(\boldsymbol{c}+\boldsymbol{c}_1) \tag{4.92}$$

其中, $\boldsymbol{g}$ 和 $\boldsymbol{g}'$ 分别为碰撞前相对速度和碰撞后相对速度; $\boldsymbol{G}$ 为质心速度. 由于碰撞前后相对速度不变, 所以有

$$g=g' \tag{4.93}$$

于是有

$$\boldsymbol{cc}+\boldsymbol{c}_1\boldsymbol{c}_1-\boldsymbol{c}'\boldsymbol{c}'-\boldsymbol{c}'_1\boldsymbol{c}'_1=\frac{\boldsymbol{gg}-\boldsymbol{g}'\boldsymbol{g}'}{2} \tag{4.94}$$

$$(\boldsymbol{cc}+\boldsymbol{c}_1\boldsymbol{c}_1-\boldsymbol{c}'\boldsymbol{c}'-\boldsymbol{c}'_1\boldsymbol{c}'_1):(\boldsymbol{cc}+\boldsymbol{c}_1\boldsymbol{c}_1-\boldsymbol{c}'\boldsymbol{c}'-\boldsymbol{c}'_1\boldsymbol{c}'_1)=\frac{1}{2}g^4\left(1-\cos^2\chi\right) \tag{4.95}$$

其中, $\boldsymbol{g}\cdot\boldsymbol{g}'=\cos\chi$.

$$f^{(0)}f_1^{(0)}=n^2\left(\frac{m}{2\pi kT}\right)^3\exp\left[-\frac{m\left(c^2+c_1^2\right)}{2kT}\right]=n^2\left(\frac{m}{2\pi kT}\right)^3\exp\left(-\frac{m}{kT}G^2-\frac{m}{4kT}g^2\right) \tag{4.96}$$

将式 (4.95) 和式 (4.96) 代入式 (4.89) 中, 相应地将积分变量由 $\mathrm{d}\boldsymbol{v}\mathrm{d}\boldsymbol{v}_1$ 改为 $\mathrm{d}\boldsymbol{G}\mathrm{d}\boldsymbol{g}$, 可得

$$\left(\phi^{(0)}, J\phi^{(0)}\right)=\frac{1}{4n^2}\iiiint n^2\left(\frac{m}{2\pi kT}\right)^3\exp\left(-\frac{m}{kT}G^2-\frac{m}{4kT}g^2\right)\left(\frac{m}{2kT}\right)^2$$

$$\frac{1}{2}g^4\left(1-\cos^2\chi\right)gb\mathrm{d}b\mathrm{d}\varphi\mathrm{d}\boldsymbol{G}\mathrm{d}\boldsymbol{g} \tag{4.97}$$

由于

$$\iint b\mathrm{d}b\mathrm{d}\varphi=\int 2\pi b\mathrm{d}b=\int \mathrm{d}\sigma \tag{4.98}$$

$$\int \mathrm{d}\boldsymbol{g}=\iiint g^2\sin\theta\mathrm{d}\theta\mathrm{d}\varphi\mathrm{d}g=\int 4\pi g^2\mathrm{d}g \tag{4.99}$$

$$\int \mathrm{d}\boldsymbol{G}=\iiint G^2\sin\theta\mathrm{d}\theta\mathrm{d}\varphi\mathrm{d}G=\int 4\pi G^2\mathrm{d}G \tag{4.100}$$

代入式 (4.97), 可得

$$\begin{aligned}\left(\phi^{(0)},J\phi^{(0)}\right)&=\frac{2}{\pi}\left(\frac{m}{2kT}\right)^5\int_0^\infty \mathrm{e}^{-\frac{m}{kT}G^2}G^2\mathrm{d}G\iint \mathrm{e}^{-\frac{m}{4kT}g^2}g^7\left(1-\cos^2\chi\right)\mathrm{d}g\mathrm{d}\sigma\\&=\frac{2}{\sqrt{\pi}}\left(\frac{m}{4kT}\right)^{\frac{7}{2}}\iint \mathrm{e}^{-\frac{m}{4kT}g^2}g^7\left(1-\cos^2\chi\right)\mathrm{d}g\mathrm{d}\sigma\end{aligned} \tag{4.101}$$

定义约化质量 μ 为

$$\mu=\frac{mm_1}{m+m_1} \tag{4.102}$$

特别地, 当 $m=m_1$ 时, 有

$$\mu=\frac{m}{2} \tag{4.103}$$

定义量纲为一速率 g^* 为

$$g^*=\left(\frac{\mu}{2kT}\right)^{\frac{1}{2}}g \tag{4.104}$$

特别地, 当 $m=m_1$ 时, 有

$$g^*=\left(\frac{m}{4kT}\right)^{\frac{1}{2}}g \tag{4.105}$$

于是式 (4.101) 可化为

$$\left(\phi^{(0)},J\phi^{(0)}\right)=4\left(\frac{kT}{2\pi\mu}\right)^{\frac{1}{2}}\iint \mathrm{e}^{-{g^*}^2}{g^*}^7\left(1-\cos^2\chi\right)\mathrm{d}g^*\mathrm{d}\sigma \tag{4.106}$$

定义碰撞积分 $\varOmega^{(l,r)}$ 为

$$\varOmega^{(l,r)}=\left(\frac{kT}{2\pi\mu}\right)^{\frac{1}{2}}\iint \mathrm{e}^{-{g^*}^2}{g^*}^{2r+3}\left(1-\cos^l\chi\right)\mathrm{d}g^*\mathrm{d}\sigma \tag{4.107}$$

代入式 (4.106), 可得

$$\left(\phi^{(0)},J\phi^{(0)}\right)=4\varOmega^{(2,2)} \tag{4.108}$$

其他内积可依此类推, 结果见表 4.1.

表 4.1 $\left(\phi^{(r)}, J\phi^{(s)}\right)$ 和 $\left(\varphi^{(r)}, J\varphi^{(s)}\right)$ 的值

r	s	$\left(\phi^{(r)}, J\phi^{(s)}\right)$	$\left(\varphi^{(r)}, J\varphi^{(s)}\right)$
0	0	$4\Omega^{(2,2)}$	0
1	0	$7\Omega^{(2,2)}-2\Omega^{(2,3)}$	0
1	1	$\frac{301}{12}\Omega^{(2,2)}-7\Omega^{(2,3)}+\Omega^{(2,4)}$	$4\Omega^{(2,2)}$
2	0	$\frac{63}{8}\Omega^{(2,2)}-\frac{9}{2}\Omega^{(2,3)}+\frac{1}{2}\Omega^{(2,4)}$	0
2	1	$\frac{1365}{32}\Omega^{(2,2)}-\frac{321}{16}\Omega^{(2,3)}+\frac{25}{8}\Omega^{(2,4)}-\frac{1}{4}\Omega^{(2,5)}$	$7\Omega^{(2,2)}-2\Omega^{(2,3)}$
2	2	$\frac{25137}{256}\Omega^{(2,2)}-\frac{1755}{32}\Omega^{(2,3)}+\frac{381}{32}\Omega^{(2,4)}$ $-\frac{9}{8}\Omega^{(2,5)}+\frac{1}{16}\Omega^{(2,6)}+\frac{1}{2}\Omega^{(4,4)}$	$\frac{77}{4}\Omega^{(2,2)}-7\Omega^{(2,3)}+\Omega^{(2,4)}$

3. 碰撞积分的计算

由式 (4.107) 可知, 在计算碰撞积分 $\Omega^{(l,r)}$ 时, 必须先计算偏转角 χ. 偏转角 χ 的计算方法我们在第 2 章中已经作了讨论, 由式 (2.40) 知偏转角 χ 可表示为

$$\chi=\pi-2\int_{r_0}^{\infty}\frac{b}{r^2}\left[1-\frac{2V(r)}{\mu g^2}-\frac{b^2}{r^2}\right]^{-\frac{1}{2}}\mathrm{d}r \tag{4.109}$$

对上式作变量替换, 令 $y=\dfrac{b}{r}$, $y_0=\dfrac{b}{r_0}$, 并用量纲为一速度 g^* 代替相对速度 g, 则式 (4.109) 可化为

$$\chi\left(g^*,b\right)=\pi-2\int_0^{y_0}\left[1-y^2-\frac{1}{kTg^{*2}}V\left(\frac{b}{y}\right)\right]^{-\frac{1}{2}}\mathrm{d}y \tag{4.110}$$

当时, 有 $\dfrac{\mathrm{d}r}{\mathrm{d}\theta}=0$, 由式 (2.42) 可得

$$1-\frac{2V\left(r_0\right)}{\mu g^2}-\frac{b^2}{r_0^2}=0 \tag{4.111}$$

故式 (4.110) 中的 y_0 值可由下式确定

$$V\left(\frac{b}{y_0}\right)=kTg^{*^2}\left(1-y_0^2\right) \tag{4.112}$$

将由式 (4.110) 得出的偏转角 χ 代入碰撞积分的表达式 (4.107) 中, 即可得出相互作用势为 $V(r)$ 的气体的碰撞积分 $\Omega^{(l,r)}$. 碰撞积分 $\Omega^{(l,r)}$ 通常都是温度的函数, 为了求碰撞积分, 必先求粒子的相互作用势 $V(r)$.

4. Maxwell 气体

我们把相互作用势为 $V\left(r\right)=\dfrac{c_4}{r^4}$ 的气体称为 Maxwell 气体, 其中 c_4 是常数. Maxwell 气体的碰撞积分 $\Omega^{(l,r)}$ 与温度 T 无关, 下面就来证明.

由碰撞积分定义式 (4.107) 可得

$$\begin{aligned}\Omega^{(l,r)} &= \left(\frac{2\pi kT}{\mu}\right)^{\frac{1}{2}} \int_0^{\infty} \mathrm{e}^{-g^{*2}} g^{*2r+2} \mathrm{d}g^* \int_0^{\infty} \left(1-\cos^l \chi\right) g^* b \mathrm{d}b \\ &= \pi^{\frac{1}{2}} \int_0^{\infty} \mathrm{e}^{-g^{*2}} g^{*^{2r+2}} \mathrm{d}g^* \int_0^{\infty} \left(1-\cos^l \chi\right) g b \mathrm{d}b \end{aligned} \tag{4.113}$$

对于 Maxwell 气体, 有

$$\frac{2V(r)}{\mu g^2} = \frac{2c_4}{\mu g^2}\frac{1}{r^4} \tag{4.114}$$

令

$$\frac{2c_4}{\mu g^2 r^4} = \frac{b^4}{\alpha^4 r^4} \tag{4.115}$$

则

$$\alpha = \left(\frac{\mu g^2}{2c_4}\right)^{\frac{1}{4}} b \tag{4.116}$$

$$g b \mathrm{d}b = \sqrt{\frac{2c_4}{\mu}} \alpha \mathrm{d}\alpha \tag{4.117}$$

将式 (4.116) 和式 (4.117) 代入式 (4.113) 中, 则

$$\Omega^{(l,r)} = \left(\frac{2\pi c_4}{\mu}\right)^{\frac{1}{2}} \int_0^{\infty} \mathrm{e}^{-g^{*2}} g^{*2r+2} \mathrm{d}g^* \int_0^{\infty} \left(1-\cos^l \chi\right) \alpha \mathrm{d}\alpha \tag{4.118}$$

其中

$$\chi = \pi - 2\int_{r_0}^{\infty} \frac{b}{r^2}\left(1 - \frac{b^4}{\alpha^4 r^4} - \frac{b^2}{r^2}\right)^{-\frac{1}{2}} \mathrm{d}r \tag{4.119}$$

由于 $y=\dfrac{b}{r}$, 则式 (4.119) 可化为

$$\chi = \pi - 2\int_0^{y_0} \left(1 - y^2 - \frac{y^4}{\alpha^4}\right)^{-\frac{1}{2}} \mathrm{d}y \tag{4.120}$$

其中, y_0 的值可以由式 (4.112) 确定, 即

$$V(r_0) = \frac{\mu g^2}{2}\left(1 - \frac{b^2}{r_0^2}\right) = \frac{c_4}{r_0^4} \tag{4.121}$$

由于 $y_0=\dfrac{b}{r_0}$, 上式化为

$$\frac{c_4}{b^4} y_0^2 = \frac{\mu g^2}{2}\left(1 - y_0^2\right) \tag{4.122}$$

则

$$y_0^4+\alpha^4 y_0^2-\alpha^4=0 \tag{4.123}$$

解上式可得

$$y_0^2=\frac{\alpha^2}{2}\left(\sqrt{\alpha^4+4}-\alpha^2\right) \tag{4.124}$$

在式 (4.120) 中, 令 $z=y^2$, 则

$$\chi=\pi-\int_0^{\frac{\alpha^2}{2}\left(\sqrt{\alpha^4+4}-\alpha^2\right)}\left[z\left(1-z-\frac{1}{\alpha^4}z^2\right)\right]^{-\frac{1}{2}}\mathrm{d}z \tag{4.125}$$

由此可见, χ 是 α 的函数, 即式 (4.118) 碰撞积分 $\Omega^{(l,r)}$ 中的积分 $\int_0^{\infty}(1-\cos^l\chi)\alpha\mathrm{d}\alpha$ 是一个与温度 T 无关的纯数, 这就证明了 Maxwell 气体的碰撞积分与温度无关.

5. **碰撞积分的递推关系**

下面讨论 $\Omega^{(l,r)}$ 与 $\Omega^{(l,r+1)}$ 之间的递推关系. 由式 (4.113) 可得

$$\Omega^{(l,r)}=\left(\frac{2\pi kT}{\mu}\right)^{\frac{1}{2}}\int_0^{\infty}\mathrm{e}^{-g*^2}g^{*2r+3}\mathrm{d}g^*\int_0^{\infty}\left(1-\cos^l\chi\right)b\mathrm{d}b \tag{4.126}$$

已知一般情况下偏转角 χ 是相对速度 g 和碰撞参数 b 的函数, 即

$$\chi=\chi(g,b) \tag{4.127}$$

因此可以假设式 (4.126) 中第二个积分是相对速度 g 和参数 l 的函数, 即

$$\int_0^{\infty}\left(1-\cos^l\chi\right)b\mathrm{d}b=F\left(g,l\right) \tag{4.128}$$

将上式代入式 (4.126), 并根据式 (4.104) 以相对速度 g 代替量纲为一相对速度 g^*, 则可得

$$\Omega^{(l,r)}=\sqrt{\pi}\left(\frac{\mu}{2kT}\right)^{r+\frac{3}{2}}\int_0^{\infty}\mathrm{e}^{-\frac{\mu}{2kT}g^2}g^{2r+3}F(g,l)\mathrm{d}g \tag{4.129}$$

将上式对 T 进行微分

$$\begin{aligned}\frac{\mathrm{d}\Omega^{(l,r)}}{\mathrm{d}T}=&\sqrt{\pi}\left(\frac{\mu}{2k}\right)^{r+\frac{3}{2}}\left(\frac{\mathrm{d}}{\mathrm{d}T}T^{-r-\frac{3}{2}}\right)\int_0^{\infty}\mathrm{e}^{-\frac{\mu}{2kT}g^2}g^{2r+3}F\left(g,l\right)\mathrm{d}g\\&+\sqrt{\pi}\left(\frac{\mu}{2kT}\right)^{r+\frac{3}{2}}\int_0^{\infty}\left(\frac{\mathrm{d}}{\mathrm{d}T}\mathrm{e}^{-\frac{\mu}{2kT}g^2}\right)g^{2r+3}F\left(g,l\right)\mathrm{d}g\\=&-\left(r+\frac{3}{2}\right)\frac{1}{T}\Omega^{(l,r)}+\frac{1}{T}\Omega^{(l,r+1)}\end{aligned} \tag{4.130}$$

由此可得

$$T\frac{\mathrm{d}\Omega^{(l,r)}}{\mathrm{d}T}=\Omega^{(l,r+1)}-\left(r+\frac{3}{2}\right)\Omega^{(l,r)} \tag{4.131}$$

对于 Maxwell 气体, 碰撞积分与温度 T 无关, 由上式可得如下递推关系

$$\Omega^{(l,r+1)}=\left(r+\frac{3}{2}\right)\Omega^{(l,r)} \tag{4.132}$$

因此, 对于 Maxwell 气体, 有

$$\Omega^{(2,3)}=\frac{7}{2}\Omega^{(2,2)} \tag{4.133}$$

$$\Omega^{(2,4)}=\frac{9}{2}\Omega^{(2,3)}=\frac{63}{4}\Omega^{(2,2)} \tag{4.134}$$

$$\Omega^{(2,5)}=\frac{11}{2}\Omega^{(2,4)}=\frac{99}{4}\Omega^{(2,3)}=\frac{693}{8}\Omega^{(2,2)} \tag{4.135}$$

$$\Omega^{(2,6)}=\frac{13}{2}\Omega^{(2,5)}=\frac{143}{4}\Omega^{(2,4)}=\frac{1287}{8}\Omega^{(2,3)}=\frac{9009}{16}\Omega^{(2,2)} \tag{4.136}$$

这时, 表 4.1 所列的内积值相应有所改变, 如表 4.2 所示.

表 4.2　Maxwell 气体 $\left(\boldsymbol{\phi}^{(r)},\boldsymbol{J}\boldsymbol{\phi}^{(s)}\right)$ 和 $\left(\boldsymbol{\varphi}^{(r)},\boldsymbol{J}\boldsymbol{\varphi}^{(s)}\right)$ 的值

r	s	$\left(\phi^{(r)},J\phi^{(s)}\right)$	$\left(\varphi^{(r)},J\varphi^{(s)}\right)$
0	0	$4\Omega^{(2,2)}$	0
1	0	0	0
1	1	$\frac{49}{3}\Omega^{(2,2)}$	$4\Omega^{(2,2)}$
2	0	0	0
2	1	0	0
2	2	$-\frac{15939}{256}\Omega^{(2,2)}+\frac{1}{2}\Omega^{(4,4)}$	$\frac{21}{2}\Omega^{(2,2)}$

当 $r\neq s$ 时, 对于 Maxwell 气体普遍有

$$\left(\phi^{(r)},J\phi^{(s)}\right)=0 \tag{4.137}$$

$$\left(\varphi^{(r)},J\varphi^{(s)}\right)=0 \tag{4.138}$$

4.3　黏　　性

1. 黏性系数

由式 (2.129) 可知, 应力张量可表示为

$$\overrightarrow{\overrightarrow{\boldsymbol{p}}}=nm\left\langle\boldsymbol{cc}\right\rangle=\int fm\boldsymbol{cc}\mathrm{d}\boldsymbol{v}=\int f^{(0)}m\boldsymbol{cc}\mathrm{d}\boldsymbol{v}+\int f^{(1)}m\boldsymbol{cc}\mathrm{d}\boldsymbol{v}$$

$$= nkT\boldsymbol{I} + \int f^{(0)} \varPhi m\boldsymbol{cc}\mathrm{d}\boldsymbol{v} \tag{4.139}$$

式中, 右边第一项为正应力, 第二项为应力偏量. 即

$$\overrightarrow{\overrightarrow{S}} = \int f^{(0)} \varPhi m\boldsymbol{cc}\mathrm{d}\boldsymbol{v} \tag{4.140}$$

取 $\varPhi = -\dfrac{B}{n}\left(\dfrac{m}{2kT}\right)\left(\boldsymbol{cc} - \dfrac{1}{3}c^2\overrightarrow{\overrightarrow{I}}\right) : \dfrac{\partial}{\partial \boldsymbol{r}}\boldsymbol{u}$, 代入上式, 以应力张量 $\overrightarrow{\overrightarrow{p}}$ 的非对角元 p_{13} 为例, 即有

$$p_{13} = -\frac{m^2}{2nkT}\left(\frac{\partial u_3}{\partial x_1} + \frac{\partial u_1}{\partial x_3}\right)\int f^{(0)} Bc_1c_3\left[\left(\boldsymbol{cc} - \frac{1}{3}c^2\overrightarrow{\overrightarrow{I}}\right) : \frac{\partial}{\partial \boldsymbol{r}}\boldsymbol{u}\right]\mathrm{d}\boldsymbol{v} \tag{4.141}$$

式中, 右边中括号内可化为

$$\begin{aligned}
\left[\left(\boldsymbol{cc} - \frac{1}{3}c^2\overrightarrow{\overrightarrow{I}}\right) : \frac{\partial}{\partial \boldsymbol{r}}\boldsymbol{u}\right] &= \begin{pmatrix} c_1^2 - \frac{1}{3}c^2 & c_1c_2 & c_1c_3 \\ c_2c_1 & c_2^2 - \frac{1}{3}c^2 & c_2c_3 \\ c_3c_1 & c_3c_2 & c_3^2 - \frac{1}{3}c^2 \end{pmatrix} : \begin{pmatrix} \frac{\partial u_1}{\partial x_1} & \frac{\partial u_2}{\partial x_1} & \frac{\partial u_3}{\partial x_1} \\ \frac{\partial u_1}{\partial x_2} & \frac{\partial u_2}{\partial x_2} & \frac{\partial u_3}{\partial x_2} \\ \frac{\partial u_1}{\partial x_3} & \frac{\partial u_2}{\partial x_3} & \frac{\partial u_3}{\partial x_3} \end{pmatrix} \\
&= \left(\frac{2}{3}c_1^2 - \frac{1}{3}c_2^2 - \frac{1}{3}c_3^2\right)\frac{\partial u_1}{\partial x_1} + c_1c_2\frac{\partial u_1}{\partial x_2} + c_1c_3\frac{\partial u_1}{\partial x_3} \\
&\quad + c_2c_1\frac{\partial u_2}{\partial x_1} + \left(\frac{2}{3}c_2^2 - \frac{1}{3}c_1^2 - \frac{1}{3}c_3^2\right)\frac{\partial u_2}{\partial x_2} + c_2c_3\frac{\partial u_2}{\partial x_3} \\
&\quad + c_3c_1\frac{\partial u_3}{\partial x_1} + c_3c_2\frac{\partial u_3}{\partial x_2} + \left(\frac{2}{3}c_3^2 - \frac{1}{3}c_1^2 - \frac{1}{3}c_2^2\right)\frac{\partial u_3}{\partial x_3}
\end{aligned} \tag{4.142}$$

所以

$$\begin{aligned}
& c_1c_3\left[\left(\boldsymbol{cc} - \frac{1}{3}c^2\overrightarrow{\overrightarrow{I}}\right) : \frac{\partial}{\partial \boldsymbol{r}}\boldsymbol{u}\right]\mathrm{d}\boldsymbol{v} \\
=& \left[c_1c_3\left(\frac{2}{3}c_1^2 - \frac{1}{3}c_2^2 - \frac{1}{3}c_3^2\right)\frac{\partial u_1}{\partial x_1} + c_1^2c_2c_3\frac{\partial u_1}{\partial x_2} + c_1^2c_3^2\frac{\partial u_1}{\partial x_3}\right. \\
& + c_1^2c_2c_3\frac{\partial u_2}{\partial x_1} + c_1c_3\left(\frac{2}{3}c_2^2 - \frac{1}{3}c_1^2 - \frac{1}{3}c_3^2\right)\frac{\partial u_2}{\partial x_2} + c_1c_2c_3^2\frac{\partial u_2}{\partial x_3} \\
& \left. + c_1c_3\frac{\partial u_3}{\partial x_1} + c_1c_2c_3^2\frac{\partial u_3}{\partial x_2} + c_1c_3\left(\frac{2}{3}c_3^2 - \frac{1}{3}c_1^2 - \frac{1}{3}c_2^2\right)\frac{\partial u_3}{\partial x_3}\right]\mathrm{d}\boldsymbol{v}
\end{aligned} \tag{4.143}$$

由于速率的奇次方积分为零, 式 (4.141) 可化为

$$p_{13} = -\frac{m^2}{2nkT}\left(\frac{\partial u_3}{\partial x_1} + \frac{\partial u_1}{\partial x_3}\right)\int f^{(0)} Bc_1^2c_3^2\mathrm{d}\boldsymbol{v} \tag{4.144}$$

而由第 1 章应力与变形率的本构关系式 (1.206) 可得

$$p_{13} = -\mu\left(\frac{\partial u_3}{\partial x_1} + \frac{\partial u_1}{\partial x_3}\right) \tag{4.145}$$

比较式 (4.144) 和式 (4.145), 可得

$$\mu = \frac{m^2}{2nkT}\int f^{(0)}Bc_1^2c_3^2\mathrm{d}\boldsymbol{v} \tag{4.146}$$

对上式进行坐标变换, 从直角坐标系转换到极坐标系, 由于 $c_1 = c\sin\theta\cos\varphi$, $c_2 = c\sin\theta\sin\varphi$, $c_3 = c\cos\theta$, $\mathrm{d}\boldsymbol{v} = v^2\mathrm{d}v\sin\theta\mathrm{d}\theta\mathrm{d}\varphi$. 于是式 (4.146) 中的积分可化为

$$\int f^{(0)}Bc_1^2c_3^2\mathrm{d}\boldsymbol{v} = \int_0^\infty f^{(0)}Bc^4v^2\mathrm{d}v\int_0^\pi \sin^3\theta\cos^2\theta\mathrm{d}\theta\int_0^{2\pi}\cos^2\varphi\mathrm{d}\varphi \tag{4.147}$$

其中

$$\begin{aligned}\int_0^\pi \sin^3\theta\cos^2\theta\mathrm{d}\theta &= -\frac{\sin^2\theta\cos 3\theta}{5}\bigg|_0^\pi + \frac{2}{5}\int_0^\pi \sin\theta\cos^2\theta\mathrm{d}\theta \\ &= -\frac{2}{5}\int_0^\pi \cos^2\theta\mathrm{d}\cos\theta = \frac{4}{15}\end{aligned} \tag{4.148}$$

$$\int_0^{2\pi}\cos^2\varphi\mathrm{d}\varphi = \frac{\cos\varphi\sin\varphi}{2}\bigg|_0^{2\pi} + \frac{1}{2}\int_0^{2\pi}\mathrm{d}\varphi = \pi \tag{4.149}$$

于是有

$$\int_{f(0)} Bc_1^2c_3^2\mathrm{d}\boldsymbol{v} = \frac{4\pi}{15}\int_0^\infty f^{(0)}Bc^4v^2\mathrm{d}\boldsymbol{v} \tag{4.150}$$

而

$$\int f^{(0)}Bc^4\mathrm{d}\boldsymbol{v} = \int_0^\infty f^{(0)}Bc^4v^2\mathrm{d}v\int_0^\pi \sin\theta\mathrm{d}\theta\int_0^{2\pi}\mathrm{d}\varphi = 4\pi\int_0^\infty f^{(0)}Bc^4v^2\mathrm{d}v \tag{4.151}$$

代入式 (4.150) 中, 得

$$\int f^{(0)}Bc_1^2c_3^2\mathrm{d}\boldsymbol{v} = \frac{1}{15}\int f^{(0)}Bc^4\mathrm{d}\boldsymbol{v} \tag{4.152}$$

因此式 (4.146) 可化为

$$\mu = \frac{m^2}{30nkT}\int f^{(0)}Bc^4\mathrm{d}\boldsymbol{v} = \frac{2kT}{15n}\int f^{(0)}\left(\frac{mc^2}{2kT}\right)^2 B\mathrm{d}\boldsymbol{v} \tag{4.153}$$

由此可见, 只要确定了系数 B 的值, 黏性系数 μ 就可以由式 (4.153) 来计算.

2. B 的性质

用 Sonine 多项式展开系数 B, 可得

$$B=\sum_{r=0}^{\infty}b_rS_{\frac{5}{2}}^{(r)}\left(\frac{mc^2}{2kT}\right) \tag{4.154}$$

下面计算各个系数 b_r.

由式 (4.154) 两边分别乘以 $\frac{m}{2kT}\left(\boldsymbol{cc}-\frac{1}{3}c^2\overrightarrow{\overrightarrow{I}}\right)$, 利用式 (4.83) 的定义, 可得

$$\frac{m}{2kT}\left(\boldsymbol{cc}-\frac{1}{3}c^2\overrightarrow{\overrightarrow{\boldsymbol{I}}}\right)B=\sum_{r=0}^{\infty}b_r\frac{m}{2kT}\left(\boldsymbol{cc}-\frac{1}{3}c^2\overrightarrow{\overrightarrow{I}}\right)S_{\frac{5}{2}}^{(r)}\left(\frac{mc^2}{2kT}\right)=\sum_{r=0}^{\infty}b_r\phi^{(r)} \tag{4.155}$$

将积分算符 J 作用于式 (4.155) 两边, 利用式 (4.75) 的定义, 可得

$$J\left(\sum_{r=0}^{\infty}b_r\phi^{(r)}\right)=J\left[\frac{m}{2kT}\left(\boldsymbol{cc}-\frac{1}{3}c^2\overrightarrow{\overrightarrow{I}}\right)B\right]=\frac{m}{kT}\left(\boldsymbol{cc}-\frac{1}{3}c^2\overrightarrow{\overrightarrow{I}}\right)=2\phi^{(0)} \tag{4.156}$$

即

$$\sum_{r=0}^{\infty}b_rJ\phi^{(r)}=2\phi^{(0)} \tag{4.157}$$

由式 (4.157) 两边对 $\phi^{(s)}$ 取内积, 可得

$$\sum_{r=0}^{\infty}b_r\left(\phi^{(s)},J\phi^{(r)}\right)=2\left(\phi^{(s)},\phi^{(0)}\right) \tag{4.158}$$

利用 Sonine 多项式的正交关系, 由式 (4.85) 可知, 上式右边仅当 $s=0$ 时不为零, 故式 (4.158) 可化为

$$\sum_{r=0}^{\infty}b_r\left(\phi^{(0)},J\phi^{(r)}\right)=2\left(\phi^{(0)},\phi^{(0)}\right)=\frac{8}{3\sqrt{\pi}}\Gamma\left(\frac{7}{2}\right)=5 \tag{4.159}$$

对于 Maxwell 气体, 由表 4.2 可知, 式 (4.159) 左边求和项仅 $r=0$ 项不为零, 内积仅 $\left(\phi^{(0)},J\phi^{(0)}\right)$ 项不为零, 其余各项内积均为零, 故

$$\sum_{r=0}^{\infty}b_r\left(\phi^{(0)},J\phi^{(r)}\right)=b_0\left(\phi^{(0)},J\phi^{(0)}\right)=b_04\Omega^{(2,2)}=5 \tag{4.160}$$

即

$$b_0=\frac{5}{4\Omega^{(2,2)}} \tag{4.161}$$

3. 黏性系数的计算

若只取式 (4.154) 的第一项, 则系数 B 为

$$B = b_0 S_{\frac{5}{2}}^{(0)}\left(\frac{mc^2}{2kT}\right) = b_0 = \frac{5}{4\Omega^{(2.2)}} \tag{4.162}$$

将系数 B 的值代入式 (4.153) 中, 可得一级近似黏性系数为

$$\begin{aligned}\mu_1 &= \frac{2kT}{15n}\int f^{(0)}\left(\frac{mc^2}{2kT}\right)^2 \frac{5}{4\Omega^{(2,2)}}\mathrm{d}\boldsymbol{v} \\ &= \frac{kT}{6\pi^{\frac{3}{2}}\Omega^{(2,2)}}\int_0^{\infty}\left(\frac{m}{2kT}\right)^{\frac{3}{2}}\left(\frac{mc^2}{2kT}\right)^2 \mathrm{e}^{-\frac{mc^2}{2kT}}4\pi c^2\mathrm{d}c\end{aligned} \tag{4.163}$$

令 $x = \left(\dfrac{mc^2}{2kT}\right)^{\frac{1}{2}}$, 代入上式中, 则式 (4.159) 可化为

$$\mu_1 = \frac{2kT}{3\sqrt{\pi}\Omega^{(2,2)}}\int_0^{\infty} x^6\mathrm{e}^{-x^2}\mathrm{d}x = \frac{2kT}{3\sqrt{\pi}\Omega^{(2,2)}}\cdot\frac{15}{16}\sqrt{\pi} = \frac{5kT}{8\Omega^{(2,2)}} \tag{4.164}$$

黏性系数这个结果仅对 Maxwell 气体适用, 常称为 Chapman-Cowling 一级近似.

对于非 Maxwell 气体, 由于当 $r \neq 0$ 时的内积 $(\phi^{(0)}, J\phi^{(r)})$ 不再为零, 这时可以求二级近似黏性系数, 取式 (4.154) 的前两项, 当 $s = 0$ 时, 有

$$b_0\left(\phi^{(0)}, J\phi^{(0)}\right) + b_1\left(\phi^{(0)}, J\phi^{(1)}\right) = 5 \tag{4.165}$$

当 $s \neq 0$ 时, 有

$$b_0\left(\phi^{(1)}, J\phi^{(0)}\right) + b_1\left(\phi^{(1)}, J\phi^{(1)}\right) = 0 \tag{4.166}$$

由式 (4.165) 和式 (4.166) 消去 b_1 后, 利用 $(\phi^{(0)}, J\phi^{(1)}) = (\phi^{(1)}, J\phi^{(0)})$, 可得

$$\begin{aligned}b_0 &= \frac{5\left(\phi^{(1)}, J\phi^{(1)}\right)}{\left(\phi^{(0)}, J\phi^{(0)}\right)\left(\phi^{(1)}, J\phi^{(1)}\right) - \left(\phi^{(1)}, J\phi^{(0)}\right)^2} \\ &= \frac{5}{\left(\phi^{(0)}, J\phi^{(0)}\right)}\left[1 + \frac{\left(\phi^{(1)}, J\phi^{(0)}\right)^2}{\left(\phi^{(0)}, J\phi^{(0)}\right)\left(\phi^{(1)}, J\phi^{(1)}\right) - \left(\phi^{(1)}, J\phi^{(0)}\right)^2}\right] \\ &\approx \frac{5}{\left(\phi^{(0)}, J\phi^{(0)}\right)}\left[1 + \frac{\left(\phi^{(1)}, J\phi^{(0)}\right)^2}{\left(\phi^{(0)}, J\phi^{(0)}\right)\left(\phi^{(1)}, J\phi^{(1)}\right)}\right]\end{aligned} \tag{4.167}$$

上式中已将 $(\phi^{(0)}, J\phi^{(1)})$ 视为小量, 因此对非 Maxwell 气体有

$$b_0 = \frac{5}{\left(\phi^{(0)}, J\phi^{(0)}\right)}(1+\delta) = \frac{5}{4\Omega^{(2,2)}}(1+\delta) \tag{4.168}$$

其中, $\delta = \dfrac{\left(\phi^{(1)}, J\phi^{(0)}\right)^2}{\left(\phi^{(0)}, J\phi^{(0)}\right)\left(\phi^{(1)}, J\phi^{(1)}\right)}$. 利用表 4.1 的结果, 可得

$$\delta = \frac{\left[7\Omega^{(2,2)} - 2\Omega^{(2,3)}\right]^2}{4\Omega^{(2,2)} \cdot \dfrac{49}{3}\Omega^{(2,2)}} = \frac{3}{49}\left[\frac{7\Omega^{(2,2)} - 2\Omega^{(2,3)}}{2\Omega^{(2,2)}}\right]^2 \approx \frac{3}{49}\left(\frac{\Omega^{(2,3)}}{\Omega^{(2,2)}} - \frac{7}{2}\right)^2 \tag{4.169}$$

相应的二级近似黏性系数为

$$\mu_2 = \frac{5kT}{8\Omega^{(2,2)}}(1+\delta) \tag{4.170}$$

4.4 热 传 导

1. 热传导系数

由式 (2.137) 可知, 热通量矢量可表示为

$$\begin{aligned}\boldsymbol{q} &= \frac{1}{2}nm\left\langle c^2\boldsymbol{c}\right\rangle = \frac{1}{2}m\int fc^2\boldsymbol{c}\mathrm{d}\boldsymbol{v} = \frac{1}{2}m\int f^{(0)}c^2\boldsymbol{c}\mathrm{d}\boldsymbol{v} + \frac{1}{2}m\int f^{(1)}c^2\boldsymbol{c}\mathrm{d}\boldsymbol{v}\\ &= \frac{1}{2}m\int f^{(0)}\Phi c^2\boldsymbol{c}\mathrm{d}\boldsymbol{v}\end{aligned} \tag{4.171}$$

取 $\Phi = -\dfrac{A}{n}\boldsymbol{c}\cdot\dfrac{\partial}{\partial\boldsymbol{r}}\ln T = -\dfrac{A}{nT}\boldsymbol{c}\cdot\dfrac{\partial T}{\partial\boldsymbol{r}}$, 代入上式中得

$$\boldsymbol{q} = -\frac{m}{2nT}\int f^{(0)}Ac^2\left(\boldsymbol{c}\cdot\frac{\partial T}{\partial\boldsymbol{r}}\right)\boldsymbol{c}\mathrm{d}\boldsymbol{v} \tag{4.172}$$

利用积分公式 (4.60), 上式可化为

$$\boldsymbol{q} = -\frac{m}{6nT}\frac{\partial T}{\partial\boldsymbol{r}}\int f^{(0)}Ac^4\mathrm{d}\boldsymbol{v} \tag{4.173}$$

而由第 1 章 Fourier 定律 (式 (1.194)), 可得

$$\boldsymbol{q} = -\kappa\frac{\partial T}{\partial\boldsymbol{r}} \tag{4.174}$$

比较式 (4.173) 和式 (4.174), 可得

$$\kappa = \frac{m}{6nT}\int f^{(0)}Ac^4\mathrm{d}\boldsymbol{v} \tag{4.175}$$

其中, A 应满足辅助条件式 (4.67), 即

$$\int f^{(0)}Ac^2\mathrm{d}\boldsymbol{v} = 0 \tag{4.176}$$

利用 A 的这个性质, 为了下面计算的方便, 可将式 (4.175) 改写为

$$\kappa=\frac{2k^2T}{3mn}\int f^{(0)}\frac{mc^2}{2kT}\left(\frac{mc^2}{2kT}-\frac{5}{2}\right)A\mathrm{d}\boldsymbol{v} \tag{4.177}$$

由此可见, 只要确定了系数 A 的值, 热传导系数 μ 就可以由式 (4.177) 来计算. 下面计算系数 A.

2. A 的性质

用 Sonine 多项式展开系数 A 为

$$A=-\sum_{r=0}^{\infty}a_rS_{\frac{3}{2}}^{(r)}\left(\frac{mc^2}{2kT}\right) \tag{4.178}$$

将式 (4.178) 代入辅助条件式 (4.176), 可得

$$-\sum_{r=0}^{\infty}a_r\int f^{(0)}S_{\frac{3}{2}}^{(r)}\left(\frac{mc^2}{2kT}\right)c^2\mathrm{d}\boldsymbol{v}=0 \tag{4.179}$$

由于 $S_m^{(0)}(x)=1$, 所以在上式两边乘以 $S_{\frac{3}{2}}^{(0)}\left(\frac{mc^2}{2kT}\right)$, 不会改变上式等号的成立, 即

$$-\sum_{r=0}^{\infty}a_r\int f^{(0)}S_{\frac{3}{2}}^{(r)}\left(\frac{mc^2}{2kT}\right)S_{\frac{3}{2}}^{(0)}\left(\frac{mc^2}{2kT}\right)c^2\mathrm{d}\boldsymbol{v}=0 \tag{4.180}$$

即

$$\sum_{r=0}^{\infty}a_r\frac{1}{n}\int f^{(0)}\frac{mc^2}{2kT}S_{\frac{3}{2}}^{(r)}\left(\frac{mc^2}{2kT}\right)S_{\frac{3}{2}}^{(0)}\left(\frac{mc^2}{2kT}\right)\mathrm{d}\boldsymbol{v}=0 \tag{4.181}$$

由式 (4.80) 的定义, 上式即为

$$\sum_{r=0}^{\infty}a_r\left(\varphi^{(r)},\varphi^{(0)}\right)=0 \tag{4.182}$$

由 Sonine 多项式正交关系可知: 当 $r\neq 0$ 时, 上式等号恒成立; 当 $r=0$ 时, 要使上式等号成立, 必须要求 $a_0=0$. 于是满足辅助条件式 (4.176) 的系数 A 可展开为

$$A=-\sum_{r=1}^{\infty}a_rS_{\frac{3}{2}}^{(r)}\left(\frac{mc^2}{2kT}\right) \tag{4.183}$$

下面计算系数 a_r.

由式 (4.183) 两边分别乘以 $\left(\frac{m}{2kT}\right)^{\frac{1}{2}}\boldsymbol{c}$, 得出

$$\left(\frac{m}{2kT}\right)^{\frac{1}{2}}\boldsymbol{c}A=-\sum_{r=1}^{\infty}a_r\left(\frac{m}{2kT}\right)^{\frac{1}{2}}\boldsymbol{c}S_{\frac{3}{2}}^{(r)}\left(\frac{mc^2}{2kT}\right)=-\sum_{r=1}^{\infty}a_r\varphi^{(r)} \tag{4.184}$$

用积分算符 J 作用式 (4.179) 两边, 利用式 (4.74) 和式 (4.80), 可得

$$-\sum_{r=1}^{\infty} a_r J\varphi^{(r)} = \left(\frac{m}{2kT}\right)^{\frac{1}{2}} J(\boldsymbol{c}A) = \left(\frac{m}{2kT}\right)^{\frac{1}{2}} \boldsymbol{c}\left(\frac{mc^2}{2kT} - \frac{5}{2}\right) = \varphi^{(1)} \tag{4.185}$$

上式两边对 $\varphi^{(s)}$ 取内积, 可得

$$\sum_{r=1}^{\infty} a_r \left(\varphi^{(s)}, J\varphi^{(r)}\right) = \left(\varphi^{(s)}, \varphi^{(1)}\right) \tag{4.186}$$

利用 Sonine 多项式的正交关系, 由式 (4.82) 可知, 上式右边仅当 $s = 1$ 时不为零, 故式 (4.186) 可化为

$$\sum_{r=1}^{\infty} a_r \left(\varphi^{(1)}, J\varphi^{(r)}\right) = \left(\varphi^{(1)}, \varphi^{(1)}\right) = \frac{15}{4} \tag{4.187}$$

对于 Maxwell 气体, 由表 4.2 可知, 式 (4.187) 中的内积仅 $\left(\varphi^{(1)}, J\varphi^{(1)}\right)$ 不为零, 其余各项内积均为零, 故

$$\sum_{r=1}^{\infty} a_r \left(\varphi^{(1)}, J\varphi^{(r)}\right) = a_1 \left(\varphi^{(1)}, J\varphi^{(1)}\right) = a_1 4\Omega^{(2,2)} = \frac{15}{4} \tag{4.188}$$

即

$$a_1 = \frac{15}{16\Omega^{(2,2)}} \tag{4.189}$$

3. 热传导系数的计算

若只取式 (4.183) 的第一项, 则系数 A 为

$$A = -a_1 S_{\frac{3}{2}}^{(1)}\left(\frac{mc^2}{2kT}\right) = \frac{15}{16\Omega^{(2.2)}}\left(\frac{mc^2}{2kT} - \frac{5}{2}\right) \tag{4.190}$$

将系数 A 的值代入式 (4.177) 中, 可得一级近似热传导系数为

$$\begin{aligned} \kappa_1 &= \frac{2k^2T}{3mn}\frac{15}{16\Omega^{(2,2)}}\int f^{(0)}\frac{mc^2}{2kT}\left(\frac{mc^2}{2kT} - \frac{5}{2}\right)^2 \mathrm{d}\boldsymbol{v} \\ &= \frac{5k^2T}{8mn\Omega^{(2,2)}}\int_0^{\infty} n\left(\frac{m}{2\pi kT}\right)^{\frac{3}{2}} \mathrm{e}^{-\frac{mc^2}{2kT}}\frac{mc^2}{2kT}\left(\frac{mc^2}{2kT} - \frac{5}{2}\right)^2 4\pi c^2 \mathrm{d}c \end{aligned} \tag{4.191}$$

与黏性系数的计算相同, 令 $x = \left(\dfrac{mc^2}{2kT}\right)^{\frac{1}{2}}$, 代入上式中, 则式 (4.191) 可化为

$$\kappa_1 = \frac{5k^2T}{2m\Omega^{(2,2)}}\frac{1}{\sqrt{\pi}}\int_0^{\infty} x^4\left(x^2 - \frac{5}{2}\right)^2 \mathrm{e}^{-x^2}\mathrm{d}x = \frac{5k^2T}{2m\Omega^{(2,2)}}\frac{1}{\sqrt{\pi}}\frac{15}{16}\sqrt{\pi} = \frac{75k^2T}{32m\Omega^{(2,2)}} \tag{4.192}$$

热传导系数的这个结果仅对 Maxwell 气体适用, 常称为 Chapman-Cowling 一级近似.

对于非 Maxwell 气体, 由于当 $r \neq 1$ 时的内积 $\left(\varphi^{(1)}, J\varphi^{(r)}\right)$ 不再为零, 这时可以求二级近似热传导系数, 取式 (4.182) 的前两项, 当 $s=1$ 时, 有

$$a_1\left(\varphi^{(1)}, J\varphi^{(1)}\right)+a_2\left(\varphi^{(1)}, J\varphi^{(2)}\right)=\frac{15}{4} \tag{4.193}$$

当 $s=2$ 时, 有

$$a_1\left(\varphi^{(2)}, J\varphi^{(1)}\right)+a_2\left(\varphi^{(2)}, J\varphi^{(2)}\right)=0 \tag{4.194}$$

由式 (4.193) 和式 (4.194) 消去 a_2 后, 利用 $\left(\varphi^{(1)}, J\varphi^{(2)}\right)=\left(\varphi^{(2)}, J\varphi^{(1)}\right)$, 可得

$$\begin{aligned}
a_1&=\frac{\frac{15}{4}\left(\varphi^{(2)}, J\varphi^{(2)}\right)}{\left(\varphi^{(1)}, J\varphi^{(1)}\right)\left(\varphi^{(2)}, J\varphi^{(2)}\right)-\left(\varphi^{(2)}, J\varphi^{(1)}\right)^2}\\
&=\frac{15}{4\left(\varphi^{(1)}, J\varphi^{(1)}\right)}\left[1+\frac{\left(\varphi^{(2)}, J\varphi^{(1)}\right)^2}{\left(\varphi^{(1)}, J\varphi^{(1)}\right)\left(\varphi^{(2)}, J\varphi^{(2)}\right)-\left(\varphi^{(2)}, J\varphi^{(1)}\right)^2}\right]\\
&\approx\frac{15}{4\left(\varphi^{(1)}, J\varphi^{(1)}\right)}\left[1+\frac{\left(\varphi^{(2)}, J\varphi^{(1)}\right)^2}{\left(\varphi^{(1)}, J\varphi^{(1)}\right)\left(\varphi^{(2)}, J\varphi^{(2)}\right)}\right]
\end{aligned} \tag{4.195}$$

上式中已将 $\left(\varphi^{(1)}, J\varphi^{(2)}\right)$ 视为小量, 因此对非 Maxwell 气体有

$$a_1=\frac{15}{4\left(\varphi^{(1)}, J\varphi^{(1)}\right)}(1+\delta)=\frac{15}{16\Omega^{(2,2)}}(1+\delta) \tag{4.196}$$

其中

$$\delta=\frac{\left(\varphi^{(2)}, J\varphi^{(1)}\right)^2}{\left(\varphi^{(1)}, J\varphi^{(1)}\right)\left(\varphi^{(2)}, J\varphi^{(2)}\right)}\approx\frac{2}{21}\left(\frac{\Omega^{(2,3)}}{\Omega^{(2,2)}}-\frac{7}{2}\right)^2 \tag{4.197}$$

相应的二级近似热传导系数为

$$\kappa_2=\frac{75k^2T}{32m\Omega^{(2,2)}}(1+\delta) \tag{4.198}$$

至此, 我们给出了热传导系数和黏性系数的计算方法, 其中对分布函数进行了单组分近似. 对于单组分近似, 自然不存在扩散, 因此, 扩散系数的计算必须考虑多元气体, 即有两种以上组分的混合气体.

4.5 扩 散

1. 多元气体的 J 算符和内积

首先讨论多元气体的 Boltzmann 方程在 Enskog 展开下的零阶及一阶近似.

根据式 (4.4) 和式 (4.5), 在不考虑体力的情况下, 多元气体的 Boltzmann 方程的零阶及一阶近似为

$$\sum_{\beta} J\left(f_{\alpha}^{(0)} f_{\beta}^{(0)}\right)=0 \tag{4.199}$$

$$\frac{\partial f_{\alpha}^{(0)}}{\partial t}+\boldsymbol{v}_{\alpha} \cdot \frac{\partial f_{\alpha}^{(0)}}{\partial \boldsymbol{r}}=\sum_{\beta}\left[J\left(f_{\alpha}^{(1)} f_{\beta}^{(0)}\right)+J\left(f_{\alpha}^{(0)} f_{\beta}^{(1)}\right)\right] \tag{4.200}$$

其中, α 和 β 代表气体的种类.

方程 (4.199) 的解容易得到, 为多组分气体的 Maxwell 速度分布函数

$$f_{\alpha}^{(0)}=n_{\alpha}\left(\frac{m_{\alpha}}{2\pi k T}\right)^{\frac{3}{2}} \mathrm{e}^{-\frac{m\left(\boldsymbol{v}_{\alpha}-\boldsymbol{u}\right)^{2}}{2 k T}} \tag{4.201}$$

其中, $\boldsymbol{u}$ 为多组分气体的平均速度; $\boldsymbol{v}_{\alpha}$ 为 α 气体分子的速度.

定义 α 气体的热运动速度为

$$\boldsymbol{c}_{\alpha}=\boldsymbol{v}_{\alpha}-\boldsymbol{u} \tag{4.202}$$

为了求解方程 (4.200), 令 $f_{\alpha}^{(1)}=\phi_{\alpha} f_{\alpha}^{(0)}$, 并代入方程 (4.200) 得到

$$\begin{aligned}
\frac{\partial f_{\alpha}^{(0)}}{\partial t}+\boldsymbol{v}_{\alpha} \cdot \frac{\partial f_{\alpha}^{(0)}}{\partial \boldsymbol{r}} &=\sum_{\beta}\left[J\left(\phi_{\alpha} f_{\alpha}^{(0)} f_{\beta}^{(0)}\right)+J\left(\phi_{\beta} f_{\alpha}^{(0)} f_{\beta}^{(0)}\right)\right] \\
&=-\sum_{\beta} \iiint f_{\alpha}^{(0)} f_{\beta}^{(0)}\left(\phi_{\alpha}+\phi_{\beta}-\phi_{\alpha}^{\prime}-\phi_{\beta}^{\prime}\right) g b \mathrm{d} b \mathrm{d} \varphi \mathrm{d} \boldsymbol{v}_{\beta}
\end{aligned} \tag{4.203}$$

式 (4.203) 是一个关于 ϕ_{α} 的非齐次方程组, 其对应的齐次方程为

$$-\sum_{\beta} \iiint f_{\alpha}^{(0)} f_{\beta}^{(0)}\left(\phi_{\alpha}+\phi_{\beta}-\phi_{\alpha}^{\prime}-\phi_{\beta}^{\prime}\right) g b \mathrm{d} b \mathrm{d} \varphi \mathrm{d} \boldsymbol{v}_{\beta}=0 \tag{4.204}$$

由能量、动量和粒子数守恒以及零阶近似解的形式, 可以得到一阶近似下的辅助条件

$$\int f_{\alpha}^{(0)} \phi_{\alpha} \mathrm{d} \boldsymbol{v}_{\alpha}=0 \tag{4.205}$$

$$\sum_{\alpha} m_{\alpha} \int f_{\alpha}^{(0)} \phi_{\alpha} \boldsymbol{v}_{\alpha} \mathrm{d} \boldsymbol{v}_{\alpha}=0 \tag{4.206}$$

$$\sum_{\alpha} \frac{1}{2} m_{\alpha} \int f_{\alpha}^{(0)} \phi_{\alpha} c_{\alpha}^{2} \mathrm{d} \boldsymbol{v}_{\alpha}=0 \tag{4.207}$$

仿照单组分气体的形式, 定义积分算符 $J_{\alpha\beta}$, 则

$$J_{\alpha\beta} \phi=\frac{1}{n_{\alpha} n_{\beta}} \iiint f_{\alpha}^{(0)} f_{\beta}^{(0)}\left(\phi_{\alpha}+\phi_{\beta}-\phi_{\alpha}^{\prime}-\phi_{\beta}^{\prime}\right) g b \mathrm{d} b \mathrm{d} \varphi \mathrm{d} \boldsymbol{v}_{\beta} \tag{4.208}$$

多元气体的内积定义为

$$
\begin{aligned}
(\varphi, J_{\alpha\beta}\phi) =& \sum_{\alpha\beta}\frac{n_\alpha n_\beta}{n^2}\int \varphi_\alpha \otimes J_{\alpha\beta}\phi \mathrm{d}\boldsymbol{v}_\alpha \\
=& \sum_{\alpha\beta}\frac{1}{n^2}\iiiint f_\alpha^{(0)} f_\beta^{(0)} \varphi_\alpha \otimes \left(\phi_\alpha + \phi_\beta - \phi'_\alpha - \phi'_\beta\right) g b \mathrm{d}b \mathrm{d}\varphi \mathrm{d}\boldsymbol{v}_\alpha \mathrm{d}\boldsymbol{v}_\beta \\
=& \frac{1}{4n^2}\sum_{\alpha\beta}\iiiint f_\alpha^{(0)} f_\beta^{(0)} \left(\varphi_\alpha + \varphi_\beta - \varphi'_\alpha - \varphi'_\beta\right) \\
& \otimes \left(\phi_\alpha + \phi_\beta - \phi'_\alpha - \phi'_\beta\right) g b \mathrm{d}b \mathrm{d}\varphi \mathrm{d}\boldsymbol{v}_\alpha \mathrm{d}\boldsymbol{v}_\beta
\end{aligned} \tag{4.209}
$$

其中, 直积符号的意义与式 (4.44) 相同.

从上式可以看出, 内积的定义满足交换律, 即 $(\varphi, J_{\alpha\beta}\phi) = (\phi, J_{\alpha\beta}\varphi)$, 并且 $(\phi, J_{\alpha\beta}\phi) \geqslant 0$. 等号成立的条件为 $\phi_\alpha + \phi_\beta - \phi'_\alpha - \phi'_\beta = 0$, 即 ϕ 为碰撞前后的守恒量.

为了计算方便, 再定义两种内积

$$
(\varphi, J_{\alpha\beta}\phi)' = \frac{1}{n_\alpha n_\beta}\iiiint f_\alpha^{(0)} f_\beta^{(0)} \varphi_\alpha \otimes (\phi_\alpha - \phi'_\alpha) g b \mathrm{d}b \mathrm{d}\varphi \mathrm{d}\boldsymbol{v}_\alpha \mathrm{d}\boldsymbol{v}_\beta \tag{4.210}
$$

$$
(\varphi, J_{\alpha\beta}\phi)'' = \frac{1}{n_\alpha n_\beta}\iiiint f_\alpha^{(0)} f_\beta^{(0)} \varphi_\alpha \otimes \left(\phi_\beta - \phi'_\beta\right) g b \mathrm{d}b \mathrm{d}\varphi \mathrm{d}\boldsymbol{v}_\alpha \mathrm{d}\boldsymbol{v}_\beta \tag{4.211}
$$

显然, 这些内积之间存在如下关系

$$
(\varphi, J_{\alpha\beta}\phi) = \sum_{\alpha\beta}\frac{n_\alpha n_\beta}{n^2}\left[(\varphi, J_{\alpha\beta}\phi)' + (\varphi, J_{\alpha\beta}\phi)''\right] \tag{4.212}
$$

Sonine 多项式之间的内积结果在以后会经常用到. 作为一个示例, 下面计算内积

$$
\left(\left(\frac{m}{2kT}\right)^{1/2} S_{\frac{3}{2}}^{(0)}\left(\frac{mc^2}{2kT}\right)\boldsymbol{c}, J_{\alpha\beta}\left(\frac{m}{2kT}\right)^{1/2} S_{\frac{3}{2}}^{(0)}\left(\frac{mc^2}{2kT}\right)\boldsymbol{c}\right)' \tag{4.213}
$$

为了方便, 引入量纲为一的热运动速度

$$
\hat{\boldsymbol{c}} = \left(\frac{m}{2kT}\right)^{1/2}\boldsymbol{c} \tag{4.214}
$$

将式 (4.213) 化为

$$
\begin{aligned}
& \left(S_{\frac{3}{2}}^{(0)}\left(\hat{c}^2\right)\hat{\boldsymbol{c}}, J_{\alpha\beta} S_{\frac{3}{2}}^{(0)}\left(\hat{c}^2\right)\hat{\boldsymbol{c}}\right)' \\
=& (\hat{\boldsymbol{c}}, J_{\alpha\beta}\hat{\boldsymbol{c}})' \\
=& \frac{1}{n_\alpha n_\beta}\iiiint f_\alpha^{(0)} f_\beta^{(0)} \hat{\boldsymbol{c}}_\alpha \cdot \left(\hat{\boldsymbol{c}}_\alpha - \hat{\boldsymbol{c}}'_\alpha\right) g b \mathrm{d}b \mathrm{d}\varphi \mathrm{d}\boldsymbol{v}_\alpha \mathrm{d}\boldsymbol{v}_\beta
\end{aligned} \tag{4.215}
$$

由于 $\boldsymbol{c}_\alpha = \boldsymbol{v}_\alpha - \boldsymbol{u}$, 所以 $\mathrm{d}\boldsymbol{v}_\alpha = \mathrm{d}\boldsymbol{c}_\alpha$, 将 $f_\alpha^{(0)}$ 和式 (4.98) 代入式 (4.215), 得到

$$
\begin{aligned}
&\left(S_{\frac{3}{2}}^{(0)}\left(\hat{c}^2\right)\hat{\boldsymbol{c}}, J_{\alpha\beta}S_{\frac{3}{2}}^{(0)}\left(\hat{c}^2\right)\hat{\boldsymbol{c}}\right)' \\
=&\frac{1}{n_\alpha n_\beta}\iiint f_\alpha^{(0)} f_\beta^{(0)} \hat{\boldsymbol{c}}_\alpha \cdot \left(\hat{\boldsymbol{c}}_\alpha - \hat{\boldsymbol{c}}_\alpha'\right) g\mathrm{d}\sigma_{\alpha\beta}\mathrm{d}\boldsymbol{c}_\alpha\mathrm{d}\boldsymbol{c}_\beta \\
=&\frac{1}{\pi^3}\iiint \exp\left[-\left(\hat{c}_\alpha^2 + \hat{c}_\beta^2\right)\right]\hat{\boldsymbol{c}}_\alpha \cdot \left(\hat{\boldsymbol{c}}_\alpha - \hat{\boldsymbol{c}}_\alpha'\right) g\mathrm{d}\sigma_{\alpha\beta}\mathrm{d}\hat{\boldsymbol{c}}_\alpha\mathrm{d}\hat{\boldsymbol{c}}_\beta \\
=&\frac{1}{2\pi^3}\iiint \exp\left[-\left(\hat{c}_\alpha^2 + \hat{c}_\beta^2\right)\right]\left(\hat{\boldsymbol{c}}_\alpha - \hat{\boldsymbol{c}}_\alpha'\right)^2 g\mathrm{d}\sigma_{\alpha\beta}\mathrm{d}\hat{\boldsymbol{c}}_\alpha\mathrm{d}\hat{\boldsymbol{c}}_\beta
\end{aligned} \tag{4.216}
$$

引入量纲为一相对速度

$$
\hat{\boldsymbol{g}} = \left(\frac{m_{\alpha\beta}}{2kT}\right)^{\frac{1}{2}}\left(\boldsymbol{c}_\alpha - \boldsymbol{c}_\beta\right) \tag{4.217}
$$

以及量纲为一质心速度

$$
\boldsymbol{G} = \frac{1}{2}\left(\frac{1}{2kTm_{\alpha\beta}}\right)^{\frac{1}{2}}\left(m_\alpha\boldsymbol{c}_\alpha + m_\beta\boldsymbol{c}_\beta\right) \tag{4.218}
$$

其中, 约化质量 $m_{\alpha\beta} = \dfrac{m_\alpha m_\beta}{m_\alpha + m_\beta}$, 显然 $\boldsymbol{G}$ 是碰撞前后的不变量.

定义质量比

$$
\mu_\alpha = \frac{m_\alpha}{m_\alpha + m_\beta} \tag{4.219}
$$

$$
\mu_\beta = \frac{m_\beta}{m_\alpha + m_\beta} \tag{4.220}
$$

再将式 (4.214) 代入式 (4.217)、式 (4.218), 可以得到

$$
\hat{\boldsymbol{c}}_\alpha = \left(\mu_\alpha\mu_\beta\right)^{\frac{1}{2}}\left(2\mu_\alpha^{1/2}\boldsymbol{G} + \mu_\alpha^{-1/2}\hat{\boldsymbol{g}}\right) \tag{4.221}
$$

$$
\hat{\boldsymbol{c}}_\beta = \left(\mu_\alpha\mu_\beta\right)^{\frac{1}{2}}\left(2\mu_\beta^{1/2}\boldsymbol{G} + \mu_\beta^{-1/2}\hat{\boldsymbol{g}}\right) \tag{4.222}
$$

容易得到雅可比行列式 $\dfrac{\partial\left(\hat{\boldsymbol{c}}_\alpha, \hat{\boldsymbol{c}}_\beta\right)}{\partial\left(\boldsymbol{G}, \hat{\boldsymbol{g}}\right)} = 8\left(\mu_\alpha\mu_\beta\right)^{\frac{3}{2}}$(注意到 $\mathrm{d}\hat{\boldsymbol{c}}_\alpha$ 等都是三重微分). 所以微分之间存在关系

$$
\mathrm{d}\hat{\boldsymbol{c}}_\alpha\mathrm{d}\hat{\boldsymbol{c}}_\beta = 8\left(\mu_\alpha\mu_\beta\right)^{\frac{3}{2}}\mathrm{d}\boldsymbol{G}\mathrm{d}\hat{\boldsymbol{g}} \tag{4.223}
$$

用 $\boldsymbol{G}, \hat{\boldsymbol{g}}$ 表示式 (4.216) 中的微分, 考虑到 $\boldsymbol{G} = \boldsymbol{G}'$, 有

$$
\begin{aligned}
&\left(S_{\frac{3}{2}}^{(0)}\left(\hat{c}^2\right)\hat{\boldsymbol{c}}, J_{\alpha\beta}S_{\frac{3}{2}}^{(0)}\left(\hat{c}^2\right)\hat{\boldsymbol{c}}\right)' \\
=&\frac{4\left(\mu_\alpha\mu_\beta\right)^{\frac{3}{2}}\mu_\beta}{\pi^3}\iiint \exp\left(-4\mu_\alpha\mu_\beta G^2\right)\exp\left(-g^2\right)\left(\hat{\boldsymbol{g}} - \hat{\boldsymbol{g}}'\right)^2 g\mathrm{d}\sigma_{\alpha\beta}\mathrm{d}\boldsymbol{G}\mathrm{d}\hat{\boldsymbol{g}}
\end{aligned} \tag{4.224}
$$

首先对 $\boldsymbol{G}$ 积分, 有

$$\begin{aligned}\iiint \exp\left(-4\mu_\alpha\mu_\beta G^2\right)\mathrm{d}\boldsymbol{G} &= 4\pi\int_0^\infty \exp\left(-4\mu_\alpha\mu_\beta G^2\right)G^2\mathrm{d}G \\ &= \frac{\pi}{4\left(\mu_\alpha\mu_\beta\right)^{\frac{3}{2}}}\int_0^\infty \exp\left(-t\right)t^{\frac{1}{2}}\mathrm{d}t \\ &= \frac{\pi}{4\left(\mu_\alpha\mu_\beta\right)^{\frac{3}{2}}}\Gamma\left(\frac{3}{2}\right) \\ &= \left(\frac{\pi}{4\mu_\alpha\mu_\beta}\right)^{\frac{3}{2}}\end{aligned} \tag{4.225}$$

代入式 (4.224), 积分变为

$$\begin{aligned}&\frac{\mu_\beta}{2\pi^{\frac{3}{2}}}\iint \exp\left(-\hat{g}^2\right)\left(\hat{\boldsymbol{g}}-\hat{\boldsymbol{g}}'\right)^2 g\mathrm{d}\sigma_{\alpha\beta}\mathrm{d}\hat{\boldsymbol{g}} \\ =&\frac{\mu_\beta}{2\pi^{\frac{3}{2}}}\cdot 4\pi\cdot\left(\frac{2kT}{m_{\alpha\beta}}\right)^{\frac{1}{2}}\iint 2\exp\left(-\hat{g}^2\right)\hat{g}^5\left(1-\cos\chi\right)\mathrm{d}\sigma_{\alpha\beta}\mathrm{d}\hat{g} \\ =&8\mu_\beta\cdot\left(\frac{kT}{2\pi m_{\alpha\beta}}\right)^{\frac{1}{2}}\iint \exp\left(-\hat{g}^2\right)\hat{g}^5\left(1-\cos\chi\right)\mathrm{d}\sigma_{\alpha\beta}\mathrm{d}\hat{g}\end{aligned} \tag{4.226}$$

定义积分

$$\Omega_{\alpha\beta}^{(l,r)} = \left(\frac{kT}{2\pi m_{\alpha\beta}}\right)^{\frac{1}{2}}\iint \exp\left(-\hat{g}^2\right)\hat{g}^{2r+3}\left(1-\cos^l\chi\right)\mathrm{d}\sigma_{\alpha\beta}\mathrm{d}\hat{g} \tag{4.227}$$

则最后得到

$$\left(S_{\frac{3}{2}}^{(0)}\left(\hat{c}^2\right)\hat{\mathbf{c}}, J_{\alpha\beta}S_{\frac{3}{2}}^{(0)}\left(\hat{c}^2\right)\hat{\mathbf{c}}\right)' = 8\mu_\beta\Omega_{\alpha\beta}^{(1,1)} \tag{4.228}$$

表 4.3 和表 4.4 中列出了前几个内积的值.

表 4.3 $\left(S_{\frac{3}{2}}^{(p)}\left(\hat{c}^2\right)\hat{\mathbf{c}}, J_{\alpha\beta}S_{\frac{3}{2}}^{(q)}\left(\hat{c}^2\right)\hat{\mathbf{c}}\right)'$ **的值**

$p=0,q=0$	$8\mu_\beta\Omega_{\alpha\beta}^{(1,1)}$
$p=0,q=1$	$8\mu_\beta^2\left(\frac{5}{2}\Omega_{\alpha\beta}^{(1,1)}-\Omega_{\alpha\beta}^{(1,2)}\right)$
$p=1,q=1$	$8\mu_\beta\left[\frac{5}{4}\left(6\mu_\alpha^2+5\mu_\beta^2\right)\Omega_{\alpha\beta}^{(1,1)}-5\mu_\beta^2\Omega_{\alpha\beta}^{(1,2)}+\mu_\beta^2\Omega_{\alpha\beta}^{(1,3)}+2\mu_\alpha\mu_\beta\Omega_{\alpha\beta}^{(2,2)}\right]$

表 4.4 $\left(S_{\frac{3}{2}}^{(p)}\left(\hat{c}^2\right)\hat{\mathbf{c}}, J_{\alpha\beta}S_{\frac{3}{2}}^{(q)}\left(\hat{c}^2\right)\hat{\mathbf{c}}\right)''$ **的值**

$p=0,q=0$	$-8\mu_\alpha^{\frac{1}{2}}\mu_\beta^{\frac{1}{2}}\Omega_{\alpha\beta}^{(1,1)}$
$p=0,q=1$	$-8\mu_\alpha^{\frac{3}{2}}\mu_\beta^{\frac{1}{2}}\left(\frac{5}{2}\Omega_{\alpha\beta}^{(1,1)}-\Omega_{\alpha\beta}^{(1,2)}\right)$
$p=1,q=1$	$-8\mu_\alpha^{\frac{3}{2}}\mu_\beta^{\frac{3}{2}}\left[\frac{55}{4}\Omega_{\alpha\beta}^{(1,1)}-5\Omega_{\alpha\beta}^{(1,2)}+\Omega_{\alpha\beta}^{(1,3)}-2\Omega_{\alpha\beta}^{(2,2)}\right]$

实际使用中, 有时采用 $\Omega_{\alpha\beta}^{(l,r)}$ 的量纲为一形式会更加方便. 由于 $\hat{g}$ 的量纲为一, 量纲为面积, 所以可令

$$\Omega_{\alpha\beta}^{(l,r)} = 2d^2\left(\frac{2\pi kT}{m_{\alpha\beta}}\right)^{\frac{1}{2}} W_{\alpha\beta}^{(l,r)} \tag{4.229}$$

其中, d 为选取的特征长度, 一般为分子间标准距离. 而

$$W_{\alpha\beta}^{(l,r)} = \frac{1}{4\pi d^2}\iint \exp\left(-\hat{g}^2\right)\hat{g}^{2r+3}\left(1-\cos^l\chi\right)\mathrm{d}\sigma_{\alpha\beta}\mathrm{d}\hat{g} \tag{4.230}$$

为 $\Omega_{\alpha\beta}^{(l,r)}$ 的量纲为一形式.

2. 一阶近似

将式 (4.204) 左右两边同时乘以 ϕ_α 并对 $\boldsymbol{v}_\alpha$ 积分, 再对 α 求和得到

$$-\sum_{\alpha\beta}\iiiint f_\alpha^{(0)} f_\beta^{(0)}\phi_\alpha\left(\phi_\alpha+\phi_\beta-\phi_\alpha'-\phi_\beta'\right) gb\mathrm{d}b\mathrm{d}\varphi\mathrm{d}\boldsymbol{v}_\alpha\mathrm{d}\boldsymbol{v}_\beta = 0 \tag{4.231}$$

利用第 2 章中推导矩方程 (2.165) 时所采用的方法, 可以将上式化为

$$-\sum_{\alpha\beta}\iiiint f_\alpha^{(0)} f_\beta^{(0)}\left(\phi_\alpha+\phi_\beta-\phi_\alpha'-\phi_\beta'\right)^2 gb\mathrm{d}b\mathrm{d}\varphi\mathrm{d}\boldsymbol{v}_\alpha\mathrm{d}\boldsymbol{v}_\beta = 0 \tag{4.232}$$

由于积分号内部的值不小于零, 所以当且仅当 ϕ_α 为碰撞前后的不变量时, 等号成立. 即齐次方程 (4.204) 的解为碰撞前后不变量的线性组合

$$\phi_\alpha = a_\alpha^1 + \boldsymbol{a}_\alpha^2\cdot m_\alpha\boldsymbol{v}_\alpha + \frac{1}{2}a_\alpha^3 m_\alpha c_\alpha^2 \tag{4.233}$$

下面讨论方程 (4.203) 的特解. 仿照单组元气体的方式, 将式 (4.203) 左边改写成 $\boldsymbol{r},\boldsymbol{c}_\alpha,t$ 的函数. 由式 (4.26) 和式 (4.27) 得

$$\left.\frac{\partial f_\alpha^{(0)}}{\partial t}\right|_{\boldsymbol{r},\boldsymbol{v}} = \left.\frac{\partial f_\alpha^{(0)}}{\partial t}\right|_{\boldsymbol{r},\boldsymbol{c}} - \frac{\partial f_\alpha^{(0)}}{\partial \boldsymbol{c}_\alpha}\cdot\frac{\partial \boldsymbol{u}}{\partial t} \tag{4.234}$$

$$\left.\frac{\partial f_\alpha^{(0)}}{\partial \boldsymbol{r}}\right|_{\boldsymbol{v},t} = \left.\frac{\partial f_\alpha^{(0)}}{\partial \boldsymbol{r}}\right|_{\boldsymbol{c},t} - \frac{\partial f_\alpha^{(0)}}{\partial \boldsymbol{c}_\alpha}\cdot\frac{\partial \boldsymbol{u}}{\partial \boldsymbol{r}} \tag{4.235}$$

于是式 (4.203) 左边变为

$$f_\alpha^{(0)}\left[\frac{\mathrm{D}\ln f_\alpha^{(0)}}{\mathrm{D}t} - \frac{\mathrm{D}\boldsymbol{u}}{\mathrm{D}t}\cdot\frac{\partial \ln f_\alpha^{(0)}}{\partial \boldsymbol{c}_\alpha} + \boldsymbol{c}_\alpha\cdot\frac{\partial \ln f_\alpha^{(0)}}{\partial \boldsymbol{r}} - \frac{\partial \ln f_\alpha^{(0)}}{\partial \boldsymbol{c}_\alpha}\boldsymbol{c}_\alpha : \frac{\partial \boldsymbol{u}}{\partial \boldsymbol{r}}\right] \tag{4.236}$$

将 $f_\alpha^{(0)} = n_\alpha \left(\frac{m_\alpha}{2\pi kT}\right)^{\frac{3}{2}} \mathrm{e}^{-\frac{mc_\alpha^2}{2kT}}$ 代入, 有

$$\frac{\mathrm{D}\ln f_\alpha^{(0)}}{\mathrm{D}t} = \frac{1}{n_\alpha}\frac{\mathrm{D}n_\alpha}{\mathrm{D}t} + \left(\frac{mc_\alpha^2}{2kT} - \frac{3}{2}\right)\frac{1}{T}\frac{\mathrm{D}T}{\mathrm{D}t} \tag{4.237}$$

$$\frac{\partial \ln f_\alpha^{(0)}}{\partial \boldsymbol{c}_\alpha} = -\frac{m_\alpha}{kT}\boldsymbol{c}_\alpha \tag{4.238}$$

$$\frac{\partial \ln f_\alpha^{(0)}}{\partial \boldsymbol{r}_\alpha} = \frac{\partial \ln n_\alpha}{\partial \boldsymbol{r}} + \left(\frac{mc_\alpha^2}{2kT} - \frac{3}{2}\right)\frac{\partial \ln T}{\partial \boldsymbol{r}} \tag{4.239}$$

仿照式 (4.34)~式 (4.40), 可以将式 (4.236) 化为

$$f_\alpha^{(0)}\left\{\boldsymbol{c}_\alpha \cdot \left[\frac{\partial \ln n_\alpha}{\partial \boldsymbol{r}} - \frac{m_\alpha}{\rho kT}\frac{\partial p}{\partial \boldsymbol{r}} + \left(\frac{m_\alpha c_\alpha^2}{2kT} - \frac{3}{2}\right)\frac{\partial}{\partial \boldsymbol{r}}\ln T\right]\right.$$
$$\left. + \frac{m_\alpha}{kT}\left(\boldsymbol{c}_\alpha\boldsymbol{c}_\alpha - \frac{1}{3}c_\alpha^2 \overset{\rightarrow\rightarrow}{I}\right) : \frac{\partial \boldsymbol{u}}{\partial \boldsymbol{r}}\right\} \tag{4.240}$$

实际中习惯于用 n_α/n 来表示结果, 考虑到 $p = nkT$, 所以

$$\frac{\partial \ln n_\alpha}{\partial \boldsymbol{r}} = \frac{\partial}{\partial \boldsymbol{r}}\ln\left(\frac{n_\alpha}{n}\right) + \frac{\partial \ln p}{\partial \boldsymbol{r}} - \frac{\partial \ln T}{\partial \boldsymbol{r}} \tag{4.241}$$

代入式 (4.240), 方程 (4.203) 可以化为

$$-f_\alpha^{(0)}\left[\frac{n}{n_\alpha}\boldsymbol{c}_\alpha \cdot \boldsymbol{d}_\alpha + \left(\frac{m_\alpha c_\alpha^2}{2kT} - \frac{5}{2}\right)\boldsymbol{c}_\alpha \cdot \frac{\partial}{\partial \boldsymbol{r}}\ln T\right.$$
$$\left. + \frac{m_\alpha}{kT}\left(\boldsymbol{c}_\alpha\boldsymbol{c}_\alpha - \frac{1}{3}c_\alpha^2 \overset{\rightarrow\rightarrow}{I}\right) : \frac{\partial \boldsymbol{u}}{\partial \boldsymbol{r}}\right] = \sum_\beta n_\alpha n_\beta J\phi \tag{4.242}$$

其中

$$\boldsymbol{d}_\alpha = \frac{\partial}{\partial \boldsymbol{r}}\left(\frac{n_\alpha}{n}\right) + \left(\frac{n_\alpha}{n} - \frac{\rho_\alpha}{\rho}\right)\frac{\partial}{\partial \boldsymbol{r}}\ln p \tag{4.243}$$

考虑到 $\sum \frac{n_\alpha}{n} = 1, \sum \frac{\rho_\alpha}{\rho} = 1$, 容易得到

$$\sum_\alpha \boldsymbol{d}_\alpha = 0 \tag{4.244}$$

即 $\boldsymbol{d}_\alpha$ 之间是线性相关的. 可以利用数量相同的线性无关的基组 $\boldsymbol{d}_\alpha^*$ 来表示 $\boldsymbol{d}_\alpha$, 并满足

$$\boldsymbol{d}_\alpha = \boldsymbol{d}_\alpha^* - \frac{\rho_\alpha}{\rho}\sum_\beta \boldsymbol{d}_\beta^* \tag{4.245}$$

所以, 可以设 ϕ_α 的特解具有如下形式

$$\phi_\alpha = -\frac{1}{n}\sum_\beta \boldsymbol{D}_\alpha^\beta \cdot \boldsymbol{d}_\beta^* - \frac{1}{n}\boldsymbol{A}_\alpha \cdot \frac{\partial}{\partial \boldsymbol{r}}\ln T - \frac{2}{n}\overset{\rightarrow\rightarrow}{B_\alpha} : \frac{\partial}{\partial \boldsymbol{r}}\boldsymbol{u} \tag{4.246}$$

采用与式 (4.54)~ 式 (4.68) 类似的方法可以证明, 齐次方程 (4.204) 的通解可以并入式 (4.246) 中, 因此式 (4.246) 代表了方程 (4.203) 的通解.

式 (4.246) 中, $\boldsymbol{D}_\alpha^\beta$ 和 $\boldsymbol{A}_\alpha$ 是由 $\boldsymbol{c}_\alpha$ 组成的矢量函数, $\overrightarrow{\overrightarrow{\boldsymbol{B}}}_\alpha$ 是由 $\boldsymbol{c}_\alpha$ 组成的无迹对称张量, 这些量只能具有如下形式

$$\boldsymbol{D}_\alpha^\beta = D_\alpha^\beta(c_\alpha)\boldsymbol{c}_\alpha \tag{4.247}$$

$$\boldsymbol{A}_\alpha = A_\alpha(c_\alpha)\boldsymbol{c}_\alpha \tag{4.248}$$

$$\overrightarrow{\overrightarrow{\boldsymbol{B}}}_\alpha = B_\alpha(c_\alpha)\left(\boldsymbol{c}_\alpha\boldsymbol{c}_\alpha - \frac{1}{3}c_\alpha^2\overrightarrow{\overrightarrow{I}}\right) \tag{4.249}$$

其中, $D_\alpha^\beta(c_\alpha)$ 等为 c_α 的函数, 以后简写为 D_α^β. 将以上三式代入式 (4.242), 对比两边系数可以得到

$$\sum_\beta \frac{n_\alpha n_\beta}{n^2}J_{\alpha\beta}\boldsymbol{D}^\gamma = \frac{1}{n_\alpha}f_\alpha^{(0)}\left(\delta_{\alpha\gamma} - \frac{\rho_\alpha}{\rho}\right)\boldsymbol{c}_\alpha \tag{4.250}$$

$$\sum_\beta \frac{n_\alpha n_\beta}{n^2}J_{\alpha\beta}\boldsymbol{A} = \frac{1}{n}f_\alpha^{(0)}\left(\frac{m_\alpha c_\alpha^2}{2kT} - \frac{5}{2}\right)\boldsymbol{c}_\alpha \tag{4.251}$$

$$\sum_\beta \frac{n_\alpha n_\beta}{n^2}J_{\alpha\beta}\overrightarrow{\overrightarrow{B}} = \frac{m_\alpha}{2nkT}f_\alpha^{(0)}\left(\boldsymbol{c}_\alpha\boldsymbol{c}_\alpha - \frac{1}{3}c_\alpha^2\overrightarrow{\overrightarrow{I}}\right) \tag{4.252}$$

考虑辅助方程式 (4.206), 得到约束条件

$$\sum_\alpha m_\alpha \int f_\alpha^{(0)}c_\alpha^2 D_\alpha^\beta \mathrm{d}\boldsymbol{v}_\alpha = 0 \tag{4.253}$$

$$\sum_\alpha m_\alpha \int f_\alpha^{(0)}c_\alpha^2 A_\alpha \mathrm{d}\boldsymbol{v}_\alpha = 0 \tag{4.254}$$

将式 (4.250) 两边同时乘以 ρ_γ/ρ 并对 γ 求和, 得到

$$\sum_\beta \frac{n_\alpha n_\beta}{n^2}J_{\alpha\beta}\sum_\gamma \frac{\rho_\gamma}{\rho}\boldsymbol{D}^\gamma = 0 \tag{4.255}$$

这表明 $\sum\limits_\gamma \frac{\rho_\gamma}{\rho}\boldsymbol{D}^\gamma$ 是碰撞前后的守恒量. 将此约束取为最简单的形式

$$\sum_\gamma \frac{\rho_\gamma}{\rho}\boldsymbol{D}_\alpha^\gamma = 0 \tag{4.256}$$

则有

$$\sum_\beta \boldsymbol{D}_\alpha^\beta \cdot \boldsymbol{d}_\beta = \sum_\beta \boldsymbol{D}_\alpha^\beta \cdot \left(\boldsymbol{d}_\beta^* - \frac{\rho_\beta}{\rho}\sum_\gamma \boldsymbol{d}_\gamma^*\right)$$

$$=\sum_{\beta}\boldsymbol{D}_{\alpha}^{\beta}\cdot\boldsymbol{d}_{\beta}^{*}+\sum_{\beta}\boldsymbol{D}_{\alpha}^{\beta}\cdot\frac{\rho_{\beta}}{\rho}\sum_{\gamma}\boldsymbol{d}_{\gamma}^{*}=\sum_{\beta}\boldsymbol{D}_{\alpha}^{\beta}\cdot\boldsymbol{d}_{\beta}^{*} \tag{4.257}$$

于是在式 (4.246) 中可以将 $\boldsymbol{d}_{\beta}^{*}$ 替换成 $\boldsymbol{d}_{\beta}$ 而不影响结果, 即

$$\phi_{\alpha}=-\frac{1}{n}\sum_{\beta}\boldsymbol{D}_{\alpha}^{\beta}\cdot\boldsymbol{d}_{\beta}-\frac{1}{n}\boldsymbol{A}_{\alpha}\cdot\frac{\partial}{\partial\boldsymbol{r}}\ln T-\frac{2}{n}\overrightarrow{\overrightarrow{B}}_{\alpha}:\frac{\partial}{\partial\boldsymbol{r}}\boldsymbol{u} \tag{4.258}$$

对于二元气体, 两种组分气体平均速度之差为 $\boldsymbol{u}_1-\boldsymbol{u}_2$, 由于

$$\begin{aligned}\boldsymbol{u}_{\alpha}&=\frac{1}{n_{\alpha}}\int f_{\alpha}\boldsymbol{v}_{\alpha}\mathrm{d}\boldsymbol{v}_{\alpha}\\&=\frac{1}{n_{\alpha}}\int f_{\alpha}^{(0)}\boldsymbol{v}_{\alpha}\mathrm{d}\boldsymbol{v}_{\alpha}+\frac{1}{n_{\alpha}}\int f_{\alpha}^{(1)}\left(\boldsymbol{c}_{\alpha}+\boldsymbol{u}\right)\mathrm{d}\boldsymbol{v}_{\alpha}\\&=\boldsymbol{u}+\frac{1}{n_{\alpha}}\int f_{\alpha}^{(1)}\boldsymbol{c}_{\alpha}\mathrm{d}\boldsymbol{v}_{\alpha}\end{aligned} \tag{4.259}$$

所以

$$\boldsymbol{u}_1-\boldsymbol{u}_2=\frac{1}{n_1}\int f_1^{(1)}\boldsymbol{c}_1\mathrm{d}\boldsymbol{v}_1-\frac{1}{n_2}\int f_2^{(1)}\boldsymbol{c}_2\mathrm{d}\boldsymbol{v}_2 \tag{4.260}$$

推导中用到了辅助条件式 (4.206) 和 $f_{\alpha}^{(0)}$ 的表达式.

将 ϕ_{α} 的表达式代入式 (4.260) , 得到分别含 $\boldsymbol{D}_{\alpha}^{\beta}$, $\boldsymbol{A}_{\alpha}$ 和 $\overrightarrow{\overrightarrow{B}}_{\alpha}$ 的六项. 首先考虑式 (4.260) 中含 $\boldsymbol{D}_{\alpha}^{\beta}$ 的第一项

$$\begin{aligned}&\frac{1}{n_1 n}\sum_{\beta}\int f_1^{(0)}\boldsymbol{D}_1^{\beta}\cdot\boldsymbol{d}_{\beta}\boldsymbol{c}_1\mathrm{d}\boldsymbol{v}_1\\=&-\frac{1}{n_1 n}\sum_{\beta}\int f_1^{(0)}D_1^{\beta}\boldsymbol{c}_1\boldsymbol{c}_1\mathrm{d}\boldsymbol{v}_1\cdot\boldsymbol{d}_{\beta}\\=&-\frac{1}{n_1 n}\sum_{\beta}\int f_1^{(0)}D_1^{\beta}\begin{pmatrix}c_1^x c_1^x & c_1^x c_1^y & c_1^x c_1^z\\ c_1^y c_1^x & c_1^y c_1^y & c_1^y c_1^z\\ c_1^z c_1^x & c_1^z c_1^y & c_1^z c_1^z\end{pmatrix}\mathrm{d}\boldsymbol{v}_1\cdot\boldsymbol{d}_{\beta}\end{aligned} \tag{4.261}$$

在对 $\boldsymbol{v}_1$ 的积分中, $c_1^{x,y,z}$ 的奇数次幂结果均为零, 而对角项利用积分公式 (4.59), 有

$$\int F(c)c_1^x c_1^x\mathrm{d}\boldsymbol{v}_1=\int F(c)c_1^y c_1^y\mathrm{d}\boldsymbol{v}_1=\int F(c)c_1^z c_1^z\mathrm{d}\boldsymbol{v}_1=\frac{1}{3}\int F(c)c_1^2\mathrm{d}\boldsymbol{v}_1$$

所以式 (4.261) 化为

$$\frac{1}{n_1 n}\sum_{\beta}\int f_1^{(0)}\boldsymbol{D}_1^{\beta}\cdot\boldsymbol{d}_{\beta}\boldsymbol{c}_1\mathrm{d}\boldsymbol{v}_1=\left(-\frac{1}{3n_1 n}\sum_{\beta}\int f_1^{(0)}D_1^{\beta}c_1^2\mathrm{d}\boldsymbol{v}_1\right)\boldsymbol{d}_{\beta} \tag{4.262}$$

注意到内积 $\left(\boldsymbol{D}^{\beta}, J_{\alpha\beta}\boldsymbol{D}^{\alpha}\right)$ 的值, 利用式 (4.250), 得到

$$
\begin{aligned}
\left(\boldsymbol{D}^{\beta}, J_{\alpha\beta}\boldsymbol{D}^{\alpha}\right) &= \sum_{\alpha\beta}\frac{n_\alpha n_\beta}{n^2}\int \boldsymbol{D}_\alpha^l J_{\alpha\beta}\boldsymbol{D}^k \mathrm{d}\boldsymbol{v}_\alpha \\
&= \sum_{\alpha}\int \boldsymbol{D}_\alpha^l \cdot \sum_{\beta}\frac{n_\alpha n_\beta}{n^2} J_{\alpha\beta}\boldsymbol{D}^k \mathrm{d}\boldsymbol{v}_\alpha \\
&= \sum_{\alpha}\frac{1}{n_\alpha}\int f_\alpha^{(0)}\boldsymbol{D}_\alpha^l \cdot \left(\delta_{\alpha k} - \frac{\rho_\alpha}{\rho}\right)\boldsymbol{c}_\alpha \mathrm{d}\boldsymbol{v}_\alpha \\
&= \frac{1}{n_k}\int f_k^{(0)}\boldsymbol{D}_k^l \cdot \boldsymbol{c}_k \mathrm{d}\boldsymbol{v}_k - \frac{1}{\rho}\sum_{\alpha} m_\alpha \int f_\alpha^{(0)}\boldsymbol{D}_\alpha^l \cdot \boldsymbol{c}_\alpha \mathrm{d}\boldsymbol{v}_\alpha \\
&= \frac{1}{n_k}\int f_k^{(0)} D_k^l c_k^2 \mathrm{d}\boldsymbol{v}_k
\end{aligned} \tag{4.263}
$$

所以

$$
\left(-\frac{1}{3n_1 n}\sum_{\beta}\int f_1^{(0)} D_1^{\beta} c_1^2 \mathrm{d}\boldsymbol{v}_1\right)\boldsymbol{d}_\beta = -\frac{1}{3n}\sum_{\beta}\left(\boldsymbol{D}^{\beta}, J_{\alpha\beta}\boldsymbol{D}^1\right)\boldsymbol{d}_\beta \tag{4.264}
$$

利用上述方法对含 $\boldsymbol{A}_\alpha$ 和 $\overrightarrow{\overrightarrow{\boldsymbol{B}}}_\alpha$ 的两项进行处理, $\boldsymbol{u}_1 - \boldsymbol{u}_2$ 可以写成

$$
\begin{aligned}
\boldsymbol{u}_1 - \boldsymbol{u}_2 = &\left[-\frac{1}{3n}\sum_{\beta}\left(\boldsymbol{D}^{\beta}, J_{\alpha\beta}\boldsymbol{D}^1\right)\boldsymbol{d}_\beta - \frac{1}{3n}\sum_{\beta}\left(\boldsymbol{A}, J_{\alpha\beta}\boldsymbol{D}^1\right)\frac{\partial}{\partial r}\ln T\right] \\
&- \left[-\frac{1}{3n}\sum_{\beta}\left(\boldsymbol{D}^{\beta}, J_{\alpha\beta}\boldsymbol{D}^2\right)\boldsymbol{d}_\beta - \frac{1}{3n}\sum_{\beta}\left(\boldsymbol{A}, J_{\alpha\beta}\boldsymbol{D}^2\right)\frac{\partial}{\partial r}\ln T\right]
\end{aligned} \tag{4.265}
$$

若不考虑温度梯度, 则上式可以写成

$$
\begin{aligned}
\boldsymbol{u}_1 - \boldsymbol{u}_2 = -\frac{1}{3n}\Big\{&\left[\left(\boldsymbol{D}^1, J_{\alpha\beta}\boldsymbol{D}^1\right) - \left(\boldsymbol{D}^1, J_{\alpha\beta}\boldsymbol{D}^2\right)\right]\boldsymbol{d}_1 \\
&+ \left[\left(\boldsymbol{D}^2, J_{\alpha\beta}\boldsymbol{D}^1\right) - \left(\boldsymbol{D}^2, J_{\alpha\beta}\boldsymbol{D}^2\right)\right]\boldsymbol{d}_2\Big\}
\end{aligned} \tag{4.266}
$$

由式 (4.244) 可知: $\boldsymbol{d}_1 + \boldsymbol{d}_2 = 0$, 所以

$$
\boldsymbol{u}_1 - \boldsymbol{u}_2 = -\frac{1}{3n}\left[\left(\boldsymbol{D}^1, J_{\alpha\beta}\boldsymbol{D}^1\right) + \left(\boldsymbol{D}^2, J_{\alpha\beta}\boldsymbol{D}^2\right) - 2\left(\boldsymbol{D}^1, J_{\alpha\beta}\boldsymbol{D}^2\right)\right]\boldsymbol{d}_1 \tag{4.267}
$$

若令 $\boldsymbol{D}_1 = \boldsymbol{D}_1^1 - \boldsymbol{D}_1^2$, $\boldsymbol{D}_2 = \boldsymbol{D}_2^1 - \boldsymbol{D}_2^2$, 则

$$
\left(\boldsymbol{D}, J_{\alpha\beta}\boldsymbol{D}\right) = \left(\boldsymbol{D}^1, J_{\alpha\beta}\boldsymbol{D}^1\right) - 2\left(\boldsymbol{D}^1, J_{\alpha\beta}\boldsymbol{D}^2\right) + \left(\boldsymbol{D}^2, J_{\alpha\beta}\boldsymbol{D}^2\right) \tag{4.268}
$$

所以

$$
\boldsymbol{u}_1 - \boldsymbol{u}_2 = -\frac{1}{3n}\left(\boldsymbol{D}, J_{\alpha\beta}\boldsymbol{D}\right)\boldsymbol{d}_1 \tag{4.269}
$$

若求扩散速度, 只需要求出 $(\boldsymbol{D}, J_{\alpha\beta}\boldsymbol{D})$ 即可.

3. $\boldsymbol{D}$ 的求解

可以将 $\boldsymbol{D}_1, \boldsymbol{D}_2$ 用 Sonine 多项式展开

$$\boldsymbol{D}_1 = \sum_{p=0}^{\infty} d_1^{(p)} S_{\frac{3}{2}}^{(p)}\left(\hat{c}_1^2\right) \hat{\boldsymbol{c}}_1 \tag{4.270}$$

$$\boldsymbol{D}_2 = \sum_{p=0}^{\infty} d_2^{(p)} S_{\frac{3}{2}}^{(p)}\left(\hat{c}_2^2\right) \hat{\boldsymbol{c}}_2 \tag{4.271}$$

为了处理方便, 下面将式 (4.270) 和式 (4.271) 作一定的变换. 对于二组分气体, 由一阶近似下的辅助条件式 (4.206), 得

$$m_1 \int f_1^{(0)} \phi_1 \boldsymbol{v}_1 \mathrm{d}\boldsymbol{c}_1 + m_2 \int f_2^{(0)} \phi_2 \boldsymbol{v}_2 \mathrm{d}\boldsymbol{c}_2 = 0 \tag{4.272}$$

其中

$$\begin{aligned}\phi_\alpha &= \frac{1}{n} \sum_\beta \boldsymbol{D}_\alpha^\beta \cdot \boldsymbol{d}_\beta - \frac{\boldsymbol{A}_\alpha}{n} \cdot \frac{\partial}{\partial \boldsymbol{r}} \ln T - \frac{2}{n} \overrightarrow{\overrightarrow{\boldsymbol{B}}}_\alpha : \frac{\partial}{\partial \boldsymbol{r}} \boldsymbol{u} \\ &= \frac{1}{n} \boldsymbol{D}_\alpha \cdot \boldsymbol{d}_1 - \frac{\boldsymbol{A}_\alpha}{n} \cdot \frac{\partial}{\partial \boldsymbol{r}} \ln T - \frac{2}{n} \overrightarrow{\overrightarrow{\boldsymbol{B}}}_\alpha : \frac{\partial}{\partial \boldsymbol{r}} \boldsymbol{u}\end{aligned} \tag{4.273}$$

由于 $\boldsymbol{d}_1, \boldsymbol{A}_\alpha$ 的任意性, 采用与式 (4.261) 类似的过程, 得到

$$m_1 \int f_1^{(0)} D_1 c_1^2 \mathrm{d}\boldsymbol{c}_1 + m_2 \int f_2^{(0)} D_2 c_2^2 \mathrm{d}\boldsymbol{c}_2 = 0 \tag{4.274}$$

其中

$$\boldsymbol{D}_\alpha = D_\alpha \boldsymbol{c}_\alpha \tag{4.275}$$

$$D_\alpha = \sum_{p=0}^{\infty} d_\alpha^{(p)} S_{\frac{3}{2}}^{(p)}\left(\hat{c}_\alpha^2\right) \left(\frac{m_\alpha}{2kT}\right)^{1/2} \tag{4.276}$$

将 $\boldsymbol{D}_1, \boldsymbol{D}_2$ 代入式 (4.274), 考虑前一项的积分

$$\begin{aligned}& m_1 \int f_1^{(0)} D_1 c_1^2 \mathrm{d}\boldsymbol{c}_1 \\ =& \sum_{p=0}^{\infty} m_1 \int f_1^{(0)} d_1^{(p)} S_{\frac{3}{2}}^{(p)}\left(\hat{c}_1^2\right) \cdot \left(\frac{m_1}{2kT}\right)^{1/2} \cdot c_1^2 \mathrm{d}\boldsymbol{c}_1 \\ =& \sum_{p=0}^{\infty} \left(\frac{m_1}{2kT}\right)^{1/2} d_1^{(p)} \rho_1 \int \left(\frac{m_1}{2kT}\right)^{3/2} \mathrm{e}^{-\hat{c}_1^2} \cdot S_{\frac{3}{2}}^{(p)}\left(\hat{c}_1^2\right) \cdot c_1^2 \mathrm{d}\boldsymbol{c}_1 \\ =& \sum_{p=0}^{\infty} \left(\frac{m_1}{2kT}\right)^{-1/2} d_1^{(p)} \rho_1 \int \left(\frac{m_1}{2kT}\right)^{3/2} \mathrm{e}^{-\hat{c}_1^2} \cdot S_{\frac{3}{2}}^{(p)}\left(\hat{c}_1^2\right) \cdot \hat{c}_1^2 \mathrm{d}\boldsymbol{c}_1\end{aligned}$$

$$
\begin{aligned}
&=\sum_{p=0}^{\infty}\left(\frac{m_1}{2kT}\right)^{-1/2} d_1^{(p)}\rho_1 \iiint \left(\frac{m_1}{2kT}\right)^{3/2} \mathrm{e}^{-\hat{c}_1^2}\cdot S_{\frac{3}{2}}^{(p)}\left(\hat{c}_1^2\right)\cdot \hat{c}_1^2 c_1^2 \mathrm{d}c_1 \mathrm{d}\theta \mathrm{d}\phi \\
&=\sum_{p=0}^{\infty}\left(\frac{m_1}{2kT}\right)^{-2} d_1^{(p)}\rho_1 \int_0^{\pi}\sin\theta \mathrm{d}\theta \int_0^{2\pi}\mathrm{d}\phi \\
&\quad \int_0^{\infty}\left(\frac{m_1}{2kT}\right)^{3/2} \mathrm{e}^{-\hat{c}_1^2}\cdot S_{\frac{3}{2}}^{(p)}\left(\hat{c}_1^2\right) S_{\frac{3}{2}}^{(0)}\left(\hat{c}_1^2\right)\hat{c}_1^4 \mathrm{d}\hat{c}_1 \\
&=\sum_{p=0}^{\infty}\left(\frac{m_1}{2kT}\right)^{-1/2} d_1^{(p)}\rho_1 \frac{4\pi}{(\pi)^{3/2}} \int_0^{\infty} \mathrm{e}^{-\hat{c}_1^2}\cdot S_{\frac{3}{2}}^{(p)}\left(\hat{c}_1^2\right) S_{\frac{3}{2}}^{(0)}\left(\hat{c}_1^2\right)\hat{c}_1^4 \mathrm{d}\hat{c}_1
\end{aligned}
\tag{4.277}
$$

令 $x=\hat{c}_1^2$, 则式 (4.277) 继续化为

$$
\begin{aligned}
&\sum_{p=0}^{\infty}\left(\frac{m_1}{2kT}\right)^{-1/2} d_1^{(p)}\rho_1 \frac{4\pi}{(\pi)^{\frac{3}{2}}} \int_0^{\infty} \mathrm{e}^{-x}\cdot S_{\frac{3}{2}}^{(p)}(x) S_{\frac{3}{2}}^{(0)}(x) x^2 \mathrm{d}x^{1/2} \\
&=\sum_{p=0}^{\infty}\left(\frac{m_1}{2kT}\right)^{-1/2} d_1^{(p)}\rho_1 \frac{2}{\sqrt{\pi}} \int_0^{\infty} \mathrm{e}^{-x}\cdot S_{\frac{3}{2}}^{(p)}(x) S_{\frac{3}{2}}^{(0)}(x) x^{3/2} \mathrm{d}x \\
&=\sum_{p=0}^{\infty}\left(\frac{m_1}{2kT}\right)^{-1/2} d_1^{(p)}\rho_1 \frac{2}{\sqrt{\pi}} \Gamma\left(\frac{5}{2}\right)\delta_{0p} \\
&=\frac{3}{2} d_1^{(0)}\rho_1 \left(\frac{m_1}{2kT}\right)^{-1/2}
\end{aligned}
\tag{4.278}
$$

对式 (4.274) 的第二项作同样处理, 可得

$$
\frac{3}{2} d_1^{(0)}\rho_1 \left(\frac{m_1}{2kT}\right)^{-1/2} + \frac{3}{2} d_2^{(0)}\rho_2 \left(\frac{m_2}{2kT}\right)^{-1/2} = 0 \tag{4.279}
$$

即

$$
\frac{d_1^{(0)}}{d_2^{(0)}} = -\frac{\rho_2 m_1^{1/2}}{\rho_1 m_2^{1/2}} \tag{4.280}
$$

下面重新定义式 (4.270) 和式 (4.271) 中的展开式

$$
\boldsymbol{D}_1 = \sum_{p=-\infty}^{\infty} d_1^{(p)'} \boldsymbol{a}_1{}^{(p)} \tag{4.281}
$$

$$
\boldsymbol{D}_2 = \sum_{p=-\infty}^{\infty} d_2^{(p)'} \boldsymbol{a}_1{}^{(p)} \tag{4.282}
$$

当 $p>0$ 时, 有

$$
\boldsymbol{a}_1{}^{(p)} = S_{\frac{3}{2}}^{(p)}\left(\hat{c}_1^2\right)\hat{\boldsymbol{c}}_1, \quad \boldsymbol{a}_2{}^{(p)} = 0 \tag{4.283}
$$

当 $p<0$ 时, 有

$$
\boldsymbol{a}_1{}^{(p)} = 0, \quad \boldsymbol{a}_2{}^{(p)} = S_{\frac{3}{2}}^{(-p)}\left(\hat{c}_2^2\right)\hat{\boldsymbol{c}}_2 \tag{4.284}
$$

当 $p=0$ 时, 有

$$\boldsymbol{a}_1{}^{(0)}=\left(\frac{m_1}{m_1+m_2}\right)^{1/2}\frac{\rho_2}{\rho}\hat{\boldsymbol{c}}_1,\quad a_2^{(0)}=\left(\frac{m_2}{m_1+m_2}\right)^{1/2}\frac{\rho_1}{\rho}\hat{c}_2 \tag{4.285}$$

由式 (4.279) 易得 $d_1^{(0)'}=d_2^{(0)'}$, 而 $p\neq 0$ 时, $\boldsymbol{a}_1{}^{(p)}$ 与 $\boldsymbol{a}_2{}^{(p)}$ 必有一个为零. 因此, 可以形式上将 $d_1^{(p)'}$ 与 $d_2^{(p)'}$ 取为相等, 即

$$d_1^{(p)'}=d_2^{(p)'}=d^{(p)} \tag{4.286}$$

进行上述变换的目的主要是方便将 $d^{(p)}$ 从内积中提出来, 即只有当 $d_1^{(p)}=d_2^{(p)}=d^{(p)}$ 时, 有

$$\left(\varphi,J_{\alpha\beta}d^{(p)}\phi\right)=d^{(p)}\left(\varphi,J_{\alpha\beta}\phi\right) \tag{4.287}$$

下面考虑内积 $\left(\boldsymbol{a}^{(q)},J_{\alpha\beta}\boldsymbol{D}\right)$, 由式 (4.250) 可得

$$\begin{aligned}\left(\boldsymbol{a}^{(q)},J_{\alpha\beta}\boldsymbol{D}\right)&=\left(\boldsymbol{a}^{(q)},J_{\alpha\beta}\boldsymbol{D}^1\right)-\left(\boldsymbol{a}^{(q)},J_{\alpha\beta}\boldsymbol{D}^2\right)\\&=\sum_\alpha\frac{1}{n_\alpha}\int f_\alpha^{(0)}\left(\delta_{1,\alpha}-\frac{\rho_\alpha}{\rho}\right)\boldsymbol{c}_\alpha\cdot\boldsymbol{a}^{(q)}\mathrm{d}\boldsymbol{v}_\alpha\\&\quad-\sum_\alpha\frac{1}{n_\alpha}\int f_\alpha^{(0)}\left(\delta_{2,\alpha}-\frac{\rho_\alpha}{\rho}\right)\boldsymbol{c}_\alpha\cdot\boldsymbol{a}^{(q)}\mathrm{d}\boldsymbol{v}_\alpha\\&=\frac{1}{n_1}\int f_1^{(0)}\boldsymbol{c}_1\cdot\boldsymbol{a}^{(q)}\mathrm{d}\boldsymbol{v}_1-\frac{1}{n_2}\int f_2^{(0)}\boldsymbol{c}_2\cdot\boldsymbol{a}^{(q)}\mathrm{d}\boldsymbol{v}_2\end{aligned} \tag{4.288}$$

当 $q\neq 0$ 时, 利用与式 (4.278) 类似的过程, 可得

$$\left(\boldsymbol{a}^{(q)},J_{\alpha\beta}\boldsymbol{D}\right)=0 \tag{4.289}$$

当 $q=0$ 时, 有

$$\boldsymbol{a}_1^{(0)}=\left(\frac{m_1}{m_1+m_2}\right)^{1/2}\rho_2\frac{\hat{\boldsymbol{c}}_1}{\rho} \tag{4.290}$$

$$\boldsymbol{a}_2^{(0)}=\left(\frac{m_2}{m_1+m_2}\right)^{1/2}\rho_1\frac{\hat{\boldsymbol{c}}_2}{\rho} \tag{4.291}$$

$$\begin{aligned}&\left(\boldsymbol{a}^{(q)},J_{\alpha\beta}\boldsymbol{D}\right)\\&=\left(\frac{m_1}{m_1+m_2}\right)^{1/2}\frac{\rho_2}{\rho}\left(\frac{m_1}{2kT}\right)^{-1/2}\int\mathrm{e}^{-\hat{c}_1^2}\left(\frac{m_1}{2\pi kT}\right)^{3/2}S_{\frac{3}{2}}^{(0)}\left(\hat{c}_1^2\right)S_{\frac{3}{2}}^{(0)}\left(\hat{c}_1^2\right)\hat{c}_1^2\mathrm{d}\hat{\boldsymbol{c}}_1\\&\quad+\left(\frac{m_2}{m_1+m_2}\right)^{1/2}\frac{\rho_1}{\rho}\left(\frac{m_2}{2kT}\right)^{-1/2}\int\mathrm{e}^{-\hat{c}_2^2}\left(\frac{m_2}{2\pi kT}\right)^{3/2}S_{\frac{3}{2}}^{(0)}\left(\hat{c}_2^2\right)S_{\frac{3}{2}}^{(0)}\left(\hat{c}_2^2\right)\hat{c}_2^2\mathrm{d}\hat{\boldsymbol{c}}_2\\&=\left(\frac{2kT}{m_1+m_2}\right)^{1/2}\frac{\rho_2}{\rho}\cdot\frac{2}{\sqrt{\pi}}\varGamma\left(\frac{5}{2}\right)+\left(\frac{2kT}{m_1+m_2}\right)^{1/2}\frac{\rho_1}{\rho}\cdot\frac{2}{\sqrt{\pi}}\varGamma\left(\frac{5}{2}\right)\end{aligned}$$

$$= \frac{3}{2}\left(\frac{2kT}{m_1+m_2}\right)^{1/2} \tag{4.292}$$

于是

$$\begin{aligned}(\boldsymbol{D}, J_{\alpha\beta}\boldsymbol{D}) &= \sum_{p=-\infty}^{\infty}\left(d^{(p)}\boldsymbol{a}^{(p)}, J_{\alpha\beta}\boldsymbol{D}\right)\\ &= \sum_{p=-\infty}^{\infty} d^{(p)}\left(\boldsymbol{a}^{(p)}, J_{\alpha\beta}\boldsymbol{D}\right)\\ &= \frac{3}{2}\left(\frac{2kT}{m_1+m_2}\right)^{1/2}\sum_{p=-\infty}^{\infty} d^{(p)}\delta_{0,p}\\ &= \frac{3}{2}\left(\frac{2kT}{m_1+m_2}\right)^{1/2} d^{(0)}\end{aligned} \tag{4.293}$$

即只要求出 $d^{(0)}$ 就可以求得扩散速度.

在式 (4.282) 两边同时以 $\boldsymbol{a}^{(q)}$ 作内积, 可得

$$\begin{aligned}\left(\boldsymbol{a}^{(q)}, J_{\alpha\beta}\boldsymbol{D}\right) &= \sum_{p=-\infty}^{\infty}\left(\boldsymbol{a}^{(q)}, J_{\alpha\beta}d^{(p)}\boldsymbol{a}^{(p)}\right) = \sum_{p=-\infty}^{\infty} d^{(p)}\left(\boldsymbol{a}^{(q)}, J_{\alpha\beta}\boldsymbol{a}^{(p)}\right)\\ &= \frac{3}{2}\left(\frac{2kT}{m_1+m_2}\right)^{1/2}\delta_{0,q}\end{aligned} \tag{4.294}$$

式 (4.294) 是一个无限维的线性方程组, 可以用有限维的解去逼近.

下面取一阶近似, 即只计入 $q=p=0$ 的项, 于是方程组变为

$$d^{(0)}\left(\boldsymbol{a}^{(0)}, J_{\alpha\beta}\boldsymbol{a}^{(0)}\right) = \frac{3}{2}\left(\frac{2kT}{m_1+m_2}\right)^{1/2} \tag{4.295}$$

求解式 (4.295), 需要计算内积 $(\boldsymbol{a}^{(0)}, J_{\alpha\beta}\boldsymbol{a}^{(0)})$. 按内积的定义展开

$$\begin{aligned}\left(\boldsymbol{a}^{(0)}, J_{\alpha\beta}\boldsymbol{a}^{(0)}\right) =& \sum_{\alpha\beta}\frac{n_\alpha n_\beta}{n^2}\left[\left(\boldsymbol{a}^{(0)}, J_{\alpha\beta}\boldsymbol{a}^{(0)}\right)' + \left(\boldsymbol{a}^{(0)}, J_{\alpha\beta}\boldsymbol{a}^{(0)}\right)''\right]\\ =& \frac{n_1^2}{n^2}\left[\left(\boldsymbol{a}^{(0)}, J_{11}\boldsymbol{a}^{(0)}\right)' + \left(\boldsymbol{a}^{(0)}, J_{11}\boldsymbol{a}^{(0)}\right)''\right]\\ &+ \frac{n_1 n_2}{n^2}\left[\left(\boldsymbol{a}^{(0)}, J_{12}\boldsymbol{a}^{(0)}\right)' + \left(\boldsymbol{a}^{(0)}, J_{12}\boldsymbol{a}^{(0)}\right)''\right]\\ &+ \frac{n_2 n_1}{n^2}\left[\left(\boldsymbol{a}^{(0)}, J_{21}\boldsymbol{a}^{(0)}\right)' + \left(\boldsymbol{a}^{(0)}, J_{21}\boldsymbol{a}^{(0)}\right)''\right]\\ &+ \frac{n_2^2}{n^2}\left[\left(\boldsymbol{a}^{(0)}, J_{22}\boldsymbol{a}^{(0)}\right)' + \left(\boldsymbol{a}^{(0)}, J_{22}\boldsymbol{a}^{(0)}\right)''\right]\end{aligned} \tag{4.296}$$

根据式 (4.210) 和式 (4.211), 有

$$\left(\boldsymbol{a}^{(0)}, J_{11}\boldsymbol{a}^{(0)}\right)' = \frac{m_1}{m_1+m_2}\left(\frac{\rho_2}{\rho}\right)^2\left(S_{\frac{3}{2}}^{(0)}\left(\hat{c}_1^2\right)\hat{c}_1, J_{11}S_{\frac{3}{2}}^{(0)}\left(\hat{c}_1^2\right)\hat{c}_1\right)'$$

$$= \frac{m_1}{m_1+m_2}\left(\frac{\rho_2}{\rho}\right)^2 8\left(\frac{m_1}{m_1+m_2}\right)\Omega_{11}^{(1,1)} \tag{4.297}$$

$$\left(\boldsymbol{a}^{(0)}, J_{11}\boldsymbol{a}^{(0)}\right)'' = \frac{m_1}{m_1+m_2}\left(\frac{\rho_2}{\rho}\right)^2\left(S_{\frac{3}{2}}^{(0)}\left(\hat{c}_1^2\right)\hat{c}_1, J_{11}S_{\frac{3}{2}}^{(0)}\left(\hat{c}_1^2\right)\hat{c}_1\right)''$$

$$= -\frac{m_1}{m_1+m_2}\left(\frac{\rho_2}{\rho}\right)^2 8\left(\frac{m_1}{m_1+m_2}\right)\Omega_{11}^{(1,1)} \tag{4.298}$$

计算中用到了表 4.3 和表 4.4 中的数据.

由此可得式 (4.296) 中的第一项为 0, 类似可得其他项分别为: $\frac{8n_1n_2m_1m_2}{n^2\left(m_1+m_2\right)^2}\Omega_{12}^{(1,1)}\frac{\rho_1}{\rho}$, $\frac{8n_1n_2m_1m_2}{n^2\left(m_1+m_2\right)^2}\Omega_{12}^{(1,1)}\frac{\rho_2}{\rho}$, 0. 所以有

$$\left(\boldsymbol{a}^{(0)}, J_{\alpha\beta}\boldsymbol{a}^{(0)}\right) = \frac{8n_1n_2m_1m_2}{n^2\left(m_1+m_2\right)^2}\Omega_{12}^{(1,1)} \tag{4.299}$$

代入式 (4.295), 可得

$$d^{(0)} = \frac{\frac{3}{2}\left(\frac{2kT}{m_1+m_2}\right)^{1/2}}{\frac{8n_1n_2m_1m_2}{n^2\left(m_1+m_2\right)^2}\Omega_{12}^{(1,1)}} \tag{4.300}$$

将式 (4.300) 代入式 (4.293), 可得

$$(\boldsymbol{D}, J_{\alpha\beta}\boldsymbol{D})\frac{\frac{9}{4}\left(\frac{2kT}{m_1+m_2}\right)}{\frac{8n_1n_2m_1m_2}{n^2\left(m_1+m_2\right)^2}\Omega_{12}^{(1,1)}} = \frac{9\left(m_1+m_2\right)kT}{16m_1m_2\Omega_{12}^{(1,1)}}\cdot\frac{n^2}{n_1n_2} \tag{4.301}$$

将式 (4.301) 与式 (4.242) 代入式 (4.269), 若不考虑压强梯度, 可得

$$\boldsymbol{u}_1 - \boldsymbol{u}_2 = -\frac{3\left(m_1+m_2\right)kT}{16nm_1m_2\Omega_{12}^{(1,1)}}\cdot\frac{n}{n_1n_2}\nabla n_1 \tag{4.302}$$

4. 扩散系数

定义扩散系数 D_{12} 满足

$$\boldsymbol{u}_1 - \boldsymbol{u}_2 = -D_{12}\cdot\left(\frac{1}{n_1}\nabla n_1 - \frac{1}{n_2}\nabla n_2\right) = -D_{12}\cdot\left(\frac{1}{n_1}\nabla n_1 + \frac{1}{n_2}\nabla n_1\right)$$

$$= -D_{12} \cdot \frac{n}{n_1 n_2} \nabla n_1 \tag{4.303}$$

比较式 (4.302) 和式 (4.303), 可得

$$D_{12} = \frac{3(m_1 + m_2)kT}{16 n m_1 m_2 \Omega_{12}^{(1,1)}} \tag{4.304}$$

或者, 利用式 (4.229) 可得

$$\begin{aligned} D_{12} &= \frac{3(m_1 + m_2)kT}{16 n m_1 m_2 \Omega_{12}^{(1,1)}} \\ &= \frac{3}{16}\left[\frac{2\pi kT(m_1 + m_2)}{m_1 m_2}\right]^{1/2} \frac{1}{n\pi d^2 W_{12}^{(1,1)}} \\ &= \frac{3}{16}\left[\frac{2\pi kT(m_1 + m_2)}{m_1 m_2}\right]^{1/2} \frac{kT}{\pi P d^2 W_{12}^{(1,1)}} \end{aligned} \tag{4.305}$$

其中, P 为气体压强. 取长度量纲为埃, 压强量纲为巴①(bar), 用相对分子量表示分子质量, 就可以得到②

$$D_{12} = 0.00266 \frac{\sqrt{T^3 (m_1 + m_2)/(2 m_1 m_2)}}{P d^2 W_{12}^{(1,1)}} \ (\mathrm{cm^2/s}) \tag{4.306}$$

下面证明 D_{12} 与第 2 章中的扩散系数 D 等价.

根据第 2 章对二元扩散系数的定义式 (2.256), 有

$$\boldsymbol{V}_\alpha = -D_{\alpha\beta} \nabla \ln y_\alpha \tag{4.307}$$

而 $y_\alpha = \dfrac{\rho_\alpha}{\rho}$, 代入式 (4.307), 可得

$$\begin{aligned} \boldsymbol{V}_\alpha &= -D_{\alpha\beta} \nabla \ln \frac{\rho_\alpha}{\rho} = -D_{\alpha\beta} \frac{\rho}{\rho_\alpha} \frac{\partial \left(\dfrac{\rho_\alpha}{\rho}\right)}{\partial \boldsymbol{r}} \\ &= -D_{\alpha\beta} \frac{\rho}{n_\alpha m_\alpha} \frac{\partial \left(\dfrac{n_\alpha m_\alpha}{n_\alpha m_\alpha + n_\beta m_\beta}\right)}{\partial \boldsymbol{r}} \\ &= -D_{\alpha\beta} \frac{\rho}{n_\alpha m_\alpha} \frac{\partial \left[\dfrac{\dfrac{n_\alpha}{n} m_\alpha}{\dfrac{n_\alpha}{n}(m_\alpha - m_\beta) + m_\beta}\right]}{\partial \boldsymbol{r}} \end{aligned}$$

①1bar=10^5Pa.

②即钱学森编. 物理力学讲义. 347 页中式 (11.73) 的表述.

$$= -D_{\alpha\beta}\frac{\rho}{n_\alpha m_\alpha}\frac{m_\alpha m_\beta}{\left[\dfrac{n_\alpha}{n}(m_\alpha - m_\beta) + m_\beta\right]^2}\frac{\partial\left(\dfrac{n_\alpha}{n}\right)}{\partial \boldsymbol{r}}$$

$$= -D_{\alpha\beta}\frac{n^2 m_\beta}{n_\alpha \rho}\frac{\partial\left(\dfrac{n_\alpha}{n}\right)}{\partial \boldsymbol{r}} = -D_{\alpha\beta}\frac{n m_\beta}{n_\alpha \rho}\nabla n_\alpha \tag{4.308}$$

所以

$$\begin{aligned}\boldsymbol{u}_1 - \boldsymbol{u}_2 = \boldsymbol{v}_1 - \boldsymbol{v}_2 &= -D_{\alpha\beta}\frac{n m_\beta}{n_\alpha \rho}\nabla n_\alpha + D_{\alpha\beta}\frac{n m_\alpha}{n_\beta \rho}\nabla n_\beta \\ &= -D_{\alpha\beta}\left(\frac{n m_\beta}{n_\alpha \rho} + \frac{n m_\alpha}{n_\beta \rho}\right)\nabla n_\alpha \\ &= -D_{\alpha\beta}\frac{n(n_\alpha m_\alpha + n_\beta m_\beta)}{n_\alpha n_\beta \rho}\nabla n_\alpha \\ &= -D_{\alpha\beta}\frac{n}{n_\alpha n_\beta}\nabla n_\alpha \end{aligned}\tag{4.309}$$

得证.

5. 多元气体的扩散

由式 (4.259) 可得

$$\boldsymbol{u}_\alpha - \boldsymbol{u} = \frac{1}{n_\alpha}\int f_\alpha^{(1)}\boldsymbol{c}_\alpha \mathrm{d}\boldsymbol{v}_\alpha = \frac{1}{n_\alpha}\int f_\alpha^{(0)}\phi_\alpha \boldsymbol{c}_\alpha \mathrm{d}\boldsymbol{v}_\alpha \tag{4.310}$$

将式 (4.246) 代入上式, 并忽略温度梯度和速度梯度, 得到

$$\begin{aligned}\boldsymbol{u}_\alpha - \boldsymbol{u} &= \frac{1}{n_\alpha}\int f_\alpha^{(0)}\left(-\frac{1}{n}\sum_\beta \boldsymbol{D}_\alpha^\beta \cdot \boldsymbol{d}_\beta\right)\boldsymbol{c}_\alpha \mathrm{d}\boldsymbol{v}_\alpha \\ &= -\frac{1}{n n_\alpha}\sum_\beta \int f_\alpha^{(0)}\boldsymbol{D}_\alpha^\beta \boldsymbol{c}_\alpha \mathrm{d}\boldsymbol{v}_\alpha \cdot \boldsymbol{d}_\beta \\ &= -\frac{1}{3 n n_\alpha}\sum_\beta \int f_\alpha^{(0)} D_\alpha^\beta c_\alpha^2 \mathrm{d}\boldsymbol{v}_\alpha \boldsymbol{d}_\beta \end{aligned}\tag{4.311}$$

令

$$\varDelta_{\alpha\beta} = \frac{1}{3 n n_\alpha}\int f_\alpha^{(0)} D_\alpha^\beta c_\alpha^2 \mathrm{d}\boldsymbol{v}_\alpha \tag{4.312}$$

则有

$$\boldsymbol{u}_\alpha - \boldsymbol{u} = -\sum_\beta \varDelta_{\alpha\beta}\boldsymbol{d}_\beta \tag{4.313}$$

上式是一个 N 元线性方程组, N 是气体组分数目. 结合式 (4.244), 并令 $\boldsymbol{u}_\alpha - \boldsymbol{u} = \boldsymbol{y}_\alpha$, 则式 (4.313) 可以写成一个 $N+1$ 阶非齐次线性方程组 $A\boldsymbol{d} = \boldsymbol{y}$, 其中

$$A = \begin{pmatrix} \varDelta_{11} & \cdots & \varDelta_{1N} \\ \vdots & & \vdots \\ \varDelta_{N1} & \cdots & \varDelta_{NN} \\ 1 & \cdots & 1 \end{pmatrix} \tag{4.314}$$

$$y = \begin{pmatrix} \boldsymbol{y}_1 \\ \vdots \\ \boldsymbol{y}_N \\ 0 \end{pmatrix} \tag{4.315}$$

为了求解方程组, 引入矩阵 $\varOmega$ 和 I.

$$\varOmega = \left(\begin{array}{ccc|c} \varDelta_{11} & \cdots & \varDelta_{1N} & 1 \\ \vdots & & \vdots & \vdots \\ \varDelta_{N1} & \cdots & \varDelta_{NN} & 1 \\ \hline 1 & \cdots & 1 & 0 \end{array}\right) \tag{4.316}$$

$$I_i = \left(\begin{array}{cccccc|c} 1 & \cdots & 0 & \boldsymbol{d}_1 & 0 & \cdots & 0 \\ \vdots & & \vdots & \vdots & \vdots & & \vdots \\ 0 & \cdots & 1 & \vdots & 0 & \cdots & 0 \\ 0 & \cdots & 0 & \boldsymbol{d}_i & 0 & \cdots & 0 \\ 0 & \cdots & 0 & \vdots & 1 & \cdots & 0 \\ \vdots & & \vdots & \boldsymbol{d}_N & \vdots & & \vdots \\ \hline 0 & \cdots & 0 & 0 & 0 & \cdots & 1 \end{array}\right) \tag{4.317}$$

其中, I_i 即 $(N+1)$ 维单位矩阵中的第 α 列被替换为 $\begin{pmatrix} \boldsymbol{d}_1 & \cdots & \boldsymbol{d}_N & 0 \end{pmatrix}$. 矩阵相

乘可以得到

$$\Omega I_i = \left(\begin{array}{ccccccc|c} \Delta_{11} & \cdots & \Delta_{1,i-1} & \boldsymbol{y}_1 & \Delta_{1,i+1} & \cdots & \Delta_{1,N} & 1 \\ \vdots & & \vdots & \vdots & \vdots & & \vdots & \vdots \\ \Delta_{i-1,1} & \cdots & \Delta_{i-1,i-1} & \boldsymbol{y}_{i-1} & \Delta_{i-1,i+1} & \cdots & \Delta_{i-1,N} & 1 \\ \Delta_{i,1} & \cdots & \Delta_{i,i-1} & \boldsymbol{y}_i & \Delta_{i,i+1} & \cdots & \Delta_{i,N} & 1 \\ \Delta_{i+1,1} & \cdots & \Delta_{i+1,i-1} & \boldsymbol{y}_{i+1} & \Delta_{i+1,i+1} & \cdots & \Delta_{i+1,N} & 1 \\ \vdots & & \vdots & \vdots & \vdots & & \vdots & \vdots \\ \Delta_{N,1} & \cdots & \Delta_{N,i-1} & \boldsymbol{y}_N & \Delta_{N,i+1} & \cdots & \Delta_{N,N} & 1 \\ \hline 1 & \cdots & 1 & 0 & 1 & \cdots & 1 & 0 \end{array}\right) = W_i \tag{4.318}$$

可以看到相乘以后的矩阵即为 Ω 的第 α 列被替换为 $\begin{pmatrix} \boldsymbol{y}_1 & \cdots & \boldsymbol{y}_N & 0 \end{pmatrix}$. 等式两边同时求行列式可得

$$\det(\Omega I_i) = \det(\Omega)\det(I_i) = \det(W_i) \tag{4.319}$$

其中, $\det(I_i) = \boldsymbol{d}_i$.

令 $\Gamma = \det(\Omega)$, 则有

$$\Gamma \boldsymbol{d}_\alpha = \det(W_\alpha) = \sum_\beta \Gamma_{\beta\alpha} \boldsymbol{y}_\beta = \sum_\beta \Gamma_{\beta\alpha} (\boldsymbol{u}_\beta - \boldsymbol{u}) \tag{4.320}$$

其中, $\Gamma_{\beta\alpha}$ 是 Ω 中 $\Delta_{\beta\alpha}$ 元素所对应的代数余子式. 由此可得

$$d_\alpha = \sum_\beta \frac{\Gamma_{\beta\alpha}}{\Gamma} (\boldsymbol{u}_\beta - \boldsymbol{u}) \tag{4.321}$$

根据行列式的性质, 行列式任一行 (列) 的元素与另一行 (列) 的对应元素的代数余子式乘积之和等于零, 以第 $N+1$ 行为乘数, 即可得到 $\sum\limits_\beta \Gamma_{\beta\alpha} = 0$. 于是式 (4.321) 可以改写为

$$\begin{aligned} d_\alpha &= \sum_\beta \frac{\Gamma_{\beta\alpha}}{\Gamma} (\boldsymbol{u}_\beta - \boldsymbol{u}) - \frac{\boldsymbol{u}_\alpha - \boldsymbol{u}}{\Gamma} \sum_\beta \Gamma_{\beta\alpha} \\ &= \sum_\beta \frac{\Gamma_{\beta\alpha}}{\Gamma} (\boldsymbol{u}_\beta - \boldsymbol{u}) - \sum_\beta \frac{\Gamma_{\beta\alpha}}{\Gamma} (\boldsymbol{u}_\alpha - \boldsymbol{u}) \\ &= -\sum_\beta \frac{\Gamma_{\beta\alpha}}{\Gamma} (\boldsymbol{u}_\alpha - \boldsymbol{u}_\beta) \end{aligned} \tag{4.322}$$

令

$$\frac{n_\alpha n_\beta}{n^2 \Phi_{\alpha\beta}} = \frac{\Gamma_{\beta\alpha}}{\Gamma} \tag{4.323}$$

则有

$$d_\alpha = -\sum_\beta \frac{n_\alpha n_\beta}{n^2}(\boldsymbol{u}_\alpha - \boldsymbol{u}_\beta)/\varPhi_{\alpha\beta} \tag{4.324}$$

首先分析特殊情况, 当 $N=2$ 时, 忽略压强和温度梯度, 代入 d_α 的表达式, 上式化为

$$\boldsymbol{u}_1 - \boldsymbol{u}_2 = -\varPhi_{12}\frac{n}{n_1 n_2}\nabla n_1 \tag{4.325}$$

对比式 (4.303), 可以发现 $\varPhi_{12}$ 为二元气体的扩散系数 D_{12}. 可见在多元气体中 $\varPhi_{\alpha\beta}$ 具有扩散系数的意义.

下面进行详细推导, 由式 (4.258), 忽略速度梯度, 并将式 (4.247) 和式 (4.248) 代入, 可以发现

$$\begin{aligned}\phi_\alpha &= -\frac{1}{n}\sum_\beta \boldsymbol{D}_\alpha^\beta \cdot \boldsymbol{d}_\beta - \frac{1}{n}\boldsymbol{A}_\alpha \cdot \frac{\partial}{\partial \boldsymbol{r}}\ln T \\ &= \left(-\frac{1}{n}\sum_\beta D_\alpha^\beta \boldsymbol{d}_\beta - \frac{1}{n}A_\alpha \frac{\partial}{\partial \boldsymbol{r}}\ln T\right)\cdot \boldsymbol{c}_\alpha \end{aligned} \tag{4.326}$$

所以可以设

$$\phi_\alpha = m_\alpha \boldsymbol{X}_\alpha \cdot \boldsymbol{c}_\alpha / kT \tag{4.327}$$

将上式代入式 (4.242), 不考虑温度和速度梯度, 得到

$$-f_\alpha^{(0)}\frac{n}{n_\alpha}\boldsymbol{c}_\alpha \cdot \boldsymbol{d}_\alpha = \sum_\beta n_\alpha n_\beta J\phi \tag{4.328}$$

式 (4.328) 两边同时乘以 $m_\alpha \boldsymbol{c}_\alpha$, 并对 $\boldsymbol{v}_\alpha$ 积分, 得到

$$\int f_\alpha^{(0)}\frac{n}{n_\alpha}\boldsymbol{c}_\alpha \cdot \boldsymbol{d}_\alpha m_\alpha \boldsymbol{c}_\alpha \mathrm{d}\boldsymbol{v}_\alpha = -\int m_\alpha \boldsymbol{c}_\alpha \sum_\beta n_\alpha n_\beta J\phi \mathrm{d}\boldsymbol{v}_\alpha \tag{4.329}$$

首先, 考虑等式左边, 由式 (4.261) 和式 (4.262), 可得

$$\begin{aligned}&\int f_\alpha^{(0)}\frac{n}{n_\alpha}\boldsymbol{c}_\alpha \cdot \boldsymbol{d}_\alpha m_\alpha \boldsymbol{c}_\alpha \mathrm{d}\boldsymbol{v}_\alpha \\ =&\frac{n}{n_\alpha}\int f_\alpha^{(0)} m_\alpha \boldsymbol{c}_\alpha \boldsymbol{c}_\alpha \mathrm{d}\boldsymbol{v}_\alpha \cdot \boldsymbol{d}_\alpha \\ =&\frac{n}{3n_\alpha}\int f_\alpha^{(0)} m_\alpha c_\alpha^2 \mathrm{d}\boldsymbol{v}_\alpha \boldsymbol{d}_\alpha \\ =&\frac{n}{3n_\alpha}\int n_\alpha \left(\frac{m_\alpha}{2\pi kT}\right)^{\frac{3}{2}} \mathrm{e}^{-\frac{mc_\alpha^2}{2kT}} m_\alpha c_\alpha^2 \mathrm{d}\boldsymbol{v}_\alpha \boldsymbol{d}_\alpha \\ =&\frac{n}{3\pi^{3/2}}\iiint \left(\frac{m_\alpha}{2kT}\right)^{\frac{3}{2}} \mathrm{e}^{-\frac{mc_\alpha^2}{2kT}} m_\alpha c_\alpha^4 \sin\theta \mathrm{d}c_\alpha \mathrm{d}\theta \mathrm{d}\varphi \boldsymbol{d}_\alpha \end{aligned}$$

$$
\begin{aligned}
&=\frac{4\pi n}{3\pi^{3/2}}\int_0^\infty\left(\frac{m_\alpha}{2kT}\right)^{\frac{3}{2}}\mathrm{e}^{-\frac{mc_\alpha^2}{2kT}}m_\alpha c_\alpha^4\mathrm{d}c_\alpha\boldsymbol{d}_\alpha\\
&=\frac{4nkT}{3\pi^{1/2}}\int_0^\infty\mathrm{e}^{-t}t^{3/2}\mathrm{d}t\boldsymbol{d}_\alpha\\
&=\frac{4nkT}{3\pi^{1/2}}\frac{3}{4}\sqrt{\pi}\boldsymbol{d}_\alpha\\
&=nkT\boldsymbol{d}_\alpha
\end{aligned}\tag{4.330}
$$

再考虑等式右边

$$
\begin{aligned}
&-\int m_\alpha\boldsymbol{c}_\alpha\sum_\beta n_\alpha n_\beta J\phi\mathrm{d}\boldsymbol{v}_\alpha\\
=&-n_\alpha^2\int m_\alpha\boldsymbol{c}_\alpha J_{\alpha\alpha}\phi\mathrm{d}\boldsymbol{v}_\alpha-\sum_{\beta\neq\alpha}n_\alpha n_\beta\int m_\alpha\boldsymbol{c}_\alpha J_{\alpha\beta}\phi\mathrm{d}\boldsymbol{v}_\alpha\\
=&-\sum_{\beta\neq\alpha}n_\alpha n_\beta\int m_\alpha\boldsymbol{c}_\alpha J_{\alpha\beta}\phi\mathrm{d}\boldsymbol{v}_\alpha\\
=&-\frac{1}{kT}\sum_{\beta\neq\alpha}\iiiint f_\alpha^{(0)}f_\beta^{(0)}m_\alpha\boldsymbol{c}_\alpha\\
&\times\left[(m_\alpha\boldsymbol{c}_\alpha-m_\alpha\boldsymbol{c}_\alpha')\cdot\boldsymbol{X}_\alpha+\left(m_\beta\boldsymbol{c}_\beta-m_\beta\boldsymbol{c}_\beta'\right)\cdot\boldsymbol{X}_\beta\right]gb\mathrm{d}b\mathrm{d}\varphi\mathrm{d}\boldsymbol{v}_\alpha\mathrm{d}\boldsymbol{v}_\beta
\end{aligned}\tag{4.331}
$$

同样仿照式 (4.261) 和式 (4.262) 的处理方法, 注意到 $\boldsymbol{c}_\alpha$ 的奇数次项积分均为零, 上式可以化为

$$
\begin{aligned}
&-\int m_\alpha\boldsymbol{c}_\alpha\sum_\beta n_\alpha n_\beta J\phi\mathrm{d}\boldsymbol{v}_\alpha\\
=&-\frac{1}{3kT}\sum_{\beta\neq\alpha}m_\alpha\iiiint f_\alpha^{(0)}f_\beta^{(0)}c_\alpha\Big[(m_\alpha c_\alpha-m_\alpha c_\alpha')\boldsymbol{X}_\alpha\\
&+\left(m_\beta c_\beta-m_\beta c_\beta'\right)\boldsymbol{X}_\beta\Big]gb\mathrm{d}b\mathrm{d}\varphi\mathrm{d}\boldsymbol{v}_\alpha\mathrm{d}\boldsymbol{v}_\beta\\
=&-\frac{1}{3kT}\sum_{\beta\neq\alpha}m_\alpha n_\alpha n_\beta\left[(\boldsymbol{c},J_{\alpha\beta}m\boldsymbol{c})'\boldsymbol{X}_\alpha+(\boldsymbol{c},J_{\alpha\beta}m\boldsymbol{c})''\boldsymbol{X}_\beta\right]\\
=&-\frac{1}{3kT}\sum_{\beta\neq\alpha}m_\alpha n_\alpha n_\beta\cdot 2kT\left[(\hat{\boldsymbol{c}},J_{\alpha\beta}\hat{\boldsymbol{c}})'\boldsymbol{X}_\alpha+\left(\frac{m_\beta}{m_\alpha}\right)^{\frac{1}{2}}(\hat{\boldsymbol{c}},J_{\alpha\beta}\hat{\boldsymbol{c}})''\boldsymbol{X}_\beta\right]\\
=&-\frac{2}{3}\sum_{\beta\neq\alpha}m_\alpha n_\alpha n_\beta\Bigg[\left(S_{\frac{3}{2}}^{(0)}\left(\hat{c}^2\right)\hat{\boldsymbol{c}},J_{\alpha\beta}S_{\frac{3}{2}}^{(0)}\left(\hat{c}^2\right)\hat{\boldsymbol{c}}\right)'\boldsymbol{X}_\alpha\\
&+\left(\frac{m_\beta}{m_\alpha}\right)^{\frac{1}{2}}\left(S_{\frac{3}{2}}^{(0)}\left(\hat{c}^2\right)\hat{\boldsymbol{c}},J_{\alpha\beta}S_{\frac{3}{2}}^{(0)}\left(\hat{c}^2\right)\hat{\boldsymbol{c}}\right)''\boldsymbol{X}_\beta\Bigg]
\end{aligned}
$$

$$
\begin{aligned}
&= -\frac{16}{3}\sum_{\beta\neq\alpha} m_\alpha n_\alpha n_\beta \left[\mu_\beta \Omega_{\alpha\beta}^{(1,1)} \boldsymbol{X}_\alpha - \left(\frac{m_\beta}{m_\alpha}\right)^{\frac{1}{2}} \mu_\alpha^{\frac{1}{2}} \mu_\beta^{\frac{1}{2}} \Omega_{\alpha\beta}^{(1,1)} \boldsymbol{X}_\beta\right] \\
&= -\frac{16}{3}\sum_{\beta\neq\alpha} \frac{m_\alpha m_\beta}{m_\alpha + m_\beta} n_\alpha n_\beta \left[\boldsymbol{X}_\alpha - \boldsymbol{X}_\beta\right] \Omega_{\alpha\beta}^{(1,1)}
\end{aligned} \tag{4.332}
$$

于是, 式 (4.329) 变为

$$
\begin{aligned}
nkT\boldsymbol{d}_\alpha &= -\frac{16}{3}\sum_{\beta\neq\alpha} \frac{m_\alpha m_\beta}{m_\alpha + m_\beta} n_\alpha n_\beta \left(\boldsymbol{X}_\alpha - \boldsymbol{X}_\beta\right) \Omega_{\alpha\beta}^{(1,1)} \\
&= -\frac{16}{3kT}\sum_{\beta} \frac{m_\alpha m_\beta}{m_\alpha + m_\beta} \frac{n_\alpha n_\beta}{n} \left(\boldsymbol{X}_\alpha - \boldsymbol{X}_\beta\right) \Omega_{\alpha\beta}^{(1,1)} \\
&= -\sum_{\beta} \frac{n_\alpha n_\beta}{n^2} \left(\boldsymbol{X}_\alpha - \boldsymbol{X}_\beta\right) / D_{\alpha\beta}
\end{aligned} \tag{4.333}
$$

其中, $D_{\alpha\beta}$ 是一阶近似下的二元气体扩散系数, 参见式 (4.304). 对比式 (4.333) 和式 (4.324), 由于 $\Phi_{\alpha\beta}$ 和 $D_{\alpha\beta}$ 具有相同的量纲, 所以 $\boldsymbol{X}_\alpha - \boldsymbol{X}_\beta$ 和 $\boldsymbol{u}_\alpha - \boldsymbol{u}_\beta$ 之间只能相差一个常数因子 A. 在一阶近似下, 由二元气体的情况可知 $A = 1$, 故式 (4.333) 化为

$$
\boldsymbol{d}_\alpha = -\sum_{\beta} \frac{n_\alpha n_\beta}{n^2} \left(\boldsymbol{u}_\alpha - \boldsymbol{u}_\beta\right) / D_{\alpha\beta} \tag{4.334}
$$

上式即为一阶近似下多元气体中相对扩散速度 $\boldsymbol{u}_\alpha - \boldsymbol{u}_\beta$ 所满足的关系, 方程具有 $N-1$ 个线性无关的未知量. N 个方程, 与式 (4.244) 结合有唯一解. 例如, 对于一个三元气体, 很容易解得

$$
\boldsymbol{u}_1 - \boldsymbol{u}_2 = \frac{n^2 D_{12} \left(D_{23} n_1 \boldsymbol{d}_2 - D_{13} n_2 \boldsymbol{d}_1\right)}{n_1 n_2 \left(n_1 D_{23} + n_2 D_{31} + n_3 D_{12}\right)} \tag{4.335}
$$

一般情况下, 相对扩散速度的解形式复杂, 习惯上还是采用式 (4.334) 来表示相对扩散速度.

第 5 章　气体的辐射性质

5.1　辐 射 度 学

1. 光源

在一光束中, 单位时间流过频率为 ν 的光子能量为 P_ν, 则该光束的功率 P 为

$$P = \int_0^\infty P_\nu \mathrm{d}\nu, \quad P_\nu = \frac{\mathrm{d}P}{\mathrm{d}\nu} \tag{5.1}$$

光束功率的单位为瓦.

点光源的光束向四面八方发射, 为描述其方向性, 定义

$$J_\nu = \frac{\mathrm{d}P_\nu}{\mathrm{d}\Omega} \tag{5.2}$$

J_ν 称为该点光源中频率为 ν 的光子在给定方向上的辐射功率. $\mathrm{d}\Omega$ 的意义如图 5.1 所示, $\mathrm{d}\boldsymbol{\Omega}$ 满足

$$\mathrm{d}\boldsymbol{\Omega} = \boldsymbol{\omega}\mathrm{d}\Omega, \quad \mathrm{d}\Omega = \sin\theta\mathrm{d}\theta\mathrm{d}\phi \tag{5.3}$$

$$\boldsymbol{\omega} = \boldsymbol{e}_1 \sin\theta\cos\phi + \boldsymbol{e}_2 \sin\theta\sin\phi + \boldsymbol{e}_3 \cos\theta \tag{5.4}$$

在给定方向上总的辐射功率 J 为

$$J = \int_0^\infty J_\nu \mathrm{d}\nu \tag{5.5}$$

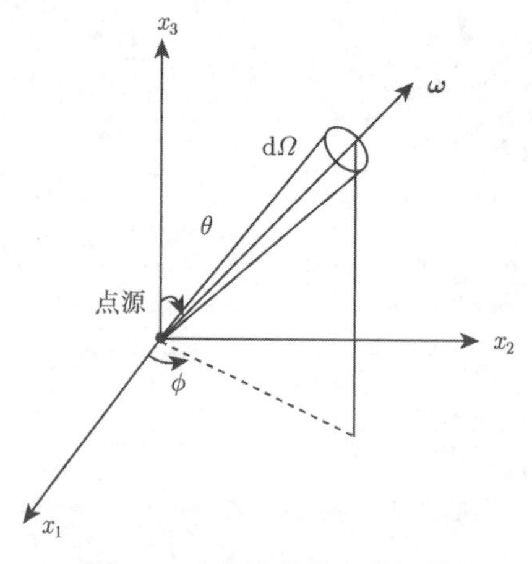

图 5.1　点源在某方向的辐射

当发光物体有一定大小时, 称为体光源, 如图 5.2 所示. 定义单位体积的发光系数 j_ν 为

$$j_\nu = \frac{\mathrm{d}J_\nu}{\mathrm{d}V} = \frac{\mathrm{d}P_\nu}{\mathrm{d}V\mathrm{d}\Omega} \tag{5.6}$$

则整个发光体频率为 ν 的光子在给定方向上的辐射功率 J_ν 为

$$J_\nu = \int j_\nu \mathrm{d}V \tag{5.7}$$

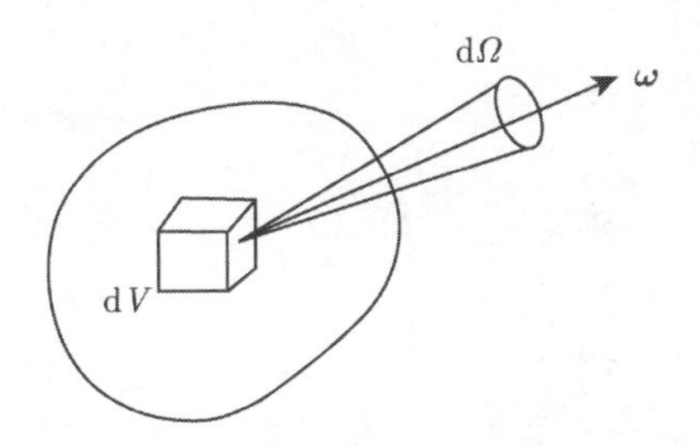

图 5.2 体光源在某方向的辐射

当发光物体为一发光面时, 称为面光源, 如图 5.3 所示. 定义亮度 (或发光强度)I_ν 为

$$I_\nu = \frac{\mathrm{d}P_\nu}{\mathrm{d}\boldsymbol{S}\cdot\mathrm{d}\boldsymbol{\Omega}} = \frac{\mathrm{d}P_\nu}{\cos\alpha\mathrm{d}S\mathrm{d}\Omega} \tag{5.8}$$

则单位面积流过的光功率 $\boldsymbol{q}_\nu$ 为

$$\boldsymbol{q}_\nu = \int I_\nu \mathrm{d}\boldsymbol{\Omega} = \int_{4\pi} I_\nu \boldsymbol{\omega} \mathrm{d}\Omega \tag{5.9}$$

$\boldsymbol{q}_\nu$ 亦称为辐射通量.

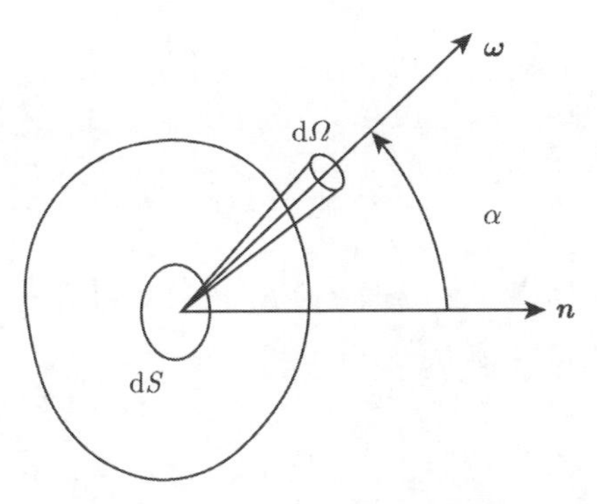

图 5.3 面光源在某方向的辐射

2. 光束

考虑一细光束传播. 如图 5.4 所示, 在光束中任取两截面 $\mathrm{d}S_1$、$\mathrm{d}S_2$, 视 $\mathrm{d}S_1$ 为面源, 则该面光源的亮度为

$$I_{\nu_1} = \frac{\mathrm{d}P_\nu}{\cos\alpha_1 \mathrm{d}S_1 \mathrm{d}\Omega_1} \tag{5.10}$$

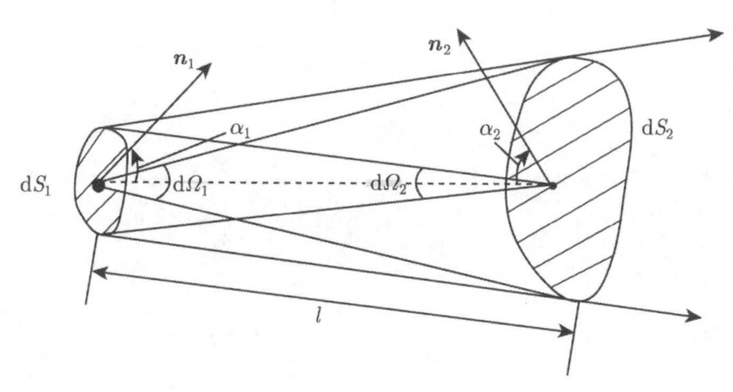

图 5.4 面光源的亮度

面光源所发出的辐射在立体角 $\mathrm{d}\Omega_1$ 中, 由图 5.4 可知, 立体角 $\mathrm{d}\Omega_1$ 为

$$\mathrm{d}\Omega_1 = \frac{\cos\alpha_2 \mathrm{d}S_2}{l^2} \tag{5.11}$$

代入式 (5.10), 有

$$I_{\nu 1} = \frac{\mathrm{d}P_\nu}{\dfrac{\cos\alpha_1\cos\alpha_2 \mathrm{d}S_1 \mathrm{d}S_2}{l^2}} \tag{5.12}$$

若令光束反方向传播, 其他一切情况不变, 则面源 $\mathrm{d}S_2$ 的亮度为

$$I_{\nu 2} = \frac{\mathrm{d}P_\nu}{\cos\alpha_2 \mathrm{d}S_2 \mathrm{d}\Omega_2} \tag{5.13}$$

由于 $\mathrm{d}\Omega_2 = \dfrac{\cos\alpha_1 \mathrm{d}S_1}{l^2}$, 代入式 (5.13), 有

$$I_{\nu_2} = \frac{\mathrm{d}P_\nu}{\dfrac{\cos\alpha_1\cos\alpha_2 \mathrm{d}S_1 \mathrm{d}S_2}{l^2}} \tag{5.14}$$

当 $\mathrm{d}P_\nu$ 为常数, 即光束传播无损耗时, 由式 (5.12) 和式 (5.14), 可得 $I_{\nu 1} = I_{\nu 2}$, I_ν 为传播不变量, 光束把面光源的 I_ν 引出来.

再讨论有折射的情形. 如图 5.5 所示, 一个以 R 为半径的圆球, 上半球的折射率为 n, 下半球的折射率为 n'. 由图可见, $\mathrm{d}S = R\mathrm{d}\theta \cdot R\sin\theta\mathrm{d}\phi$, 所以有

$$\mathrm{d}\Omega = \frac{\mathrm{d}S}{R^2} = \sin\theta\mathrm{d}\theta\mathrm{d}\phi \tag{5.15}$$

同样地, 有

$$\mathrm{d}\Omega' = \sin\theta'\mathrm{d}\theta'\mathrm{d}\phi \tag{5.16}$$

上两式中 $\mathrm{d}\phi$ 相同, 由折射定律有

$$n\sin\theta = n'\sin\theta' \tag{5.17}$$

对上式微分, 再与之相乘, 可得

$$n^2\sin\theta\cos\theta\mathrm{d}\theta = n'^2\sin\theta'\cos\theta'\mathrm{d}\theta' \tag{5.18}$$

上式两边乘以 $\mathrm{d}\phi$, 利用式 (5.15) 和式 (5.16), 可得

$$n^2\cos\theta\mathrm{d}\Omega = n'^2\cos\theta'\mathrm{d}\Omega' \tag{5.19}$$

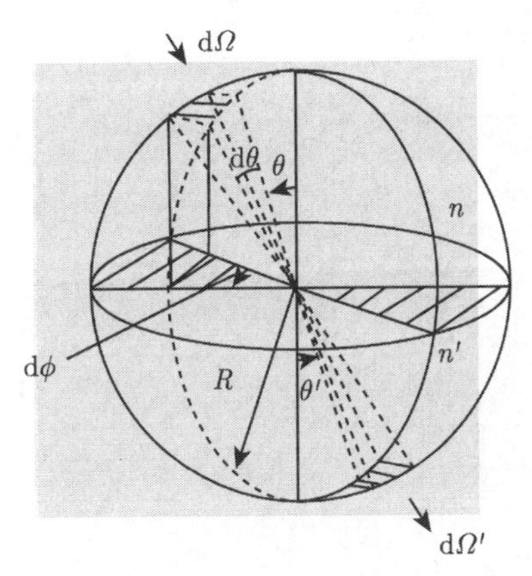

图 5.5 折射率不同的两个半球

由图 5.6 可知, $\mathrm{d}\Omega$ 和 $\mathrm{d}\Omega'$ 分别为

$$\mathrm{d}\Omega = \frac{\cos\alpha_1\mathrm{d}S_1}{R_1^2} \tag{5.20}$$

$$\mathrm{d}\Omega' = \frac{\cos\alpha_2\mathrm{d}S_2}{R_2^2} \tag{5.21}$$

将式 (5.20) 和式 (5.21) 代入式 (5.19), 可得

$$n^2\frac{\cos\theta\cos\alpha_1\mathrm{d}S_1}{R_1^2} = n'^2\frac{\cos\theta'\cos\alpha_2\mathrm{d}S_2}{R_2^2} \tag{5.22}$$

两边乘 $\mathrm{d}S$, 并注意到

$$\mathrm{d}\Omega_1 = \frac{\cos\theta\mathrm{d}S}{R_1^2} \tag{5.23}$$

$$\mathrm{d}\Omega_2 = \frac{\cos\theta'\mathrm{d}S}{R_2^2} \tag{5.24}$$

最后得到

$$n^2\cos\alpha_1\mathrm{d}S_1\mathrm{d}\Omega_1 = n'^2\cos\alpha_2\mathrm{d}S_2\mathrm{d}\Omega_2 \tag{5.25}$$

上式即为 Straubel 定理.

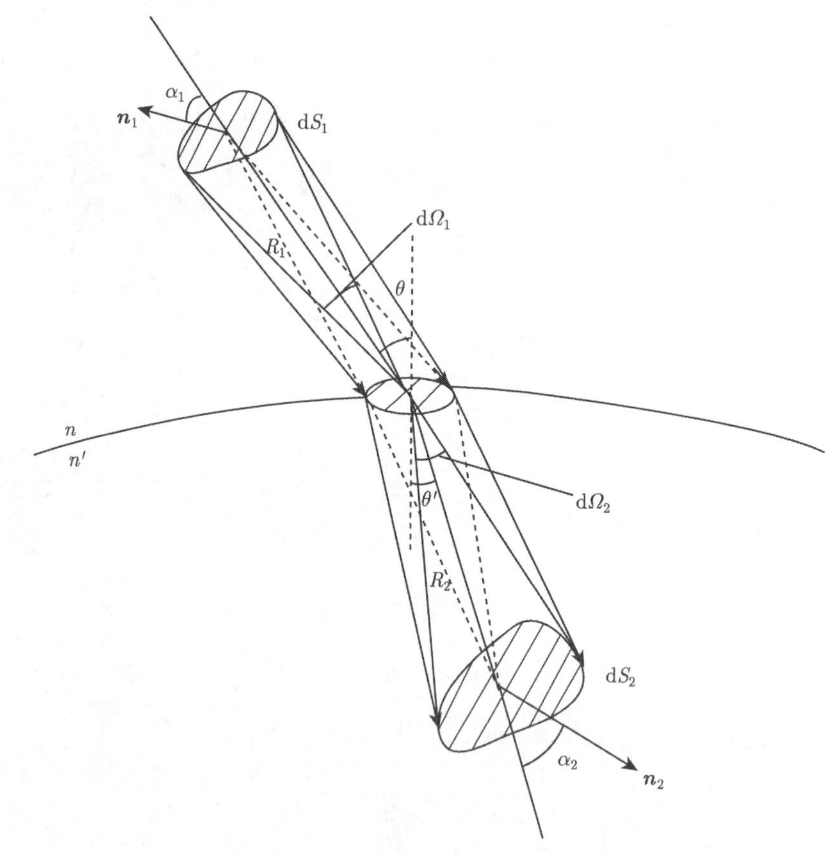

图 5.6　光在折射率不同的介质中传输

由于在 $\mathrm{d}S_1$ 处 $I_{\nu1}$ 满足式 (5.10), 在 $\mathrm{d}S_2$ 处 $I_{\nu2}$ 满足式 (5.13), 所以若 $\mathrm{d}P_\nu$ 为常数, 可得

$$\frac{I_{\nu1}}{n^2} = \frac{I_{\nu2}}{n'^2} \tag{5.26}$$

若不考虑反射损耗, 则 $\dfrac{I_\nu}{n^2}$ 为不变量. 对稀薄气体, $n\approx1$, 无折射, 无反射, 以后就讨论这种情况.

3. 吸收和散射的概念

1) 吸收

光束在传播中因被介质吸收而削弱的现象称为吸收. 设一束光通过 $\mathrm{d}l$ 距离后, 光强由 I_ν 变为 $I_\nu+\mathrm{d}I_\nu$, 它们满足如下关系式

$$-\frac{\mathrm{d}I_\nu}{I_\nu}=k_\nu\mathrm{d}l \tag{5.27}$$

其中, k_ν 为吸收系数, 单位为 cm^{-1}; $l_\nu=\dfrac{1}{k_\nu}$ 为光子自由程, 单位为 cm. 对上式积分有

$$I_\nu=I_{\nu0}\mathrm{e}^{-\int_{x_0}^{x}k_\nu\mathrm{d}l}=I_{\nu0}\mathrm{e}^{-\tau_\nu} \tag{5.28}$$

其中, $\tau_\nu=\displaystyle\int_{x_0}^{x}k_\nu\mathrm{d}l$ 为光学厚度, 无量纲量.

2) 散射

散射有削弱和增强两种情况. 设散射系数为 $k_{\nu s}$, 有

$$-\frac{\mathrm{d}I_v}{I_\nu}=k_{\nu s}\mathrm{d}l \tag{5.29}$$

当 $k_{\nu s}$ 大于 0 时, 为散射削弱. 如果光与介质的散射为弹性散射, 只改变方向不改变频率 ν.

5.2 辐 射 场

1. 辐射流体力学方程中的辐射量

第 2 章描述有辐射场时的流体力学方程组 (2.236) 中, 辐射量均为全色量, 它们分别满足式 (2.237)~式 (2.239). 在光束中, 单位体积单位立体角内的单色辐射能量密度为 $h\nu f_\nu$, 因而单位立体角内流过单位面积的功率为

$$I_\nu=ch\nu f_\nu \tag{5.30}$$

I_ν 就是单色光束的亮度, 所以式 (2.237)~式 (2.239) 又可写为

$$U^R=\frac{1}{c}\iint I_\nu\mathrm{d}\Omega\mathrm{d}\nu=\int U_\nu^R\mathrm{d}\nu \tag{5.31}$$

$$\boldsymbol{q}^R=\iint I_\nu\boldsymbol{\omega}\mathrm{d}\Omega\mathrm{d}\nu=\int\boldsymbol{q}_\nu^R\mathrm{d}\nu \tag{5.32}$$

$$\vec{\vec{p}}^{\,R}=\frac{1}{c}\iint I_\nu\boldsymbol{\omega}\boldsymbol{\omega}\mathrm{d}\Omega\mathrm{d}\nu=\int\vec{\vec{p}}_\nu^{\,R}\mathrm{d}\nu \tag{5.33}$$

由此可见, 求解辐射流体力学方程组的关键在于求光束的亮度 I_ν.

2. 平衡辐射场

在光子运动的相空间中, 在 $\mathrm{d}\boldsymbol{p}\mathrm{d}\boldsymbol{r}$ 范围内共有 $\dfrac{\mathrm{d}\boldsymbol{p}\mathrm{d}\boldsymbol{r}}{h^3}$ 个相格, 而 $\mathrm{d}\boldsymbol{p}=\dfrac{h^3\nu^2}{c^3}\mathrm{d}\nu\mathrm{d}\Omega$, 故在 $\mathrm{d}\boldsymbol{p}\mathrm{d}\boldsymbol{r}$ 范围内共有 $\dfrac{\nu^2}{c^3}\mathrm{d}\nu\mathrm{d}\Omega\mathrm{d}\boldsymbol{r}$ 个相格, 每一个相格可以容纳两种偏振态光子. 我们称同一相格同一偏振态的光子处于同一种模.

因为在 $\mathrm{d}\nu\mathrm{d}\Omega\mathrm{d}\boldsymbol{r}$ 范围内共有 $f_\nu\mathrm{d}\nu\mathrm{d}\Omega\mathrm{d}\boldsymbol{r}$ 个光子, 所以平均每种模有 $\dfrac{c^3}{2\nu^2}f_\nu$ 个光子. 由 Bose-Einstein 分布有

$$\overline{N}_\nu=\frac{1}{\mathrm{e}^{h\nu/kT}-1} \tag{5.34}$$

所以可得平衡分布函数为

$$f_{\nu E}=\frac{2\nu^2}{c^3}\frac{1}{\mathrm{e}^{h\nu/kT}-1} \tag{5.35}$$

将上式代入式 (5.30), 可得平衡辐射场 (黑体辐射) 的亮度, 其中 I_ν 用 B_ν 表示, 即

$$B_\nu=ch\nu f_{\nu E}=\frac{2h\nu^3}{c^2}\frac{1}{\mathrm{e}^{h\nu/kT}-1} \tag{5.36}$$

此即为 Planck 函数, 它是 $(T、\nu)$ 的函数. 上式对 ν 积分, 有

$$B=\int_0^\infty B_\nu\mathrm{d}\nu=\frac{ca}{4\pi}T^4 \tag{5.37}$$

其中, $a=\dfrac{8\pi^5k^4}{15c^3h^3}$ 为 Stefan 辐射常数.

3. 辐射与物质相互作用的概念

光束在气体中传播时, 基本相互作用有吸收、散射和发射, 其中散射又分散射出去与散射进来两种情况.

1) 吸收

如图 5.7 所示, 一束光在 $c\mathrm{d}t\mathrm{d}\Omega$ 范围内有 N_ν 个单色光子, 传播 $\mathrm{d}l$ 距离后被吸收 $\mathrm{d}N_\nu$ 个光子, 则一个光子被吸收的概率为

$$-\frac{\mathrm{d}N_\nu}{N_\nu}=k_\nu\left(\nu,t,\boldsymbol{r}\right)\mathrm{d}l \tag{5.38}$$

其中, k_ν 为吸收系数. 由式 (5.34) 和式 (5.36) 可知, N_ν 与 f_ν 和 I_ν 分别成正比, 则有

$$-\frac{\mathrm{d}N_\nu}{N_\nu}=-\frac{\mathrm{d}I_\nu}{I_\nu}=-\frac{\mathrm{d}f_\nu}{f_\nu}=k_\nu\mathrm{d}l \tag{5.39}$$

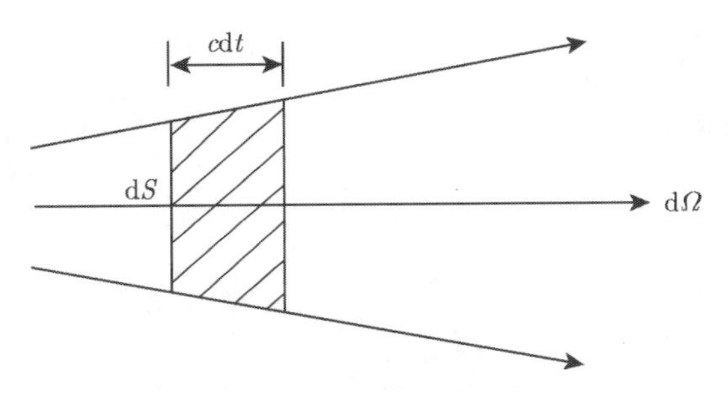

图 5.7 介质对光的吸收

2) 散射出去

与吸收相似, 一个光子被散射出去的概率为

$$-\frac{\mathrm{d}N_\nu}{N_\nu}=k_{\nu s}(\nu,t,\boldsymbol{r})\,\mathrm{d}l \tag{5.40}$$

其中, $k_{\nu s}$ 为散射系数. 一个频率为 ν, 方向为 $\boldsymbol{\omega}$ 的光子, 经散射后频率变为 ν', 方向变为 $\boldsymbol{\omega}'$. 引入微分散射系数 $S(\nu\to\nu',\boldsymbol{\omega}\cdot\boldsymbol{\omega}')$ 来表示这种概率, 这里只考虑各向同性介质, 所以 S 只取决于 $\boldsymbol{\omega}$ 与 $\boldsymbol{\omega}'$ 的夹角. 散射系数为

$$k_{\nu s}=\int_0^\infty \mathrm{d}\nu'\int_{4\pi}S(\nu\to\nu',\boldsymbol{\omega}\cdot\boldsymbol{\omega}')\,\mathrm{d}\Omega' \tag{5.41}$$

光子是玻色子, 假设某种与光子有关的过程发生的概率为 P, 而终态原有 $\overline{N}_\nu$ 个光子存在, 此过程是使 $\overline{N}_\nu$ 变为 $(\overline{N}_\nu+1)$. 则由于受激效应, 该过程发生概率应增加成

$$\left(1+\overline{N}_\nu\right)P=\left(1+\frac{c^3}{2\nu^2}f_\nu\right)P \tag{5.42}$$

所以式 (5.41) 改为

$$k_{\nu s}=\int_0^\infty \mathrm{d}\nu'\int_{4\pi}S(\nu\to\nu',\boldsymbol{\omega}\cdot\boldsymbol{\omega}')\left(1+\frac{c^3}{2\nu'^2}f'_\nu\right)\mathrm{d}\Omega' \tag{5.43}$$

当 $\nu'=\nu$ 时, 为弹性散射, 即 $h\nu$ 不变.

3) 发射

单位时间、单位体积和单位立体角内, 由于自发发射而增加的单色光子个数可表示成 $Q_\nu(\nu,t,\boldsymbol{r},\boldsymbol{\omega})$, 则考虑受激发射后增加的单色光子个数为 $\left(1+\dfrac{c^3}{2\nu^2}f_\nu\right)Q_\nu$.

由上述定义和辐射度学中定义式 (5.6) 关于发光系数 j_ν 的定义, 可得

$$j_\nu=h\nu Q_\nu \tag{5.44}$$

j_ν 即为自发发射系数.

4. 辐射输运过程

现在讨论非平衡辐射场产生的辐射输运问题. 描述光子的 Boltzmann 方程为

$$\frac{\partial f_\nu}{\partial t}+c\boldsymbol{\omega}\cdot\frac{\partial f_\nu}{\partial \boldsymbol{r}}=\left(\frac{\partial f_\nu}{\partial t}\right)_{\rm abs}+\left(\frac{\partial f_\nu}{\partial t}\right)_{\rm outs}+\left(\frac{\partial f_\nu}{\partial t}\right)_{\rm ins}+\left(\frac{\partial f_\nu}{\partial t}\right)_{\rm em} \tag{5.45}$$

上式右边第一项为单位时间因吸收引起的 f_ν 的变化, 由式 (5.39) 有

$$\left(\frac{\partial f_\nu}{\partial t}\right)_{\rm abs}=-cf_\nu k_\nu \tag{5.46}$$

式 (5.45) 右边第二、三项为单位时间因散射引起的 f_ν 的变化, 分别对应散射出去和散射进来两种情况. 由式 (5.43) 有

$$\left(\frac{\partial f_\nu}{\partial t}\right)_{\rm outs}=-cf_\nu k_{\nu s}=-c\int_0^\infty {\rm d}\nu'\int_{4\pi}f_\nu S\left(\nu\to\nu',\boldsymbol{\omega}\cdot\boldsymbol{\omega}'\right)\left(1+\frac{c^3}{2\nu'^2}f'_\nu\right){\rm d}\Omega' \tag{5.47}$$

$$\left(\frac{\partial f_\nu}{\partial t}\right)_{\rm ins}=c\int_0^\infty {\rm d}\nu'\int_{4\pi}f'_\nu S\left(\nu'\to\nu,\boldsymbol{\omega}\cdot\boldsymbol{\omega}'\right)\left(1+\frac{c^3}{2\nu^2}f_\nu\right){\rm d}\Omega' \tag{5.48}$$

式 (5.45) 右边最后一项为单位时间因发射引起的 f_ν 的变化, 由前面关于发射的讨论, 可得

$$\left(\frac{\partial f_\nu}{\partial t}\right)_{\rm em}=Q_\nu\left(1+\frac{c^3}{2\nu^2}f_\nu\right)=\frac{j_\nu}{h\nu}\left(1+\frac{c^3}{2\nu^2}f_\nu\right) \tag{5.49}$$

将式 (5.46)~ 式 (5.49) 代入式 (5.45), 可得

$$\begin{aligned}\frac{\partial f_\nu}{\partial t}+c\boldsymbol{\omega}\cdot\frac{\partial f_\nu}{\partial r}=&-cf_\nu k_\nu-c\int_0^\infty {\rm d}\nu'\int_{4\pi}f_\nu S\left(\nu\to\nu',\boldsymbol{\omega}\cdot\boldsymbol{\omega}'\right)\left(1+\frac{c^3}{2\nu'^2}f'_\nu\right){\rm d}\Omega'\\&+c\int_0^\infty {\rm d}\nu'\int_{4\pi}f'_\nu S(\nu'\to\nu,\boldsymbol{\omega}\cdot\boldsymbol{\omega}')\left(1+\frac{c^3}{2\nu^2}f_\nu\right){\rm d}\Omega'+\frac{j_\nu}{h\nu}\left(1+\frac{c^3}{2\nu^2}f_\nu\right)\end{aligned} \tag{5.50}$$

上式两边乘以 $h\nu$, 考虑到 $I_\nu=h\nu cf_\nu$, 可得

$$\begin{aligned}\frac{1}{c}\frac{\partial I_\nu}{\partial t}+\boldsymbol{\omega}\cdot\nabla I_\nu=&j_\nu\left(1+\frac{c^2}{2h\nu^3}I_\nu\right)-k_\nu I_\nu\\&+\int_0^\infty {\rm d}\nu'\int_{4\pi}\frac{v}{\nu'}I'_\nu S\left(\nu'\to v\nu,\boldsymbol{\omega}\cdot\boldsymbol{\omega}'\right)\left(1+\frac{c^2}{2h\nu^3}I_\nu\right){\rm d}\Omega'\\&-\int_0^\infty {\rm d}\nu'\int_{4\pi}I_\nu S\left(\nu\to\nu',\boldsymbol{\omega}\cdot\boldsymbol{\omega}'\right)\left(1+\frac{c^2}{2h\nu'^3}I'_\nu\right){\rm d}\Omega'\end{aligned} \tag{5.51}$$

上式右边第一项中 j_ν 为自发发射系数, $\frac{c^2}{2h\nu^3}I_\nu j_\nu$ 为受激发射系数. 定义 k'_ν 为考虑受激发射修正后的吸收系数, 则

$$k'_\nu=k_\nu-\frac{c^2}{2h\nu^3}j_\nu \tag{5.52}$$

将 k'_ν 代入式 (5.51), 并考虑到 c 是一个很大的常数, $\dfrac{1}{c}\dfrac{\partial I_\nu}{\partial t}$ 项可忽略, 则式 (5.51) 可化为

$$\begin{aligned}\boldsymbol{\omega}\cdot\nabla I_\nu =& j_\nu - k'_\nu I_\nu + \int_0^\infty \mathrm{d}\nu' \int_{4\pi} \frac{v}{\nu'} I'_\nu S\left(\nu' \to \nu, \boldsymbol{\omega}\cdot\boldsymbol{\omega}'\right)\left(1+\frac{c^2}{2h\nu^3}I_\nu\right)\mathrm{d}\Omega' \\ &- \int_0^\infty \mathrm{d}\nu' \int_{4\pi} I_\nu S\left(\nu \to \nu', \boldsymbol{\omega}\cdot\boldsymbol{\omega}'\right)\left(1+\frac{c^2}{2h\nu'^3}I'_\nu\right)\mathrm{d}\Omega' \end{aligned} \tag{5.53}$$

这就是定常的辐射输运方程, 由它可解出单色光强度 I_ν, 从而进一步求出各辐射量.

5.3 散　射

1. 弹性散射

与吸收和发射相比, 散射是较为次要的因素, 可以作简化处理. 后面的讨论仅限于 $\nu = \nu'$ 弹性散射. 此时辐射输运方程 (5.53) 化简为

$$\boldsymbol{\omega}\cdot\nabla I_\nu = j_\nu - k'_\nu I_\nu + \int_{4\pi} I'_\nu S\left(\nu, \boldsymbol{\omega}\cdot\boldsymbol{\omega}'\right)\mathrm{d}\Omega' - I_\nu \int_{4\pi} S\left(\nu, \boldsymbol{\omega}\cdot\boldsymbol{\omega}'\right)\mathrm{d}\Omega' \tag{5.54}$$

令 $k_{\nu s} = \int_{4\pi} S\left(\nu, \boldsymbol{\omega}\cdot\boldsymbol{\omega}'\right)\mathrm{d}\Omega'$, 上式进一步化简为

$$\boldsymbol{\omega}\cdot\nabla I_\nu = j_\nu - \left(k'_\nu + k_{\nu s}\right) I_\nu + \int_{4\pi} I'_\nu S\left(\nu, \boldsymbol{\omega}\cdot\boldsymbol{\omega}'\right)\mathrm{d}\Omega' \tag{5.55}$$

此时受激散射不发生作用.

2. Thomson 散射

利用 Thomson 微分散射截面有

$$S\left(\nu, \boldsymbol{\omega}\cdot\boldsymbol{\omega}'\right) = n_\mathrm{e}\frac{\mathrm{d}\sigma_S}{\mathrm{d}\Omega} = n_\mathrm{e}\frac{e^4}{2m_\mathrm{e}^2c^4}\left[1+\left(\boldsymbol{\omega}\cdot\boldsymbol{\omega}'\right)^2\right] \tag{5.56}$$

上式对 $\mathrm{d}\Omega$ 积分得

$$k_{\nu s} = \int_{4\pi} S\left(\nu, \boldsymbol{\omega}\cdot\boldsymbol{\omega}'\right)\mathrm{d}\Omega' = n_\mathrm{e}\sigma_S = n_\mathrm{e}\frac{8\pi e^4}{3m_\mathrm{e}^2c^4} \tag{5.57}$$

由上式可见, S 和 $k_{\nu s}$ 均与 ν 无关, 它们可以表示为 $S\left(\boldsymbol{\omega}\cdot\boldsymbol{\omega}'\right)$ 和 k_s, 于是式 (5.50) 可化为

$$\boldsymbol{\omega}\cdot\nabla I_\nu = j_\nu - \left(k'_\nu + k_s\right) I_\nu + \int_{4\pi} I_\nu S\left(\boldsymbol{\omega}\cdot\boldsymbol{\omega}'\right)\mathrm{d}\Omega \tag{5.58}$$

式中, $k_s I_\nu$ 表示散射出去的影响; 右边最后一项表示散射进来的影响, 其中 $\boldsymbol{\omega}$ 和 $\boldsymbol{\omega}'$ 已置换, 因此积分号内的 I'_ν 和 $\mathrm{d}\Omega'$ 也相应变为 I_ν 和 $\mathrm{d}\Omega$.

5.4　吸收与发射

1. 跃迁概率

一个原子在单位时间内发生从能级 L 至能级 U 的跃迁并吸收一个光子的概率为

$$W_{\text{abs}} = \overline{N}_{\nu} A_{UL} \tag{5.59}$$

一个原子在单位时间内发生从能级 U 至能级 L 的跃迁, 并发射一个光子的概率为

$$W_{\text{em}} = \left(1 + \overline{N}_{\nu}\right) A_{UL} \tag{5.60}$$

其中, A_{UL} 为自发发射跃迁概率.

对于电偶极跃迁, 有

$$A_{UL} = \frac{64\pi^4\nu^3}{3hc^3} \left|\langle L\left|\boldsymbol{D}\right|U\rangle\right|^2 \tag{5.61}$$

其中, $\boldsymbol{D} = -e\boldsymbol{R} = -e\sum\limits_i \boldsymbol{r}_i$.

对于电四极跃迁, 有

$$A_{UL} = \frac{64\pi^6\nu^5}{15hc^5} \left|\left\langle L\left|\overset{\rightarrow\rightarrow}{Q}\right|U\right\rangle\right|^2 \tag{5.62}$$

其中, $\overset{\rightarrow\rightarrow}{Q} = -e\left[\boldsymbol{RR} - \frac{1}{3}R^2\begin{pmatrix} 1 & 0 & 0 \\ 0 & 1 & 0 \\ 0 & 0 & 1 \end{pmatrix}\right]$.

对于磁偶极跃迁, 有

$$A_{\text{UL}} = \frac{64\pi^4\nu^3}{3hc^3} \left|\langle L\left|\hat{\boldsymbol{\mu}}\right|U\rangle\right|^2 \tag{5.63}$$

其中, $\hat{\boldsymbol{\mu}} = -\frac{eh}{4\pi m_{\text{e}}c}\left(\hat{\boldsymbol{L}} + 2\hat{\boldsymbol{S}}\right)$, $\hat{\boldsymbol{L}} = \sum\limits_i \hat{\boldsymbol{l}}_i$, $\hat{\boldsymbol{S}} = \sum\limits_i \hat{\boldsymbol{s}}_i$, $\hat{\boldsymbol{l}}_i$ 和 $\hat{\boldsymbol{s}}_i$ 分别为轨道角动量算符和电子自旋算符.

式 (5.60) 中右边第一项为自发发射概率 W_{sp}, 第二项为受激发射概率 W_{st}, 根据 Einstein 辐射理论有

$$W_{\text{sp}} = A_{UL} \tag{5.64}$$

$$W_{\text{abs}} = B_{UL}U_{\nu}^{R} \tag{5.65}$$

$$W_{\text{st}} = B_{LU}U_{\nu}^{R} \tag{5.66}$$

其中, $B_{UL}=B_{LU}$, 而 $\overline{N}_\nu A_{UL}=U_\nu^R B_{UL}$, $\overline{N}_\nu = \dfrac{c^3}{2\nu^2}f_\nu$, $U_\nu^R=h\nu f_\nu$, 因此有

$$A_{UL}=\frac{2h\nu^3}{c^3}B_{UL} \tag{5.67}$$

由此可见式 (5.64)~式 (5.66) 中仅有一个未知量.

2. 跃迁截面

因跃迁概率 W_{abs} 与外界辐射光束中的光子个数 $\overline{N}_\nu$ 有关, 所以它不单纯是原子的性质, 为了表明一个原子的吸收和发射能力, 可定义吸收截面 σ_{abs} 和发射截面 σ_{em}.

设光束的亮度为 $I_\nu=h\nu cf_\nu$, 即在单位时间、单位立体角内流过单位截面的光子个数为 cf_ν. 定义跃迁截面

$$\sigma_{\text{em}}=\frac{W_{\text{em}}}{cf_\nu} \tag{5.68}$$

$$\sigma_{\text{abs}}=\sigma_{\text{st}}=\frac{W_{\text{abs}}}{cf_\nu}=\frac{W_{\text{st}}}{cf_\nu} \tag{5.69}$$

由式 (5.60) 和式 (5.64), 可得

$$\begin{aligned}\sigma_{\text{em}}&=\frac{A_{UL}}{cf_\nu}\left(1+\overline{N}_\nu\right)=\frac{A_{UL}}{cf_\nu}\left(1+\frac{c^3}{2\nu^2}f_\nu\right)=\frac{W_{\text{sp}}}{cf_\nu}+\frac{A_{UL}}{cf_\nu}\frac{c^3}{2\nu^2}f_\nu\\&=\sigma_{\text{sp}}+A_{UL}\frac{c^2}{2\nu^2}=\sigma_{\text{sp}}+\sigma_{\text{st}}\end{aligned} \tag{5.70}$$

由此可见, 发射截面是自发发射截面与受激发射截面的和.

下面讨论这些微观量与宏观量 k_ν, j_ν 之间的关系.

1) k_ν 与吸收截面 σ_{abs} 的对应关系

如图 5.8 所示, 在 $\mathrm{d}V=c\mathrm{d}t\mathrm{d}S$ 中, 沿 $\boldsymbol{\omega}$ 方向单位立体角内的辐射能量为 $U_\nu^R\mathrm{d}V$, 其中含吸收分子 N_L 个, 发生 L 至 U 的跃迁 $N_L B_{LU} U_\nu^R\mathrm{d}t$ 次, 每次跃迁吸收能量 $h\nu$, 因此共吸收能量 $N_L B_{LU} U_\nu^L \mathrm{d}th\nu$. 吸收能量与总能量之比为

$$-\frac{\mathrm{d}I_\nu}{I_\nu}=\frac{N_L B_{LU}U_\nu^R\mathrm{d}th\nu}{U_\nu^R\mathrm{d}V}=n_L B_{LU}h\nu\mathrm{d}t=n_L B_{LU}\frac{h\nu}{c}\mathrm{d}l \tag{5.71}$$

比较式 (5.39) 和式 (5.71), 可得

$$k_\nu=n_L B_{LU}\frac{h\nu}{c}=n_L B_{LU}\frac{U_\nu^R}{cf_\nu}=n_L\sigma_{\text{abs}} \tag{5.72}$$

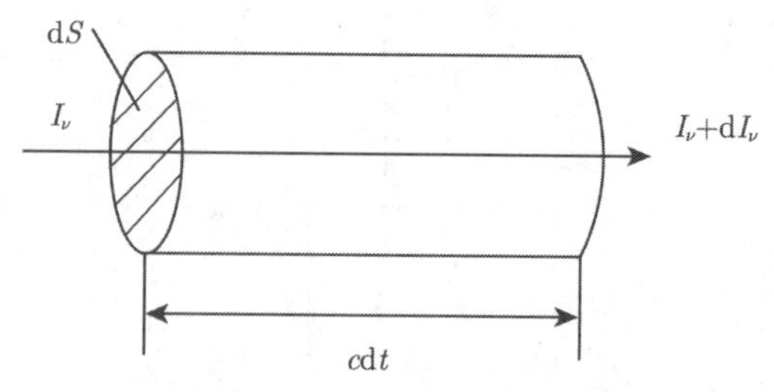

图 5.8　体积元内的光束传输

2) k'_ν 与 σ_{abs} 和 σ_{st} 的对应关系

考虑受激发射, 吸收能量为 $N_L B_{LU} U_\nu^R \mathrm{d}th\nu - N_U B_{UL} U_\nu^R \mathrm{d}th\nu$, 吸收能量与总能量之比为

$$\frac{N_L\left(1-\dfrac{N_U}{N_L}\right)B_{LU}U_\nu^R\mathrm{d}th\nu}{U_\nu^R\mathrm{d}V}=n_L\left(1-\frac{N_U}{N_L}\right)B_{LU}\frac{h\nu}{c}\mathrm{d}l \tag{5.73}$$

同理可得考虑受激发射修正后的吸收系数 k'_ν 为

$$k'_\nu=n_L\left(1-\frac{n_U}{n_L}\right)B_{LU}\frac{h\nu}{c}=\left(1-\frac{n_U}{n_L}\right)k_\nu=n_L\left(1-\frac{n_U}{n_L}\right)\sigma_{\mathrm{abs}} \tag{5.74}$$

3) j_ν 与 σ_{sp} 的对应关系

在 dV 中有 N_U 个发射分子, dt 时间内 $U\to L$ 的跃迁次数为 $N_U A_{UL}\mathrm{d}t$, 假设每次跃迁发射能量 $h\nu$, 则在单位立体角中共发射能量为 $N_U A_{UL}\mathrm{d}th\nu$, 则在 d$\Omega$ 立体角中共发射能量为 $N_U A_{UL}\mathrm{d}th\nu\mathrm{d}\Omega$, 因而在 d$\Omega$ 立体角中发射的功率为 $N_U A_{UL}h\nu\mathrm{d}\Omega$, 即

$$j_\nu\mathrm{d}V\mathrm{d}\Omega=N_U A_{UL}h\nu\mathrm{d}\Omega \tag{5.75}$$

利用 $\sigma_{\mathrm{sp}}=\dfrac{A_{UL}}{cf_\nu}$, 可得

$$j_\nu=n_U A_{UL}h\nu=n_U\sigma_{\mathrm{sp}}ch\nu f_\nu=n_U\sigma_{\mathrm{sp}}I_\nu \tag{5.76}$$

3. 局部热动平衡

假设系统处于局部热动平衡, 由 Boltzmann 分布可得

$$\frac{n_U}{n_L}=\mathrm{e}^{-(\varepsilon_U-\varepsilon_L)/kT}=\mathrm{e}^{-h\nu/kT} \tag{5.77}$$

式 (5.74) 可改写为

$$k'_\nu=\left(1-\mathrm{e}^{-h\nu/kT}\right)k_\nu \tag{5.78}$$

由式 (5.67)、式 (5.72) 和式 (5.76)~式 (5.78) 可得

$$\frac{j_\nu}{k'_\nu} = \frac{n_U A_{UL} h\nu}{n_L \dfrac{c^2}{2\nu^2} A_{UL}\left(1 - \mathrm{e}^{-h\nu/kT}\right)} = \frac{n_U}{n_L}\frac{2h\nu^3}{c^2}\frac{1}{1-\mathrm{e}^{-h\nu/kT}} = \frac{2h\nu^3}{c^2}\frac{1}{\mathrm{e}^{h\nu/kT}-1} \tag{5.79}$$

将上式与式 (5.36) 比较, 有

$$\frac{j_\nu}{k'_\nu} = B_\nu \tag{5.80}$$

这就是 Kirchhoff 定理, B_ν 为 Planck 函数. 利用上式, 由式 (5.58) 可得在局部热动平衡条件下的辐射输运方程

$$\boldsymbol{\omega} \cdot \nabla I_\nu = k'_\nu B_\nu - (k'_\nu + k_s) I_\nu + \int_{4\pi} I_\nu S(\boldsymbol{\omega} \cdot \boldsymbol{\omega}') \,\mathrm{d}\Omega \tag{5.81}$$

在以后的讨论中均采用上式.

5.5 辐射输运方程的解

1. 扩散近似

在辐射输运方程中, 散射一般是次要因素, 可以忽略, 于是式 (5.81) 可化为

$$\boldsymbol{\omega} \cdot \nabla I_\nu = k'_\nu (B_\nu - I_\nu) \tag{5.82}$$

令 $l_\nu = \dfrac{1}{k'_\nu}$ 为光子自由程, 则式 (5.82) 为

$$I_\nu = B_\nu - l_\nu \boldsymbol{\omega} \cdot \nabla I_\nu \tag{5.83}$$

当气体相当不透明, 即 l_ν 很小时, 由上式可得

$$I_\nu \approx B_\nu \tag{5.84}$$

称为扩散近似, 此时可取 I_ν 的零级近似 $I_\nu^{(0)} = B_\nu$, 代入式 (5.83) 求迭代解, 即

$$I_\nu^{(1)} = B_\nu - l_\nu \boldsymbol{\omega} \cdot \nabla I_\nu^{(0)} = B_\nu - l_\nu \boldsymbol{\omega} \cdot \nabla B_\nu \tag{5.85}$$

上式即为 I_ν 的一级扩散近似解.

若计入散射, 利用扩散近似解式 (5.84), 将辐射输运方程 (5.76) 中的微分与积分项的 I_ν 用 B_ν 代替, 可得

$$\boldsymbol{\omega} \cdot \nabla B_\nu = k'_\nu B_\nu - (k'_\nu + k_s) I_\nu + B_\nu \int_{4\pi} S(\boldsymbol{\omega} \cdot \boldsymbol{\omega}') \,\mathrm{d}\Omega \tag{5.86}$$

由于 $k_s = \int_{4\pi} S(\boldsymbol{\omega} \cdot \boldsymbol{\omega}')\,\mathrm{d}\Omega$, 代入上式, 可得

$$\boldsymbol{\omega} \cdot \nabla B_\nu = (k'_\nu + k_s)(B_\nu - I_\nu) \tag{5.87}$$

最后得到计及散射的扩散近似解

$$I_\nu = B_\nu - l_\nu \boldsymbol{\omega} \cdot \nabla B_\nu \tag{5.88}$$

其中, $l_\nu = \dfrac{1}{k'_\nu + k_s}$. 为计及散射的光子自由程, 上式对 ν 积分, 可得到全色量

$$I = B - \boldsymbol{\omega} \cdot \int_0^\infty l_\nu \nabla B_\nu \mathrm{d}\nu \tag{5.89}$$

其中, $B = \dfrac{ca}{4\pi}T^4, a = \dfrac{8\pi^5 k^4}{15c^3h^3}$.

定义 Rosseland 平均自由程 $\overline{l_\mathrm{R}}$ 为

$$\overline{l_\mathrm{R}} = \frac{\displaystyle\int_0^\infty l_\nu \nabla B_\nu \mathrm{d}\nu}{\nabla B} = \frac{\displaystyle\int_0^\infty l_\nu \nabla B_\nu \mathrm{d}\nu}{\displaystyle\int_0^\infty \nabla B_\nu \mathrm{d}\nu} \tag{5.90}$$

则有

$$I = B - \overline{l_\mathrm{R}} \boldsymbol{\omega} \cdot \nabla B \tag{5.91}$$

由此可见, 只要求出 Rosseland 平均自由程 $\overline{l_\mathrm{R}}$, 则辐射流体力学方程组中的辐射量 U^R, $\boldsymbol{q}^\mathrm{R}$ 和 $\vec{\vec{p}}^\mathrm{R}$ 均可依次求出. 而由 $l_\nu = \dfrac{1}{k'_\nu + k_s}$ 可以看出, 关键在于求 k_ν. 为了更精确计算, 在求 $\overline{l_\mathrm{R}}$ 时, 常将 $0 \to \infty$ 的积分划成 N 个组进行：$\nu_0\,(=0) \sim \nu_1, \nu_1 \sim \nu_2, \nu_{N-1} \sim \nu_N\,(=\infty)$, 在每一组中求平均

$$I_n = \int_{\nu_{n-1}}^{\nu_n} I_\nu \mathrm{d}\nu \quad n = 1, 2, \cdots, N \tag{5.92}$$

由式 (5.31)~式 (5.33), 可得

$$U^\mathrm{R} = \frac{1}{c}\sum_n \int_{4\pi} I_n \mathrm{d}\Omega \tag{5.93}$$

$$\boldsymbol{q}^\mathrm{R} = \sum_n \int_{4\pi} I_n \boldsymbol{\omega} \mathrm{d}\Omega \tag{5.94}$$

$$p^\mathrm{R} = \frac{1}{c}\sum_n \int_{4\pi} I_n \boldsymbol{\omega}\boldsymbol{\omega} \mathrm{d}\Omega \tag{5.95}$$

2. 发射近似

前面讨论了 $I_\nu \approx B_\nu$ 情况下的扩散近似, 下面讨论另一种极端情况, 即 $I_\nu \ll B_\nu$ 的情况, 这时辐射输运方程 (5.81) 中含有 I_ν 的项可以忽略, 则有

$$\boldsymbol{\omega} \cdot \nabla I_\nu = k'_\nu B_\nu \tag{5.96}$$

上式即为发射近似下的辐射输运方程. 上式对 ν 积分有

$$\boldsymbol{\omega} \cdot \nabla I = \overline{k_p} B \tag{5.97}$$

其中, $\overline{k_p} = \dfrac{\int_0^\infty k'_\nu B_\nu \mathrm{d}\nu}{\int_0^\infty B_\nu \mathrm{d}\nu}$ 为 Planck 平均吸收系数. 在第 2 章中辐射流体力学方程组 (2.236) 中, 若不考虑体力, 能量方程为

$$\frac{\partial}{\partial t}\left(E + \frac{U^{\mathrm{R}}}{\rho}\right) + \boldsymbol{u} \cdot \nabla \left(E + \frac{U^{\mathrm{R}}}{\rho}\right) + \frac{1}{\rho}\left(\overrightarrow{\overrightarrow{p}} + \overrightarrow{\overrightarrow{p}}^{\mathrm{R}}\right) : \nabla \boldsymbol{u} + \frac{1}{\rho}\nabla \cdot \left(\boldsymbol{q} + \boldsymbol{q}^{\mathrm{R}}\right) = 0 \tag{5.98}$$

由式 (5.31) 和式 (5.33) 可知, U^{R} 和 $\overrightarrow{\overrightarrow{p}}^{\mathrm{R}}$ 均含有因子 $\dfrac{1}{c}$, 当 I 不大时, 主要贡献为 $\boldsymbol{q}^{\mathrm{R}}$, 则式 (5.98) 可化为

$$\frac{\partial}{\partial t} E + \boldsymbol{u} \cdot \nabla E + \frac{1}{\rho} \overrightarrow{\overrightarrow{p}} : \nabla \boldsymbol{u} + \frac{1}{\rho} \nabla \cdot \left(\boldsymbol{q} + \boldsymbol{q}^{\mathrm{R}}\right) = 0 \tag{5.99}$$

利用式 (5.97), 由式 (5.32), 可得

$$\nabla \cdot \boldsymbol{q}^{\mathrm{R}} = \nabla \cdot \int_{4\pi} I \boldsymbol{\omega} \mathrm{d}\Omega = \int_{4\pi} \boldsymbol{\omega} \cdot \nabla I \mathrm{d}\Omega = 4\pi \overline{k_p} B = \overline{k_p} c a T^4 \tag{5.100}$$

由此可见, 当 Planck 平均吸收系数 $\overline{k_p}$ 确定以后, 式 (5.94) 中与辐射场有关的量就是已知的.

除了上面讨论的 $I_\nu \approx B_\nu$ 和 $I_\nu \ll B_\nu$ 两种极限情况之外, 对于其他情况可用数值方法求解辐射输运方程, 并与辐射流体力学方程组联立求解.

5.6 不透明度

1. 不透明度的概念

$k_\nu, k'_\nu, k_s, \overline{l_{\mathrm{R}}}$ 和 $\overline{k_p}$ 等量统称为气体的不透明度. 根据以上讨论, 当仅考虑 Thomson 散射时, k_s 满足式 (5.57), 为已知量, 剩下的问题是求 k_ν 和 k'_ν, 有了 k'_ν, $\overline{l_{\mathrm{R}}}$、$\overline{k_p}$ 等量均可求出. 在局部热动平衡条件下, k'_ν 满足式 (5.78), 故关键问题在于求 k_ν.

对于一种原子体系, 其中 $L \to U$ 跃迁的 k_ν 由式 (5.72) 确定. 假定该种原子的数密度为 n, 则有

$$n_L = nP_L \tag{5.101}$$

其中, P_L 为原子占据 L 能级的概率. 平衡时, 由 Boltzmann 分布可得

$$P_L = \frac{g_L \mathrm{e}^{-\frac{\varepsilon_L}{kT}}}{\sum\limits_l g_l \mathrm{e}^{-\frac{\varepsilon_l}{kT}}} \tag{5.102}$$

若定义 ε_l 为从基态算起的能量, 则$P_L = \dfrac{g_L \mathrm{e}^{-\frac{\varepsilon_L}{kT}}}{Q_{\mathrm{in}}^0}$, U 能级可以有许多个, 所对应的 ν 均不同, 用 $\sigma_{\mathrm{abs}}(\nu)$ 表示它们的散射截面, 则有

$$k_\nu = nP_L\sigma_{\mathrm{abs}L}(\nu) \tag{5.103}$$

实际上每个能级均可为 L, 故上式应对 L 取和, 可得

$$k_\nu = n\sum_L p_L\sigma_{\mathrm{abs}L}(\nu) \tag{5.104}$$

如有多种吸收原子, 则式 (5.104) 应改写为

$$k_\nu = \sum_\alpha n_\alpha \sum_L P_{\alpha L}\sigma_{\mathrm{abs}\alpha L}(\nu) \tag{5.105}$$

其中, $\sum\limits_\alpha$ 表示对各原子种类取和.

2. 原子跃迁的种类

原子跃迁有三种: 轫致吸收 (自由-自由吸收)、光电吸收 (束缚-自由吸收) 和线吸收 (束缚-束缚吸收). 其中后两种为连续吸收, 连续吸收对不透明度的贡献较大.

1) 自由-自由吸收

只有离子才产生自由-自由吸收, 其吸收截面为

$$\sigma_{\mathrm{abs}ff} = n_{\mathrm{e}}\frac{8\pi z^2 e^6}{3\sqrt{3}cm_{\mathrm{e}}^2 h\nu^3}\left(\frac{m_{\mathrm{e}}}{2\pi kT}\right)^{\frac{1}{2}}\overline{g}_{ff} \tag{5.106}$$

上式为自由-自由吸收的 Kramers 公式, 是在类氢近似下得到的, $\overline{g}_{ff}$ 为 gaunt 因子, 而且 $\overline{g}_{ff} \approx 1$. 自由-自由吸收的特点是频率 ν 从 $0 \to \infty$ 均可, 并随 ν^{-3} 变化. 自由-自由吸收系数为

$$k_\nu = \sum_\alpha n_\alpha\sigma_{\mathrm{abs}ff\alpha}(\nu) \tag{5.107}$$

上式取和 $\sum\limits_{\alpha}$ 仅指正离子.

2) 束缚-自由吸收

束缚-自由吸收的频率 ν 从某一束缚态能级到自由态能级, 即 $\nu_{\min} \to \infty$. 束缚-自由吸收的吸收截面为

$$\sigma_{\text{abs}bf} = \frac{64\pi^4 z^4 m_{\mathrm{e}} \mathrm{e}^{10}}{3\sqrt{3} c h^6 \nu^3 n^5} g_{bf} q_{bf} \tag{5.108}$$

其中, $q_{bf} = 1 - \dfrac{n_{\mathrm{e}}}{2}\left(\dfrac{h^2}{2\pi m_{\mathrm{e}} kT}\right)^{\frac{3}{2}} \exp\left(-\dfrac{h\nu}{kT} + \dfrac{2\pi^2 Z^{*2} m_{\mathrm{e}} \mathrm{e}^4}{h^2 n^2 kT}\right)$. 于是束缚-自由吸收系数为

$$k_\nu = \sum_n n_n \sigma_{\text{abs}bf}(\nu) \tag{5.109}$$

多种组分需再对 α 求和. 精确计算不用类氢近似, 改求连续波函数.

3) 束缚-束缚吸收

一个电子从 nl 态到 $n'l'$ 态跃迁的矩阵元为

$$f_{nl}^{n'l'} = \frac{8\pi^2 m_{\mathrm{e}} \nu_0}{3he^2} \frac{1}{2l+1} \sum_{m_l, m_l'} \left|\langle n'l'm_l' \left|\boldsymbol{d}\right| nlm_l \rangle\right|^2 \tag{5.110}$$

其中, $\boldsymbol{d} = -\mathrm{e}\boldsymbol{r}$, l 和 l' 满足选择定则: $l' = l \pm 1$. 吸收截面为

$$\sigma_{\text{abs}bb} = \frac{\pi e^2}{m_{\mathrm{e}} c} f_{nl}^{n'l'} b(\nu) \tag{5.111}$$

式中, $b(\nu)$ 为谱线宽度因子. 束缚-束缚吸收的吸收系数为

$$k_\nu = n P_{nl} \sigma_{\text{abs}bb} \tag{5.112}$$

仅考虑碰撞加宽和 Doppler 加宽, 有

$$b(\nu) = \frac{1}{\nu_0}\left(\frac{Mc^2}{2\pi kT}\right)^{\frac{1}{2}} \cdot \frac{a}{\pi} \int_{-\infty}^{\infty} \frac{\mathrm{e}^{-y^2} \mathrm{d}y}{a^2 + (\xi - y)^2} \tag{5.113}$$

式中积分为 Voigt 积分, 其中, $a = \dfrac{\sqrt{\ln 2}}{\Delta\nu_{\mathrm{D}}} \Delta\nu_c$, $\xi = \dfrac{\sqrt{\ln 2}}{\Delta\nu_{\mathrm{D}}}(\nu_0 - \nu)$, $\Delta\nu_{\mathrm{D}} = \nu_0 \sqrt{\dfrac{2kT}{Mc^2} \ln 2}$, $\Delta\nu_c = \dfrac{1}{2\pi\bar{\tau}}$, $\bar{\tau}$ 为平均碰撞间隔时间.

3. 双原子分子的吸收

分子吸收所构成的带状光谱为准连续的, 对不透明度有很大贡献. 分子能量可表述为

$$E = V(R) + E_{\mathrm{vib}} + E_{\mathrm{rot}} \tag{5.114}$$

其中, $V(R)$ 为原子核的相互作用势能; 振动能 E_{vib} 和转动能 E_{rot} 分别为

$$E_{\mathrm{vib}} = \omega_{\mathrm{e}}\left(\nu+\frac{1}{2}\right) - x_{\mathrm{e}}\omega_{\mathrm{e}}\left(\nu+\frac{1}{2}\right)^2 + y_{\mathrm{e}}\omega_{\mathrm{e}}\left(\nu+\frac{1}{2}\right)^3 + \cdots \tag{5.115}$$

$$E_{\mathrm{rot}} = B_\nu J(J+1) - D_\nu J^2(J+1)^2 + F_\nu J^3(J+1)^3 + \cdots \tag{5.116}$$

对原子来说, 电子跃迁的矩阵元满足式 (5.110), 对分子来说, 电子跃迁的矩阵元满足

$$f_{n'\nu'J'}^{n''v''J''} = \frac{8\pi^2 m_{\mathrm{e}}\nu_0}{3he^2}\frac{1}{2J''+1}\sum_{M',M''}\left|\langle n''\nu''J''M''|\boldsymbol{D}|n'\nu'J'M'\rangle\right|^2 \tag{5.117}$$

其中, M 为转动投影量子数; $\boldsymbol{D}=\boldsymbol{D}_{\mathrm{e}}+\boldsymbol{D}_{\mathrm{n}}$, $\boldsymbol{D}_{\mathrm{e}}=-e\sum\limits_i \boldsymbol{r}_i$, $\boldsymbol{D}_{\mathrm{n}}=Z_1e\boldsymbol{R}_1+Z_2e\boldsymbol{R}_2$, $\boldsymbol{D}_{\mathrm{e}}$ 为电子偶极矩, $\boldsymbol{D}_{\mathrm{n}}$ 为原子核偶极矩.

描述分子系统的波函数为

$$\psi = \psi_{\mathrm{el}}\psi_{\mathrm{vib}}\psi_{\mathrm{rot}} \tag{5.118}$$

其中, $\psi_{\mathrm{el}}(\boldsymbol{r}_1,\boldsymbol{r}_2,\cdots,R)$ 为电子波函数; $\psi_{\mathrm{vib}}(R)$ 为分子振动波函数; $\psi_{\mathrm{rot}}(\theta,\phi)$ 为分子转动波函数. $\boldsymbol{R}=|\boldsymbol{R}_1-\boldsymbol{R}_2|$ 由 Born-Oppenheimer 近似, 有

$$\langle n''v''J''M''|\boldsymbol{D}|n'v'J'M'\rangle = \iint \psi_{\mathrm{el}}''^{*}\psi_{\mathrm{vib}}''^{*}(\boldsymbol{D}_e+\boldsymbol{D}_n)\psi_{\mathrm{el}}'\psi_{\mathrm{vib}}'\mathrm{d}\tau_{\mathrm{el}}\mathrm{d}R\int\psi_{\mathrm{rot}}''\psi_{\mathrm{rot}}'\mathrm{d}\tau_{\mathrm{rot}} \tag{5.119}$$

令 $\boldsymbol{M}_{\mathrm{el}}(R)=\int\psi_{\mathrm{el}}''^{*}\boldsymbol{D}_{\mathrm{e}}\psi_{\mathrm{el}}'\mathrm{d}\tau_{\mathrm{el}}$, 则有

$$\int\psi_{\mathrm{vib}}''^{*}\boldsymbol{M}_{\mathrm{el}}(R)\psi_{\mathrm{vib}}'\mathrm{d}R \approx \boldsymbol{M}_{\mathrm{el}}\left(\overline{R}_{\nu',\nu''}\right)\int\psi_{\mathrm{vib}}''^{*}\psi_{\mathrm{vib}}'\mathrm{d}R$$

其中, $\bar{R}_{\nu',\nu''}=\dfrac{\int\psi_{\mathrm{vib}}''^{*}R\psi_{\mathrm{vib}}'\mathrm{d}R}{\int\psi_{\mathrm{vib}}'^{*}\psi_{\mathrm{vib}}'\mathrm{d}R}$, 并注意到 $\int\psi_{\mathrm{el}}'^{*}\psi_{\mathrm{el}}'\mathrm{d}\tau_{\mathrm{el}}=0$, 所以式 (5.114) 可以简化为

$$\langle n''\nu''J''M''|\boldsymbol{D}|n'\nu'J'M'\rangle = \boldsymbol{M}_{\mathrm{el}}\left(\bar{R}_{\nu',\nu''}\right)\int\psi_{\mathrm{vib}}''^{*}\psi_{\mathrm{vib}}'\mathrm{d}R\sum_{M',M''}\left(\int\psi_{\mathrm{rot}}''^{*}\psi_{\mathrm{rot}}'\mathrm{d}\tau_{\mathrm{rot}}\right) \tag{5.120}$$

由上式得

$$\sum_{M',M''} \left|\langle n''v''J''M''\left|\boldsymbol{D}\right|n'v'J'M'\rangle\right|^2 = \left|\boldsymbol{M}_{\text{el}}\left(\bar{R}_{\nu',\nu''}\right)\right|^2 q_{v',v''}S_{J',J''} \tag{5.121}$$

其中, $q_{\nu',\nu''}=\left(\int \psi''^*_{\text{vib}}\psi'_{\text{vib}}\text{d}R\right)^2$, 为 Frank-Condon 因子; $S_{J',J''}=\sum\limits_{M',M''}\left(\int \psi''^*_{\text{rot}}\psi'_{\text{rot}}\text{d}\tau_{\text{rot}}\right)^2$, 为 Hönl-London 因子.

将式 (5.121) 代入式 (5.117), 可得

$$f_{n'v'J'}^{n''v''J''} = \frac{8\pi^2 m_{\text{e}}\nu_0}{3he^2}\frac{1}{2J''+1}\left|\boldsymbol{M}_{el}\left(\bar{R}_{\nu',\nu''}\right)\right|^2 q_{v',v''}S_{J',J''} \tag{5.122}$$

再把转动线平滑掉, 则在 $\Delta\nu$ 频率区间的平均吸收截面为

$$\sigma_{\text{abs}} = \frac{\pi e^2}{m_{\text{e}}c}\frac{1}{\Delta\nu}\sum_{\Delta v} f_{n'}^{n''}q_{\nu',\nu''} \tag{5.123}$$

其中, $f_{n'}^{n''} = \dfrac{8\pi^2 m_{\text{e}}\nu_0}{3he^2}\left|\boldsymbol{M}_{\text{el}}\left(\bar{R}_{\nu',\nu''}\right)\right|^2$ 为电子跃迁振子强度, 取和仅涉及对 $\Delta\nu$ 有贡献的部分.

5.7 折射率的影响因素

1. 对吸收系数的影响

如图 5.9 所示, 设某发光体的发光系数为 j_ν^0, 由折射率 $n_1=1$ 的介质传向折射率 $n_2=n$ 的介质, 在此过程中光束的立体角由 $\text{d}\Omega^0$ 变为 $\text{d}\Omega$, 在立体角 $\text{d}\Omega$ 内通过的光功率为

$$\text{d}P_\nu = j_\nu^0\text{d}\Omega^0\text{d}V = j_\nu\text{d}\Omega\text{d}V \tag{5.124}$$

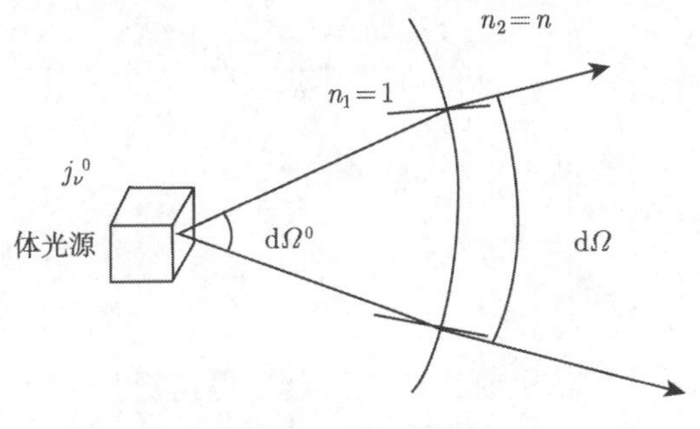

图 5.9 体光源发光

假如无损耗, 则有

$$j_\nu^0 \mathrm{d}\Omega^0 = j_\nu \mathrm{d}\Omega \tag{5.125}$$

由式 (5.19), 可得

$$\cos\theta^0 \mathrm{d}\Omega^0 = n^2 \cos\theta \mathrm{d}\Omega \tag{5.126}$$

由折射定律可得

$$\sin\theta^0 = n \sin\theta \tag{5.127}$$

上式两边平方后, 作简单变换有

$$\cos^2\theta^0 = 1 - n^2 + n^2\cos^2\theta \tag{5.128}$$

当 $n \approx 1$ 时, 上式可以简化为 $\cos\theta^0 \approx n\cos\theta$, 代入式 (5.126), 有

$$\mathrm{d}\Omega^0 = n\mathrm{d}\Omega \tag{5.129}$$

将上式代入式 (5.125), 可得

$$j_\nu = n j_\nu^0 \tag{5.130}$$

又因为 $\dfrac{I_\nu}{n^2}$ 为传播不变量, 所以有

$$I_\nu = n^2 I_\nu^0 \tag{5.131}$$

显然对黑体有

$$B_\nu = n^2 B_\nu^0 \tag{5.132}$$

其中, B_ν^0 为 Planck 函数. 当介质有吸收时, 由 Kirchhoff 定理式 (5.80) 有

$$\frac{j_\nu^0}{k_\nu^{0\prime}} = B_\nu^0, \quad \frac{j_\nu}{k_\nu'} = B_\nu \tag{5.133}$$

由式 (5.130)、式 (5.132) 和式 (5.133) 可得

$$k_\nu' = \frac{k_\nu^{0\prime}}{n} \tag{5.134}$$

由上式可知, 算出 $n = 1$ 时的吸收系数 $k_\nu^{0\prime}$, 就可得到折射率为 n 的介质的吸收系数 $k_{\nu'}$.

2. 气体的折射率

在介质中电磁场满足麦克斯韦方程组

$$\begin{cases}\nabla\times\boldsymbol{H}=\dfrac{1}{c}\dfrac{\partial\boldsymbol{D}}{\partial t}+\dfrac{4\pi}{c}\boldsymbol{j}\\ \nabla\times\boldsymbol{E}=-\dfrac{1}{c}\dfrac{\partial\boldsymbol{B}}{\partial t}\\ \nabla\cdot\boldsymbol{D}=4\pi\rho\\ \nabla\cdot\boldsymbol{B}=0\end{cases}\tag{5.135}$$

将 $\boldsymbol{D}=\varepsilon\boldsymbol{E},\boldsymbol{B}=\mu\boldsymbol{H},\boldsymbol{j}=\sigma E$ 和 $\rho=0$(电中性) 代入上式, 可得

$$\begin{cases}\nabla\times\boldsymbol{H}=\dfrac{\varepsilon}{c}\dfrac{\partial\boldsymbol{E}}{\partial t}+\dfrac{4\pi\sigma}{c}\boldsymbol{E}\\ \nabla\times\boldsymbol{E}=-\dfrac{\mu}{c}\dfrac{\partial\boldsymbol{H}}{\partial t}\\ \nabla\cdot\boldsymbol{E}=0\\ \nabla\cdot\boldsymbol{H}=0\end{cases}\tag{5.136}$$

对方程组 (5.136) 的第一式和第二式的两边取旋度, 经简单矢量运算可得

$$\nabla^2\boldsymbol{H}=\frac{\varepsilon\mu}{c^2}\ddot{\boldsymbol{H}}+\frac{4\pi\mu\sigma}{c}\dot{\boldsymbol{H}}\tag{5.137}$$

$$\nabla^2\boldsymbol{E}=\frac{\varepsilon\mu}{c^2}\ddot{\boldsymbol{E}}+\frac{4\pi\mu\sigma}{c}\dot{\boldsymbol{E}}\tag{5.138}$$

对于不导电介质, 有 $\sigma=0$, 代入式 (5.137) 和式 (5.138), 可得

$$\nabla^2\boldsymbol{H}=\frac{\varepsilon\mu}{c^2}\ddot{\boldsymbol{H}}\tag{5.139}$$

$$\nabla^2\boldsymbol{E}=\frac{\varepsilon\mu}{c^2}\ddot{\boldsymbol{E}}\tag{5.140}$$

上式即为波动方程.

令波速 $v=\dfrac{c}{n}$, 对单色平面波有

$$\boldsymbol{E}=\boldsymbol{E}_0\mathrm{e}^{i2\pi\nu\left(t-\frac{n}{c}\boldsymbol{r}\cdot\boldsymbol{\omega}\right)}\tag{5.141}$$

由此可得

$$\nabla\cdot\boldsymbol{E}=-\mathrm{i}2\pi\nu\frac{n}{c}\boldsymbol{\omega}\cdot\boldsymbol{E},\quad \frac{\partial\boldsymbol{E}}{\partial t}=\mathrm{i}2\pi\nu\boldsymbol{E}$$

从而有

$$\nabla \equiv -\mathrm{i}2\pi\nu\frac{n}{c}\boldsymbol{\omega} \tag{5.142}$$

$$\frac{\partial}{\partial t} \equiv \mathrm{i}2\pi\nu \tag{5.143}$$

将上述算符恒等式代入波动方程 (5.140) 可得

$$-(2\pi\nu)^2\frac{n^2}{c^2}\boldsymbol{E} = -\frac{\varepsilon\mu}{c^2}(2\pi\nu)^2\boldsymbol{E} \tag{5.144}$$

即

$$n = \sqrt{\varepsilon\mu} \tag{5.145}$$

对于气体 $\mu = 1$, 则 $n = \sqrt{\varepsilon}$.

对于等离子体 $\sigma \neq 0$, 令 $v = \dfrac{c}{\tilde{n}}$, 其中 $\tilde{n} = n - \mathrm{i}k$ 为复折射率. 此时有

$$\nabla \equiv -\mathrm{i}2\pi\nu\frac{\tilde{n}}{c}\boldsymbol{\omega} \tag{5.146}$$

$$\frac{\partial}{\partial t} \equiv \mathrm{i}2\pi\nu \tag{5.147}$$

将上述算符恒等式代入波动方程 (5.138), 可得

$$\tilde{n}^2 = (n - \mathrm{i}k)^2 = \varepsilon\mu - \mathrm{i}\frac{2\mu\sigma}{\nu} \tag{5.148}$$

由上式可以求得

$$n^2 = \frac{\mu}{2}\left[\sqrt{\varepsilon^2 + \left(\frac{2\sigma}{\nu}\right)^2} + \varepsilon\right] \tag{5.149}$$

$$k^2 = \frac{\mu}{2}\left[\sqrt{\varepsilon^2 + \left(\frac{2\sigma}{\nu}\right)^2} - \varepsilon\right] \tag{5.150}$$

下面讨论 n 和 k 的物理意义, 将 $\tilde{n}$ 代入波动方程, 可得

$$\boldsymbol{E} = \boldsymbol{E}_0 \mathrm{e}^{-\frac{2\pi\nu}{c}k\boldsymbol{r}\cdot\boldsymbol{\omega}} \mathrm{e}^{\mathrm{i}2\pi\nu\left(t - \frac{n}{c}\boldsymbol{r}\cdot\boldsymbol{\omega}\right)} \tag{5.151}$$

上式含指数 k 的项为衰减项, 含指数 n 的项为平面波. 由此可见, 复折射率 $\tilde{n}$ 中的虚部表示介质对电磁波的吸收, 实部表示折射率.

3. 电磁场波在等离子体中传播

将式 (5.146) 和式 (5.147) 代入麦克斯韦方程组 (5.136) 的第一式中, 可得

$$-\mathrm{i}2\pi\nu\frac{\tilde{n}}{c}\boldsymbol{\omega}\times\boldsymbol{H}=\mathrm{i}2\pi\nu\frac{\varepsilon}{c}\boldsymbol{E}+\frac{4\pi\sigma}{c}\boldsymbol{E} \tag{5.152}$$

由于 $\boldsymbol{\omega}\times\boldsymbol{H}$ 的方向与 $\boldsymbol{E}$ 的方向平行, 将上式两边点乘 $\boldsymbol{E}$, 并利用 $\tilde{n}^2$ 的表达式 (5.148), 可得

$$\frac{H}{E}=\frac{\tilde{n}}{\mu} \tag{5.153}$$

由此可见, 在真空中 $H=E$.

下面讨论平面波由真空入射等离子体, 如图 5.10 所示, $\boldsymbol{\omega}$ 平行 z 轴, 其中入射波为

$$\boldsymbol{E}_{\mathrm{i}}=\boldsymbol{E}_{0\mathrm{i}}\mathrm{e}^{\mathrm{i}2\pi\nu\left(t-\frac{z}{c}\right)} \tag{5.154}$$

$$\boldsymbol{H}_{\mathrm{i}}=\boldsymbol{H}_{0\mathrm{i}}\mathrm{e}^{\mathrm{i}2\pi\nu\left(t-\frac{z}{c}\right)} \tag{5.155}$$

反射波为

$$\boldsymbol{E}_{\mathrm{r}}=-\boldsymbol{E}_{0\mathrm{r}}\mathrm{e}^{\mathrm{i}2\pi\nu\left(t+\frac{z}{c}\right)} \tag{5.156}$$

$$\boldsymbol{H}_{\mathrm{r}}=\boldsymbol{H}_{0\mathrm{r}}\mathrm{e}^{\mathrm{i}2\pi\nu\left(t+\frac{z}{c}\right)} \tag{5.157}$$

透射波为

$$\boldsymbol{E}_{\mathrm{t}}=\boldsymbol{E}_{0\mathrm{t}}\mathrm{e}^{\mathrm{i}2\pi\nu\left(t-\tilde{n}\frac{z}{c}\right)} \tag{5.158}$$

$$\boldsymbol{H}_{\mathrm{t}}=\boldsymbol{H}_{0\mathrm{t}}\mathrm{e}^{\mathrm{i}2\pi\nu\left(t-\tilde{n}\frac{z}{c}\right)} \tag{5.159}$$

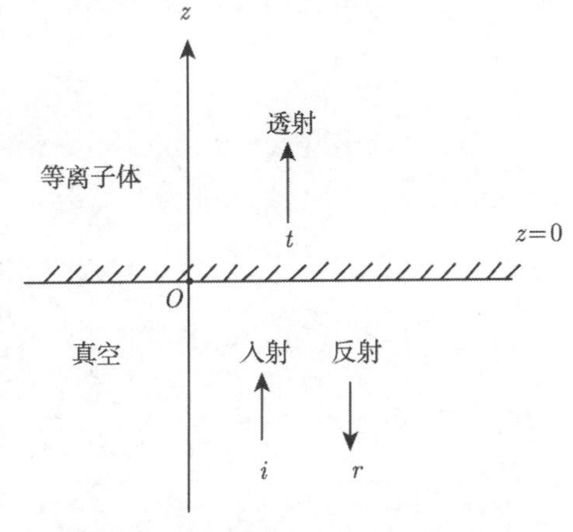

图 5.10 平面波由真空入射等离子体

在 $z=0$ 的面上, $\boldsymbol{E}$ 和 $\boldsymbol{H}$ 连续, 有

$$\boldsymbol{E}_{0\mathrm{i}}-\boldsymbol{E}_{0\mathrm{r}}=\boldsymbol{E}_{0\mathrm{t}} \tag{5.160}$$

$$\boldsymbol{H}_{0\mathrm{i}}+\boldsymbol{H}_{0\mathrm{r}}=\boldsymbol{H}_{0\mathrm{t}} \tag{5.161}$$

又由式 (5.153) 可知, 在真空中 $H_{0\mathrm{i}}=E_{0\mathrm{i}}, H_{0\mathrm{r}}=E_{0\mathrm{r}}$, 在等离子体中 $H_{0\mathrm{t}}=\dfrac{\tilde{n}}{\mu}E_{0\mathrm{t}}$, 代入式 (5.160) 和式 (5.161), 可得

$$E_{0\mathrm{r}}=\frac{\tilde{n}-\mu}{\tilde{n}+\mu}E_{0\mathrm{i}} \tag{5.162}$$

由于 $I_\nu \propto E_0^2$, 由上式可求得反射系数

$$r=\left|\frac{\tilde{n}-\mu}{\tilde{n}+\mu}\right|^2=\frac{(n-\mu)^2+k^2}{(n+\mu)^2+k^2} \tag{5.163}$$

当 $\tilde{n}$ 为纯虚数时, 有 $n=0, r=1$, 为全反射. 下面讨论全反射条件.

等离子体由正离子和电子组成, 在电场 $\boldsymbol{E}$ 的作用下电子产生位移, 电子位移产生极化矢量

$$\boldsymbol{P}=n_{\mathrm{e}}e\boldsymbol{x}(t) \tag{5.164}$$

由于 $\boldsymbol{D}=\boldsymbol{E}+4\pi\boldsymbol{P}=\varepsilon\boldsymbol{E}$, 则有

$$\varepsilon=1+\frac{4\pi P}{E} \tag{5.165}$$

一个电子的极化率为 $\boldsymbol{P}=e\boldsymbol{x}=\alpha\boldsymbol{E}$, α 为极化率, 则有 $\dfrac{P}{E}=\alpha n_{\mathrm{e}}$, 由此可得

$$\varepsilon=1+4\pi\alpha n_{\mathrm{e}} \tag{5.166}$$

等离子体均为电介质, 则 $\mu=1$, 又由于在电介质中 $n=\sqrt{\varepsilon\mu}$, 因此有 $\varepsilon=n^2$. 对等离子体 $\varepsilon=\tilde{n}^2$, 由式 (5.166) 可得

$$1+4\pi\alpha n_{\mathrm{e}}=\tilde{n}^2 \tag{5.167}$$

下面计算极化率 α.

电子的运动方程为

$$m_{\mathrm{e}}\ddot{\boldsymbol{x}}+R\dot{\boldsymbol{x}}+G\boldsymbol{x}=-e\boldsymbol{E}_0\mathrm{e}^{\mathrm{i}2\pi\nu t} \tag{5.168}$$

其中, R 为阻尼系数; G 为回复力系数. 令 $\gamma=\dfrac{R}{m_{\mathrm{e}}}, (2\pi\nu_0)^2=\dfrac{G}{m_{\mathrm{e}}}$, 代入上式中, 可得

$$\boldsymbol{x}=\frac{e}{m_{\mathrm{e}}}\frac{1}{(2\pi\nu_0)^2-(2\pi\nu)^2+\mathrm{i}\gamma 2\pi\nu}\boldsymbol{E} \tag{5.169}$$

于是

$$\alpha = \frac{e^2}{m_e} \frac{1}{(2\pi\nu_0)^2 - (2\pi\nu)^2 - i\gamma 2\pi\nu} \tag{5.170}$$

对等离子体有：$R \approx 0, G \approx 0$, 所以 $\gamma = 0, \nu_0 = 0$, 代入上式, 可得

$$\alpha = -\frac{e^2}{m_e} \frac{1}{(2\pi\nu)^2} \tag{5.171}$$

将上式代入式 (5.166), 可得

$$\varepsilon = 1 - \frac{n_e e^2}{\pi m_e \nu^2} \tag{5.172}$$

因为 $\tilde{n}^2 = \varepsilon$, 当 $\varepsilon < 0$ 时, $\tilde{n}$ 为纯虚数, 这就是发生全反射的条件, 即

$$\frac{n_e e^2}{\pi m_e \nu^2} > 1$$

或者

$$\nu^2 < \nu_p^2 \tag{5.173}$$

其中, $\nu_p^2 = \dfrac{n_e e^2}{\pi m_e}$ 为等离子体频率, 即当 $\nu < \nu_p$ 时, 电磁波在等离子介面上发生全反射. 将 $\tilde{n}^2 = \varepsilon = (n - ik)^2$ 代入式 (5.172), 可得

$$(n^2 - k^2) - i2nk = 1 - \left(\frac{\nu_p}{\nu}\right)^2 \tag{5.174}$$

求解上式, 可得

$$k = 0, \quad n = \sqrt{1 - \left(\frac{\nu_p}{\nu}\right)^2} \tag{5.175}$$

将 n 代入式 (5.134), 最后可得

$$k'_\nu = \frac{k'^0_\nu}{n} = \frac{k'^0_\nu}{\sqrt{1 - \left(\frac{\nu_p}{\nu}\right)^2}} \tag{5.176}$$

根据以上理论, 就能从半经典理论的角度对光和物质相互作用进行基本研究.

主要参考书目

1. 钱学森. 物理力学讲义. 北京: 科学出版社, 1962.

2. Hirschfelder J O, Curtiss C F, Bird R B. Molecular Theory of Gases and Liquids. New York: John Wiley & Sons, 1964.

3. Penner S S, Olfe D B. Radiation and Reentry. New York: Academic Press, 1968.

4. Chapman S, Cowling T G. The Mathematical Theory of Non-uniform Gases. U.K: Cambridge University Press, 1970.

5. 王竹溪. 统计物理学导论. 北京: 高等教育出版社, 1965.

索　引